PORQUÉ CREO EN LO QUE CREO

El Credo niceno explicado frase por frase desde una perspectiva bíblica, lógica, histórica y científica.

Ing. Orlando Hernández

Comunícate con el autor de este libro escribiendo a:

hernandezorlando@yahoo.com

www.orlandohernandez.org

Editado por Orlando Plata González

Diseño de portada: Gustavo Millán

ISBN: 978-0-9983288-3-6

Si alguien les pregunta acerca de la esperanza cristiana que tienen, estén siempre preparados para dar una explicación; pero háganlo con humildad y respeto.

1 Pedro 3,15-16

A todos aquellos que han creído porque lograron reconciliar su fe con la razón.

Como siempre, a mi esposa, cómplice de todas mis aventuras

y

a mi familia, que de pequeño me enseñó esta oración.

ARCHDIOCESE OF MIAMI

Office of the Archbishop

Decreto

THOMAS G. WENSKI

por la gracia de Dios y el favor de la Sede Apostólica
Arzobispo de Miami

El texto *"Porqué creo en lo que creo"* ha sido revisado cuidadosamente y está exento de todo aquello contrario a la fe o la moral tal como lo enseña la Iglesia Católica Romana.

Por lo tanto, de acuerdo con el canon 824 del *Código de Derecho Canónico*, otorgo el *approbatio* necesario para la publicación *"Porqué creo en lo que creo."*

Este *imprimatur* es una declaración oficial de que el texto está exento de error doctrinal o moral, y puede ser publicado. Esto no implica que la concesión de este sello signifique estar de acuerdo con el contenido, opinión o declaración expresadas por el autor del texto.

Dado en Miami, Florida, en el día catorce de octubre en el año de Nuestro Señor dos mil veinticuatro.

Arzobispo de Miami

Attestatio et Nihil Obstat

Cancellarius

L.S.

9401 Biscayne Boulevard, Miami Shores, Florida 33138
Telephone: 305-762-1233 Facsimile: 305-757-3947

Tabla de contenido

Tercera Parte
DIOS ESPÍRITU SANTO

Cuarta Parte
LA IGLESIA

APÉNDICE

INTRODUCCIÓN

Las verdades de la fe católica, nuestra religión, se encuentran en la oración del Credo. El Credo es lo que creemos los católicos, apostólicos y romanos. Si alguien de otra religión nos pregunta ¿qué es lo que creen ustedes los católicos? podemos contestarle con el Credo, porque es un resumen de nuestra religión.

Cuando uno desea hacer una compra inteligente de, por ejemplo, un computador busca las especificaciones técnicas de cada opción que esté considerando para compararlas y tomar la mejor decisión basada en un criterio racional. De igual manera, si alguien está interesado en vincularse a una determinada religión debería indagar primero por el conjunto de creencias de cada una de ellas, para así poder tomar una decisión con fundamentos serios y no solo por la apariencia de sus instalaciones o por la música que tocan en ellas.

Nuestra Iglesia ha compilado en esta hermosa oración los pilares de lo que nos hace cristianos, afirmando en cada frase una verdad de nuestra fe; por ello la recitamos después de la homilía, porque después de escuchar las lecturas bíblicas y su explicación respondemos con un «yo creo». Todo el cristianismo está resumido en esta oración. Todo su contenido sale de las Sagradas Escrituras, no hay añadidos humanos ni aclaraciones innecesarias.

Se han escrito varias versiones de «credos» (hablaré de ellos en detalle en el primer capítulo), pero dos han trascendido hasta hoy: el Credo de los Apóstoles y el Credo de Nicea-Constantinopla, niceno-constantinopolitano o simplemente Credo de Nicea, siendo el segundo mucho más amplio que el primero, no porque contenga verdades que el primero no, sino porque las detalla y amplía. Por esta razón, he querido desarrollar el Credo de Nicea en esta obra desglosándolo frase por frase para dar una amplia catequesis sobre lo que creemos y por qué lo creemos, acudiendo, como lo he hecho en mis anteriores trabajos, a la lógica, la historia, la ciencia, las Sagradas Escrituras y, por supuesto, a toda la riqueza de nuestra tradición apostólica.

Siendo el Credo un resumen de nuestra fe, he considerado de suma importancia explicar de forma racional el significado de cada una de las verdades que enumera. A pesar de que la aprendimos cuando comenzamos a dar nuestros primeros pasos en nuestra fe y la hemos repetido quizá miles de veces, aún ignoramos el real significado de algunas verdades que anuncia. Y es precisamente ese desconocimiento de los pilares de nuestra fe la razón por la cual incurrimos en enormes fallos a la hora de comprender y asimilar el conjunto de creencias que nos identifica como cristianos.

Como he dicho antes, nosotros los católicos tendemos a guardar en el cajón de «actos de fe ciegos» las enseñanzas de nuestra religión (que se resumen de manera magistral en el Credo). Espero que con esta obra logremos aceptar que nuestra fe tiene fundamentos que podemos comprender con la razón. De ahí el título de este libro: *Porqué creo en lo que creo*, porque quiero compartir con mis amables lectores las razones que me asisten para creer en cada uno de los artículos contenidos en esta oración y no simplemente porque me haya resignado a creer en cada una de ellas ya que es lo que se nos ha dicho que debemos profesar.

Espero poder sorprender a mis lectores cuando lean el desarrollo que hago de cada una de las frases de esta oración, al ver la información que aporto para mostrar que nuestras creencias tienen espacio en la razón y las podemos comprender más allá de la simple fe que se admite sin ningún proceso de entendimiento, buscando que abandonemos nuestra infancia cristiana y entremos en una adultez que nos permita vivir nuestros dogmas de una forma más madura.

En otros libros he acudido al formato de contestar preguntas que, estoy seguro, todo cristiano se ha formulado alguna vez o las ha escuchado en boca de otros y las respondo con elementos racionales. Acá la pregunta no está formulada como tal, pero en mi mente sí. ¿Cómo así que nació del Padre antes de todos los siglos? ¿Qué quiere decir engendrado, no creado? ¿Qué diferencia hay entre decir que Dios es el creador del cielo y de la tierra y decir de todo lo visible y lo invisible? ¿Cómo creer de verdad que Jesucristo resucitó al tercer día? ¿Cómo así que el Espíritu Santo es dador de vida? La respuesta a todas esas preguntas, que muy seguramente usted alguna vez se ha formulado, es el contenido del presente libro.

En una ocasión, la madre de los hijos de Zebedeo se acercó con ellos a pedirle a Jesús que les otorgara a sus hijos sentarse a la derecha y a la izquierda cuando se hiciera rey. Él contestó que no tenían ni idea de lo que le estaban pidiendo. A esas alturas de la historia, los discípulos ya llevaban con el Maestro cerca de tres años y habían sido testigos de infinidad de milagros, desde sanar a los leprosos hasta resucitar muertos. Lo habían escuchado casi que a diario predicar las buenas nuevas e insistir en que Él era el Mesías, y ellos seguían sin entender (ver Mateo 20,20-28). Cuando reflexiono sobre este pasaje siempre me pregunto si ellos, que convivieron día y noche con Él y fueron testigos de primera mano de todas sus obras y lo escucharon enseñar las lecciones fundamentales para gozar de la vida eterna, no entendían, ¿qué será de nosotros? ¿Qué tanto entendemos nosotros?

La Iglesia ha hecho una labor extraordinaria en desarrollar la tarea de «evangelizar a todas las naciones» con errores y aciertos, como es de esperarse en toda actividad donde intervengan seres humanos. Ha contado con mentes brillantes, todas ellas inspiradas por el Espíritu Santo, que a lo largo de la historia han tratado de guiarnos con enseñanzas que podemos aplicar en nuestro respectivo momento histórico. Cientos de papas, miles de obispos, cientos de miles de presbíteros y millones de laicos comprometidos han estudiado y discernido la palabra para que podamos entender de lo que se trata esto, y me pregunto ¿en cuántas de las cosas que pensamos, decimos y hacemos en supuesta concordancia con las enseñanzas cristianas, Jesús nos dice lo mismo que le dijo a la familia Zebedeo: «No tienen ni idea de lo que están pensando, diciendo o haciendo»? ¿Por qué extrañarnos de que no tengamos claro lo que quiere decir cada una de las frases contenidas en el Credo?

Como me ocurrió en el proceso de elaboración de mis anteriores libros, he aprendido y descubierto una gran cantidad de información que desconocía, por lo que es posible que a usted también le pase lo mismo. Esa es mi esperanza y mi motivación para continuar en esta labor de evangelización apologética, empleando el lenguaje más racional posible y prohibiéndome el uso de respuestas que nuestra razón no pueda comprender.

Esta obra que tiene en sus manos es el resultado de preguntarme por el significado de cada una de las frases (artículos) contenidos en este hermoso resumen lleno de simplicidad, sabiduría, esperanza y hasta poesía, así que espero despertar en usted la capacidad de hacer preguntas y buscar sus respuestas a través de la investigación seria con respecto a todos esos temas que nunca nos atrevimos a preguntar sobre nuestra religión y siempre quisimos saber. Sigamos ese ejemplo de María, quien, cuando el ángel san Gabriel le dijo: «Concebirás en tu vientre y darás a luz un hijo», sin pena le hizo saber que no entendía lo que le estaba diciendo: «Entonces María preguntó al ángel: ¿Cómo será esto?». Formulemos esas preguntas que tenemos guardadas en nuestro corazón y que por temores infundados no nos atrevemos a hacer.

El origen del Credo

Les estoy diciendo todo esto mientras estoy con ustedes; pero el Defensor, el Espíritu Santo que el Padre va a enviar en mi nombre, les enseñará todas las cosas y les recordará todo lo que yo les he dicho.

Juan 14,25-26

¿Qué es un credo? Es el conjunto de convicciones, opiniones y principios de una persona o comunidad que, por lo general, rige las acciones de los individuos que la comparten. Nos resulta más familiar en un contexto religioso, pero también es muy común en el ámbito empresarial, para fomentar una identidad cultural dentro de la empresa. En el cristianismo, el Credo nació como una fórmula que resume el conjunto de creencias consideradas esenciales y necesarias en las que se fundamenta nuestra religión, buscando ante todo la unidad entre sus seguidores. «Credo» es una palabra en latín que significa «yo creo», así, quien dice «yo creo», dice «yo me adhiero a lo que ustedes creen», estableciendo unidad e identidad.

La historia de nuestro Credo, símbolo o profesión[1] de fe se remonta a la época apostólica, más exactamente al día de Pentecostés, cuando los discípulos recibieron al Espíritu Santo. Nos dice la tradición oral que

[1] Esta profesión viene de la palabra "profesar", que quiere decir creer y confesar.

aquel día los doce apóstoles —Matías ya había reemplazado a Judas (ver Hechos 1,15-26) — compusieron[2] el Símbolo de los Apóstoles, que hoy conocemos como Credo de los Apóstoles, aportando cada uno de ellos, cuando aún estaban bajo la inspiración directa del Espíritu Santo, los doce artículos de fe que lo componen:

(1) Creo en Dios Padre todopoderoso, creador del cielo y de la tierra
(2) Y en Jesucristo, su único Hijo, nuestro Señor;
(3) que fue concebido por obra y gracia del Espíritu Santo, nació de santa María Virgen,
(4) padeció bajo el poder de Poncio Pilato, fue crucificado, muerto y sepultado;
(5) descendió a los infiernos; al tercer día resucitó de entre los muertos;
(6) subió a los cielos, está sentado a la derecha de Dios Padre todopoderoso;
(7) desde allí ha de venir a juzgar a los vivos y los muertos.
(8) Creo en el Espíritu Santo,
(9) la santa Iglesia católica, la comunión de los santos
(10) el perdón de los pecados,
(11) la resurrección de la carne, y
(12) la vida eterna.

Muchos otros Credos circularon entre los primeros cristianos, pero eran variaciones del de los Apóstoles. Hacia finales del siglo II san Ireneo, en la Galia meridional —actual Francia—, y Tertuliano, en el África,

---

[2] Rufino de Aquilea, exégeta e historiador cristiano de la Antigüedad, del siglo IV d. C., da un relato detallado de la composición del Credo, la cual profesa haber recibido de épocas anteriores. A pesar de que no asigna explícitamente cada artículo a la autoría de un apóstol separado, afirma que fue el trabajo conjunto de todos, e implica que la deliberación se llevó a cabo el día de Pentecostés. Además, declara que «ellos, por muchas justas razones, decidieron que esta regla de fe debería ser llamada el «Símbolo», cuya palabra griega él explica que significa tanto *indicium*; es decir, una señal o contraseña mediante la cual los cristianos podrían reconocerse mutuamente, como *collatio*, o sea, una ofrenda compuesta por contribuciones separadas. En el siglo XV, Lorenzo Valla, filósofo italiano y padre de la crítica histórica, demostró que esta tradición era históricamente insostenible. En la actualidad hay división en la investigación histórica de este hecho.

mencionan en sus escritos dos Credos o Símbolos muy parecidos al que redactaron los doce. Como dice nuestro *Catecismo* en el numeral 193: «Ninguno de los símbolos de las diferentes etapas de la vida de la Iglesia puede ser considerado como superado e inútil. Nos ayudan a captar y profundizar hoy la fe de siempre a través de los diversos resúmenes que de ella se han hecho». Entre todos los símbolos de la fe dos ocupan un lugar muy particular en la vida de la Iglesia: el Símbolo de los Apóstoles y el Credo de Nicea-Constantinopla o simplemente Credo de Nicea.

Cuando los discípulos, apóstoles y Pablo en particular empezaron su labor evangelizadora por todos los rincones del mundo, se adhirieron personas de una gran variedad de creencias. Al morir los testigos de Jesús, la naciente comunidad de cristianos trató de interpretar a su manera el Evangelio que les habían anunciado. Algunas de estas interpretaciones llegaron a extremos que cruzaban el límite de la herejía[3], por lo que algunos de los escritos más tardíos del Nuevo Testamento (como por ejemplo la Carta a los Gálatas, la Carta a los Colosenses y la primera Carta de Pedro) trataron de enmendar la proliferación de ideas equivocadas. Ya para la segunda mitad del segundo siglo, el Oriente Medio vivió una enorme tormenta de malinterpretaciones, y las herejías tomaron tal tamaño, que la Iglesia tuvo que reaccionar con rapidez y eficacia.

El primer problema doctrinario al que se vieron enfrentados los apóstoles fue el de determinar si para hacerse cristiano se debía ser judío. Los discípulos, con Pedro a la cabeza, pensaban que sí mientras que Pablo sostenía que no. En el libro de Hechos de los Apóstoles encontramos todo el drama que significó la polarización entre los dos bandos y el acuerdo al que, después de tantos años y luchas doctrinales, llegaron con la victoria de la postura de Pablo; sin embargo, los llamados cristianos judaizantes nunca aceptaron dicho acuerdo.

---

[3] La herejía es cualquier creencia que está en desacuerdo con las costumbres establecidas por una organización religiosa. Se diferencia de la apostasía, que es la renuncia formal o abandono de una religión, y de la blasfemia, que es la injuria o irreverencia hacia la religión. La herejía atañe a la doctrina religiosa.

El siguiente capítulo de la lucha doctrinal contra las desviaciones del Evangelio ocurrió con el grupo de personas que se autodenominaban gnósticos. Ellos, una especie de Nueva Era de nuestros tiempos, muy influenciados por el dualismo persa[4] (la existencia de dos principios supremos, increados y opuestos, como el bien y el mal), la astrología babilónica y cuanta doctrina circulara por el mundo, tomaron lo que más les gustó del cristianismo y lo revistieron de toda suerte de creencias esotéricas provenientes de sus principales fuentes de influencia. Para los gnósticos, la creación del mundo material no es obra del Dios único y transcendente, sino de un ser inferior, malo e ignorante: el Demiurgo[5], que creó un mundo defectuoso y una humanidad ignorante e imperfecta.

Los gnósticos[6] pensaban que todo el bien que hay en el hombre está en su espíritu y que el cuerpo es malo por naturaleza. Y al hacerlo así llegaban a dos conclusiones opuestas: por un lado, sostenían que era necesario castigar al cuerpo (como enseñaban algunos de sus partidarios) o que lo que se haga con el cuerpo es indiferente, pues nada altera la pureza del espíritu y, por tanto, el libertinaje era legítimo (como decían otros). Los gnósticos consideraban que el cuerpo de Jesucristo

---

[4] Se llama dualismo a la doctrina que afirma la posible existencia de dos principios supremos, increados, coeternos, independientes, irreductibles y antagónicos. El concepto central del dualismo es el antagonismo entre el bien y el mal, por cuya acción se explican el origen y la evolución del mundo; pero también, en un sentido más amplio, se aplica a las doctrinas que afirman dos órdenes de ser esencialmente distintos, con más o menos radicalismo: por ejemplo, ser ideal y ser real, Dios y mundo, naturaleza y gracia (en el plano cognoscitivo, razón y fe), materia y espíritu, orden físico (de la necesidad) y orden moral (de la libertad y el deber), (en el plano cognoscitivo, constatación y valoración ética), conocer y querer (en la actividad consciente), bien y mal (en el ámbito de la actividad moral), felicidad y tristeza, etc.

[5] El Demiurgo, en la filosofía gnóstica, es la entidad que, sin ser necesariamente creadora, es impulsora del universo. En la filosofía idealista de Platón y en la mística de los neoplatónicos es considerado un dios creador del mundo y autor del universo. «Demiurgo» significa, literalmente, «maestro, supremo artesano, hacedor».

[6] El gnosticismo (tener conocimiento) es un conjunto de antiguas ideas y sistemas religiosos que se originó en el siglo I entre sectas judías y cristianas antiguas. Estos grupos enfatizaban el conocimiento espiritual (gnosis) por encima de las enseñanzas y tradiciones ortodoxas y la autoridad de la Iglesia. Considerando la existencia material defectuosa y malévola, la cosmogonía gnóstica suele presentar una distinción entre un Dios supremo y oculto, y una deidad menor y malévola, responsable de haber creado el universo material.

no pudo haber sido físico, sino una apariencia. Según Cerinto[7], cuando Cristo terminó su misión de enviado, abandonó el cuerpo de Jesús y fue este quien sufrió y fue crucificado. Para el cristiano, la eternidad incluye el cuerpo, que en ningún sentido debe ser considerado algo malo. Si el cuerpo fuera malo, entonces Cristo nunca habría venido al mundo como hombre.

Para Marción de Sinope[8], el dualismo de este mundo tiene otro carácter. En el mundo lo que él vio fue el imperio de la ley, la justicia y hasta la venganza. Pero, como en el Evangelio cristiano lo que priman son la gracia y el amor de un Dios que perdona aun a los más grandes pecadores, entonces la conclusión es que el mensaje cristiano es de «otro» dios; uno que no gobierna este mundo. Marción consideraba inaceptable el nacimiento de Cristo, con el argumento de que apareció en este mundo como un hombre totalmente formado.

Por otro lado, los montanistas[9] (seguidores de Montano[10], entre los que destaca Teódoto de Bizancio o Teódoto el Curtidor) favorecían el martirio, se oponían al fácil perdón de los pecados y no tenían aprecio por el matrimonio. Tenían a Montano por un poseído del Espíritu Santo

---

[7] Cerinto fue un líder de una secta de finales del siglo I o principios del siglo II, ramificación de los ebionitas, similar al gnosticismo en algunos aspectos. Es recordado en la historia primitiva de la Iglesia cristiana por haber sido un heresiarca —líder herético de una secta—. No solo fue contemporáneo de san Juan —quien escribió el cuarto Evangelio contra él y sus enseñanzas—, sino que lo persiguió con esmero e intentó suplantarlo.

[8] Marción de Sinope fue escritor y teólogo. Destacó como uno de los heresiarcas cristianos del siglo II, fundando la secta marcionita y predicando en ella una religiosidad dualista de corte proto gnóstico. Su doctrina se resume en la existencia de un verdadero Dios, desconocido y ajeno al mundo, revelado por Jesús, al cual se oponía un ser inferior, el Demiurgo, a quien identifica con el dios de los judíos, alegando que la ley mosaica era imperfecta y contraria a las enseñanzas del Evangelio.

[9] El montanismo fue un movimiento que surgió entre las comunidades cristianas primitivas como un esfuerzo para revalidar las realidades escatológicas de los primeros tiempos de la Iglesia. Se trataba de un «movimiento reavivador», como fue llamado luego.

[10] Montano fue el teólogo inspirador de la doctrina llamada montanismo, nacido probablemente en Ardabau, villa frigia en el territorio de la actual Turquía, en la primera mitad del siglo II. Montano era, antes de convertirse al cristianismo, un sacerdote de la diosa Cibeles, cuyo culto implicaba crueles ceremonias, como la auto castración de sus sacerdotes.

y su prédica era más rigurosa que la del propio Jesucristo, planteaban que Jesús era hijo de la Virgen María y del Espíritu Santo y hombre mortal, y aunque luego fue adoptado por Dios a través del bautismo, no fue divino sino después de su resurrección.

Esta es solo una muestra de las principales herejías surgidas en el segundo siglo, que, como se ve, no solo atentaban contra las doctrinas que transmitieron los apóstoles, sino contra los pilares y columnas del cristianismo. Por ello la reacción de la Iglesia no se hizo esperar y tomó tres medidas:

- Resaltar la importancia de la sucesión apostólica como única vía para establecer la legitimidad en materia de doctrina.
- Establecer el canon del Nuevo Testamento.
- Diseminar reglas sencillas de fe, entre las que destacaba el Credo.

Antes de que se promulgara el Edicto de Milán, en el 313, por el cual se establecía la libertad religiosa en el Imperio romano dando fin a la persecución a los cristianos, existía una gran división en la forma de entender la relación entre Jesús, el Espíritu Santo y Dios Padre en cuanto a su origen, jerarquía y naturaleza. En otras palabras, no había consenso en el dogma de la Santísima Trinidad: un solo Dios en tres personas diferentes; Padre, Hijo y Espíritu Santo, todos de la misma «substancia». En palabras del XI Concilio de Toledo[11]:

> El Padre es lo mismo que es el Hijo, el Hijo lo mismo que es el Padre, el Padre y el Hijo lo mismo que el Espíritu Santo, es decir, un solo Dios por naturaleza.

Existía por aquel entonces una doctrina que se denominó arrianismo, ya que fue fuertemente defendida por Arrio[12], sacerdote de Alejandría,

---

[11] Concilio de obispos del reino de los visigodos celebrado en Toledo, iniciado el 7 de noviembre del 675 en la Iglesia de Santa María bajo el obispo anfitrión Quirico. En este concilio se reunieron y, después de tres días de penitencia, redactaron un texto que resumiría toda la patrística relacionada con la Trinidad y la encarnación.

[12] Arrio (Libia, 250 o 256 - Constantinopla, 336) fue un asceta, presbítero y sacerdote en Alejandría (Egipto), en la iglesia de Baucalis. Quizá tuviera origen libio. Es conocido

según la cual Jesucristo fue creado por Dios Padre y estaba subordinado a Él; es decir que hubo un tiempo en el que, según esta doctrina, el Hijo no existió. Arrio sostenía que Cristo era divino y que vino a la tierra para la salvación de la humanidad, pero que Jesucristo no era igual a Dios Padre en el rango y que Dios Padre y el Hijo de Dios no eran iguales al Espíritu Santo. En el arrianismo, Cristo no era de la misma substancia (consubstancial) que la de Dios Padre.

A pesar de haber sido denunciado en el Sínodo de Alejandría, que se llevó a cabo en el año 321, Arrio continúo enseñando esta interpretación en las diferentes instituciones académicas a las que tenía acceso, logrando que poco a poco la mayoría de los cristianos del Mediterráneo oriental respaldaran su tesis.

En torno al 325, la controversia había escalado a un nivel peligroso, dado el creciente número de adeptos y opositores, por lo que el obispo Osio de Córdoba, con el apoyo del emperador Constantino I, decidió citar una asamblea de obispos. Dicha convocatoria fue el Primer Concilio de Nicea —considerado el primer concilio ecuménico[13]—, que se llevó a cabo del 20 de mayo al 19 de junio de aquel mismo año en la ciudad de Nicea de Bitinia —actual Iznik, en Turquía—.

Uno de los propósitos de este concilio fue resolver los desacuerdos surgidos dentro de la Iglesia de Alejandría sobre la naturaleza del Hijo en su relación con el Padre: en particular, si el Hijo había sido «engendrado» por el Padre desde su propio ser y, por lo tanto, no tenía principio, o bien creado de la nada, y por consiguiente tenía un principio. Alejandro de Alejandría y su discípulo y sucesor Atanasio de Alejandría tomaron la

---

por haber sido el pionero de la herejía llamada arrianismo. Plasmó sus ideas en su obra Tha*lí*a, de la cual solo sobreviven fragmentos.

[13] Según los cánones 337 y 341 del *Código de Derecho Canónico*, un concilio ecuménico (ecuménico: universal, o sea, toda la Iglesia católica) es una reunión de todos los obispos de la Iglesia para reflexionar sobre puntos de doctrina y disciplina que precisan ser esclarecidos, promulgar dogmas, corregir errores pastorales, condenar herejías y, en suma, resolver sobre todas las cuestiones de interés para la Iglesia universal. «Compete exclusivamente al romano pontífice convocar el Concilio Ecuménico, presidirlo personalmente o por medio de otros, trasladarlo, suspenderlo o disolverlo, y aprobar sus decretos». Así no es necesario que el papa esté presente para celebrar un concilio, pero para que sea válido es necesaria su confirmación.

primera postura, mientras que el popular presbítero Arrio tomó la segunda. En aquellos momentos esa era la cuestión principal que dividía a los cristianos. Alejandro y Atanasio defendían que Jesús tenía una doble naturaleza: humana y divina, y que por tanto Cristo era verdadero Dios y verdadero hombre; en cambio, Arrio y el obispo Eusebio de Nicomedia —quien llegó a ser obispo de Constantinopla— afirmaban que Cristo había sido la primera creación de Dios antes del inicio de los tiempos, pero que, habiendo sido creado, no era Dios mismo.

A pesar de su amistad con Arrio, Eusebio de Cesarea —obispo y reconocido como el padre de la historia de la Iglesia— se sumó a las decisiones del concilio, aceptando todo el Credo que se había formulado en las múltiples sesiones conciliares tomando como base el Credo de los Apóstoles. El número inicial de obispos que apoyaban a Arrio era pequeño. Después de un mes de discusión, el 19 de junio, solo quedaban dos: Theonas de Marmárica, en Libia, y Segundo de Ptolemais. El concilio se pronunció entonces contra los arrianos por abrumadora mayoría, pues solo ellos dos rechazaron firmar el símbolo niceno y fueron —junto con Arrio— desterrados a Iliria y excomulgados[14].

Poco después de este concilio se compusieron nuevas fórmulas de fe, la mayoría de ellas variaciones del Credo niceno, para hacer frente a diferentes vertientes del arrianismo que aparecían por acá y por allá. Al menos hubo cuatro versiones del Credo que no lograron trascender por la falta de unanimidad entre los obispos de tierras cristianas, como se evidencia en el Concilio de Sárdica, del 341, donde se presentó una nueva fórmula del Credo niceno que no logró ser aprobada. Hubo que esperar hasta mayo a julio de 381, cuando se celebró el Concilio de Constantinopla, donde fue redactado el Credo casi en los términos en los que hoy lo recitamos. De ahí su nombre de Credo Nicea-Constantinopla.

---

[14] Tras un intervalo de tres años, Eusebio de Nicomedia consiguió recuperar la confianza imperial y fue reincorporado a su puesto de obispo.

La versión final, tal como la conocemos ahora, se terminó de redactar durante el tercer Concilio de Toledo, en el 589, donde se agregó lo que se conoce como la cláusula *filioque*. Dicha inserción remplazó la frase: «Y en el Espíritu Santo, Señor y dador de vida, que procede del Padre» por «Y en el Espíritu Santo, Señor y dador de vida, que procede del Padre *y del Hijo*».

Durante los primeros mil años del cristianismo, el Credo de los Apóstoles era usado exclusivamente en el rito del bautismo; de ahí el uso del singular «yo creo» en lugar de «nosotros creemos» al comienzo de la oración, pero con motivo de la coronación del rey Enrique II como emperador del Sacro Imperio Romano Germánico, el 14 de febrero de 1014, el nuevo gobernante solicitó al papa Benedicto VIII la recitación del Credo Nicea-Constantinopla que incluía la cláusula *filioque*, durante la celebración de su investidura. El papa accedió a su petición, con lo que por primera vez en la historia de la Iglesia el *filioque* se usó en Roma. Este hecho sería de gran trascendencia, pues terminó siendo una razón más para que las iglesias ortodoxas orientales rompieran con el pontífice romano[15], ya que ellos rechazaron esa cláusula desde su inclusión. A partir de este momento, el Credo niceno fue incluido en la liturgia dominical.

La Instrucción General del Misal Romano dice: «En lugar del Credo niceno-constantinopolitano, especialmente durante la Cuaresma y el tiempo de Pascua, se puede usar el símbolo bautismal de la Iglesia romana, conocido como el Credo de los Apóstoles». La decisión de qué Credo usar depende del sacerdote y del obispo local.

A lo largo de los siglos, en respuesta a las necesidades de cada época, se han elaborado numerosos símbolos de nuestra fe; por ejemplo:

- Los símbolos (credos) de las diferentes iglesias apostólicas y antiguas.

[15] El Cisma de Oriente se concretó en 1054.

- El llamado Símbolo de san Atanasio[16], que, a diferencia de la mayoría de los credos o símbolos, trata casi exclusivamente sobre las doctrinas de la Trinidad y la encarnación.
- La profesión de fe de ciertos concilios como los de Toledo, Letrán, Lyon y Trento, o de ciertos papas como el *Fides Damasi*, del papa Dámaso I, y el Credo del Pueblo de Dios, del papa Pablo VI[17].

Las dos versiones del Credo	
El Símbolo de los Apóstoles	Credo de Nicea-Constantinopla
Creo en Dios, Padre todopoderoso, creador del cielo y de la tierra.	Creo en un solo Dios, Padre todopoderoso, creador del cielo y de la tierra, de todo lo visible y lo invisible.
Creo en Jesucristo, su único Hijo, nuestro Señor,	Creo en un solo Señor, Jesucristo, Hijo único de Dios, nacido del Padre antes de todos los siglos: Dios de Dios, luz de luz, Dios verdadero de Dios verdadero; engendrado, no creado, de la misma naturaleza del Padre, por quien todo fue hecho; que por nosotros los hombres, y por nuestra salvación bajó del cielo,
que fue concebido por obra y gracia del Espíritu Santo, nació de santa María Virgen,	y por obra del Espíritu Santo se encarnó de María, la Virgen, y se hizo hombre;

[16] https://ec.aciprensa.com/wiki/Credo_de_Atanasio

[17] Transcrito en el apéndice al final de este libro.

padeció bajo el poder de Poncio Pilato, fue crucificado, muerto y sepultado, descendió a los infiernos,	y por nuestra causa fue crucificado en tiempos de Poncio Pilato; padeció y fue sepultado,
al tercer día resucitó de entre los muertos, subió a los cielos y está sentado a la derecha de Dios, Padre todopoderoso. Desde allí ha de venir a juzgar a vivos y muertos.	y resucitó al tercer día, según las Escrituras, y subió al cielo, y está sentado a la derecha del Padre; y de nuevo vendrá con gloria para juzgar a vivos y muertos, y su reino no tendrá fin.
Creo en el Espíritu Santo,	Creo en el Espíritu Santo, Señor y dador de vida, que procede del Padre y del Hijo, que con el Padre y el Hijo recibe una misma adoración y gloria, y que habló por los profetas.
la santa Iglesia católica, la comunión de los santos, el perdón de los pecados, la resurrección de la carne y la vida eterna.	Creo en la Iglesia, que es una, santa, católica y apostólica. Confieso que hay un solo bautismo para el perdón de los pecados. Espero la resurrección de los muertos y la vida del mundo futuro.

PRIMERA PARTE

DIOS PADRE

†

Creo

Pues Dios amó tanto al mundo, que dio a su Hijo único, para que todo aquel que cree en Él no muera, sino que tenga vida eterna. Porque Dios no envió a su Hijo al mundo para condenar al mundo, sino para salvarlo por medio de él.

Juan 3,16-17

En las familias donde hay jóvenes, ocurre algunas veces que los muchachos se meten en algún problema y, al rendir cuentas a sus padres, dan su versión de los hechos y sucede también que, a pesar de lo inverosímil que resulte su historia, los padres tranquilizan al hijo con un «te creemos». ¿Sería el mismo veredicto al que llegaría un extraño al escuchar el relato del muchacho? Seguramente no. ¿Qué hace que la misma historia, inverosímil de creer, sea aceptada por unos y rechazada por otros? Que el extraño tendría que admitir algo que su inteligencia lo impide; al contar como única evidencia con la palabra de un desconocido, la sensatez prevalece y opta por el camino lógico de no creer la historia. No así sus padres, que han construido una relación basada en la confianza y durante ella han recopilado una enorme cantidad de evidencias que demuestran la honestidad de su hijo, así que su *creo* no es un aceptar ciegamente la historia, sino un renovar la confianza existente entre ellos.

Según el *Diccionario de la lengua de la Real Academia Española*, la definición de la palabra «creer» es «tener algo por cierto sin conocerlo de manera directa o sin que esté comprobado o demostrado». Seguramente al leer este significado le pareció similar a la definición bíblica de «fe»: «tener fe es tener la plena seguridad de recibir lo que se espera; es estar convencidos de la realidad de cosas que no vemos» (Hebreos 11,1). Claramente, las dos palabras son sinónimas en un contexto religioso; sin embargo, los Evangelios sinópticos (Mateo, Marcos y Lucas) solo emplean la palabra «fe», mientras que el de Juan se limita a utilizar la palabra «creer». Comparemos estos dos pasajes para apreciar el manejo de estas dos palabras por los evangelistas:

Lucas 7,1-10	Juan 4,46-53
Cuando Jesús terminó de hablar a la gente, se fue a Cafarnaúm. Vivía allí un capitán romano que tenía un criado al que estimaba mucho, el cual estaba enfermo y a punto de morir. Cuando el capitán oyó hablar de Jesús, mandó a unos ancianos de los judíos a rogarle que fuera a sanar a su criado. Ellos se presentaron a Jesús y le rogaron mucho, diciendo: —Este capitán merece que lo ayudes, porque ama a nuestra nación y él mismo hizo construir nuestra sinagoga. Jesús fue con ellos, pero cuando ya estaban cerca de la casa, el capitán mandó unos amigos a decirle: «Señor, no te molestes, porque yo no merezco que entres en mi casa; por eso, ni siquiera me atreví a ir en persona a buscarte. Solamente da la orden, para que sane mi criado. Porque yo mismo estoy bajo órdenes superiores, y a la vez tengo soldados bajo mi mando. Cuando le digo a uno de ellos que vaya, va;	Jesús regresó a Caná de Galilea, donde había convertido el agua en vino. Y había un alto oficial del rey, que tenía un hijo enfermo en Cafarnaúm. Cuando el oficial supo que Jesús había llegado de Judea a Galilea, fue a verlo y le rogó que fuera a su casa y sanara a su hijo, que estaba a punto de morir. Jesús le contestó: —Ustedes no creen, si no ven señales y milagros. Pero el oficial le dijo: —Señor, ven pronto, antes que mi hijo se muera. Jesús le dijo entonces: —Vuelve a casa; tu hijo vive. El hombre *creyó* lo que Jesús le dijo, y se fue. Mientras regresaba a su casa, sus criados salieron a su encuentro y le dijeron: —¡Su hijo vive! Él les preguntó a qué hora había comenzado a sentirse mejor su hijo, y le contestaron:

cuando le digo a otro que venga, viene; y cuando mando a mi criado que haga algo, lo hace». Jesús se quedó admirado al oír esto, y mirando a la gente que lo seguía dijo: —Les aseguro que ni siquiera en Israel he encontrado tanta *fe* como en este hombre. Al regresar a la casa, los enviados encontraron que el criado ya estaba sano.	—Ayer a la una de la tarde se le quitó la fiebre. El padre cayó entonces en la cuenta de que era la misma hora en que Jesús le dijo: «Tu hijo vive»; y él y toda su familia *creyeron* en Jesús.

El consenso de los padres de la Iglesia primitiva es que Juan escribió su Evangelio varios años después de que lo hicieran Mateo, Marcos y Lucas, y que, al ser muy conocidas las enseñanzas del Maestro en ese momento, trató de profundizar en otros aspectos más teológicos de la vida de Jesús recalcando su deidad —el Hijo de Dios—, para que los no creyentes lo recibieran y los creyentes lo siguieran. Resume el propósito de su Evangelio en su último fragmento:

> Jesús hizo muchas otras señales milagrosas delante de sus discípulos, las cuales no están escritas en este libro. Pero éstas se han escrito para que ustedes crean que Jesús es el Mesías, el Hijo de Dios, y para que creyendo tengan vida por medio de Él (Juan 20, 30-31).

Quiero resaltar tres palabras muy importantes: «Señales», «creer» y «vida». El evangelista presenta a Jesús como el Hijo de Dios, aportando una gran cantidad de *señales* que así lo acreditan, para que *crean* en todo lo que Él dijo y así obtener la verdadera *vida*.

Así que mientras los otros tres evangelistas se centraron más en la «fe», que es un sustantivo, Juan se enfocó más en «creer», que es un verbo. En otras palabras, la fe nos impulsa a creer y eso nos debe llevar a la acción de vivir con Jesús, por Jesús y en Jesús. San Pablo lo resume de esta manera: «Lo que cuenta es la fe, una fe activa por medio del amor» (Gálatas 5,6), pasar de la fe al actuar de acuerdo con lo que se cree; del sustantivo al verbo. Por eso el Credo comienza con este *creo* que nos impulsa a *actuar* de una manera activa, que corresponda al amor dado por nuestro creador.

Cuando aprendí a nadar, creía que el agua me sostendría a flote, pero pronto descubrí que debía mantener mis manos y pies en movimiento; así, el deleite del nadar era entonces el resultado de un trabajo en equipo donde el agua aportaba el sustento y yo el movimiento, pero requirió un alto grado de valentía dar el salto a ese medio ajeno a nuestra naturaleza.

Es interesante ver cómo Jesús asocia la palabra «creer» con «obedecer». Veamos un ejemplo: «El que cree en el Hijo tiene vida eterna. Pero el que es rebelde al Hijo no verá la vida, porque la cólera divina perdura en contra de él» (Juan 3,36). Como se aprecia, el Maestro hace una distinción entre los dos verbos diciendo que no basta con «creer», sino que también no hay que ser rebeldes y «obedecer». Una de las grandes diferencias teológicas entre la Iglesia católica y la mayoría de las iglesias protestantes —las derivadas del luteranismo y del calvinismo— es que ellas creen en «la doctrina de la justificación por la fe sola» o *sola fide*, que afirma que el perdón de Dios para los pecadores se concede y recibe solamente a través de la fe, con exclusión de todas las «obras» y «acciones», contradiciendo, entre otros, las palabras del propio Jesús ya citadas.

Otra arista que vale la pena tener en cuenta. En la Biblia la palabra «creer» también tiene otro significado: «Confianza». Veamos un ejemplo. Cuando Pablo fue arrestado y extraditado a Roma para ser juzgado, lo enviaron en un barco que partió de Alejandría con destino a Italia. En su camino los sorprendió una fuerte tormenta que duró varios días. Agotados por el esfuerzo de salvar el barco y ya sin la esperanza de llegar con vida a su destino, Pablo les dirigió estas palabras:

> Señores, hubiera sido mejor hacerme caso y no salir de Creta; así habríamos evitado estos daños y perjuicios. Ahora, sin embargo, no se desanimen, porque ninguno de ustedes morirá,

> aunque el barco sí va a perderse. Pues anoche se me apareció un ángel, enviado por el Dios a quien pertenezco y sirvo, y me dijo: "No tengas miedo, Pablo, porque tienes que presentarte ante el emperador romano, y por tu causa Dios va a librar de la muerte a todos los que están contigo en el barco". Por tanto, señores, anímense, *porque tengo confianza en Dios* y estoy seguro de que las cosas sucederán como el ángel me dijo (Hechos 27,21-25) —el énfasis es mío—.

En hebreo la palabra «creer» es sinónima de «confianza», y es creyente no tanto quien afirma unos determinados convencimientos mentales, sino quien experimenta y vive a Dios como si fuera otro yo que lo acompaña y le brinda la certeza inquebrantable de confiar en Él. La fe o creencia, por lo tanto, ya no pertenece al ámbito de la cabeza, sino al de las entrañas. No es asentir unas ideas, sino vivir la experiencia de sentirse y saberse radical y definitivamente sostenido y acompañado de manera incondicional por Dios.

Muchos piensan que fe es simplemente creer en Dios, pero quienes así lo hacen incurren en un tremendo error. Creer es binario: se cree o no se cree. Cuando agregamos un calificativo como mucho o poco (se cree mucho o se cree poco) entramos automáticamente en el campo de la confianza; es decir, se confía mucho o se confía poco. ¿Entonces cómo entender que los discípulos le hayan pedido al Maestro que se les aumentara la fe (ver Lucas 17,5-6)? Seguramente lo que ellos quisieron decir fue: «Ayúdanos a aumentar nuestra *confianza* en ti». La confianza sí se puede aumentar o disminuir, como hemos aprendido a lo largo de la vida interactuando con los demás en círculos de familia, amistad, trabajo, etc.

Según Juan, son las *señales* las que nos llevan a creer. ¿Pero de que *señales* está hablando? Jesús convirtió el agua en vino (Juan 2,6-10), expulsó demonios (Mateo 9,32-33), sanó multitud de enfermos (Mateo 4,23-24), devolvió la vista al ciego (Juan 9,1-7), el caminar al paralitico (Mateo 2,3-12), el oído al sordo (Marcos 7,32-35) y el habla al mudo (Mateo 9,32-33); alimentó a más de cinco mil personas con solo cinco panes y dos peces (Mateo 14,15-21), caminó sobre las aguas (Mateo 14,25-27), calmó la tormenta (Mateo 14,32) y resucitó al muerto

(Lucas 7,12-15). Sin embargo, cuando los escribas y fariseos fueron a pedirle a Jesús una *señal*, Él les dijo que la única que les daría sería la de su resurrección:

> Algunos de los fariseos y maestros de la ley dijeron entonces a Jesús:
> —Maestro, queremos verte hacer alguna señal milagrosa.
> Jesús les contestó:
> —Esta gente malvada e infiel pide una señal milagrosa; pero no va a dársele más señal que la del profeta Jonás. Pues así como Jonás estuvo tres días y tres noches dentro del gran pez, así también el Hijo del hombre estará tres días y tres noches dentro de la tierra (Mateo 12,38-40).

La señal más grande que presentó Jesús para que creyéramos en Él fue su resurrección, de la que hablaré más adelante, probando ser quien decía ser: el Mesías, el Hijo de Dios. Hay razones para creer.

Con Jesús se cerró el ciclo de revelación que había comenzado con Abraham 18 siglos atrás, así que podemos decir que la resurrección fue la última señal, pero ¿cuál fue la primera? Sin duda fue la creación del universo. El salmista lo dijo en estas palabras:

> Los cielos cuentan la gloria de Dios,
> el firmamento proclama la obra de sus manos.
> Un día transmite al otro la noticia,
> una noche a la otra comparte su saber.
> Sin palabras, sin lenguaje,
> sin una voz perceptible,
> por toda la tierra resuena su eco,
> ¡sus palabras llegan hasta los confines del mundo! (Salmo 19,1-4).

Y antes de que el rey David hubiera declarado en esta forma tan poética la existencia de Dios por sus obras, los hombres de las cavernas lo habían entendido de igual manera. Como prueba de ello podemos citar los entierros. El hombre ha sido el único ser que ha decidido enterrar a sus difuntos como tributo a la vida y obra de la persona que partió y a la creencia en otra vida después de la muerte. Podemos decir que esta es la primera evidencia de un sentido de trascendencia y espiritualidad innata del hombre. Los sepelios más antiguos corresponden a simples excavaciones en la tierra, pero luego se fueron sofisticando más y más hasta construir enormes estructuras que sobreviven en el presente. De hecho, muchas de esas construcciones fueron obras ofrecidas a sus dioses.

Mas adelante hablaré de la evidencia que aporta la creación de todo lo que vemos y de lo que no; a la existencia de Dios para reforzar aún más nuestra noción de un *creer* basado en hechos razonables, cuantificables y palpables, apartándonos de la equivocada *fe* ciega que erróneamente se nos adjudica a nosotros los creyentes.

En su numeral 166, el *Catecismo de la Iglesia católica* define así la *fe*: «La fe es un acto personal: la respuesta libre del hombre a la iniciativa de Dios que se revela». Resalto dos palabras: «Respuesta» y «revela». Del sustantivo «fe» pasamos al verbo «creer» como la *respuesta* del intelecto y la voluntad a toda la evidencia que la creación y nuestros sentimientos nos *revelan*: un Dios que existe e interactúa con nosotros tal y como hace todo buen padre con sus hijos. Este *creer*, apoyado en la enorme evidencia que nuestro intelecto nos permite recopilar, es reconocernos hijos para disfrutar de todos los privilegios que ofrece una familia fundada en el amor: hogar, alimento, protección, educación, salud, esparcimiento y bienestar en general. Es en este sentido que podemos comprender mejor las palabras que Jesús dirigió a sus apóstoles en lo que se conoce como la gran comisión: «Y les dijo: "Vayan por todo el mundo y anuncien a todos la buena noticia. El que crea y sea bautizado, obtendrá la salvación; pero el que no crea, será condenado"» (Marcos 16,15-16). Cuando se dijeron esas palabras, se bautizaba a los adultos por solicitud de ellos —podemos ver las enormes filas de personas que acudían a Juan el Bautista para que los bautizara en las aguas del Jordán (ver Mateo 3,5-6)—; era una acción voluntaria que expresaba su creencia en Dios Padre y su reconocimiento a la necesidad de su amor y protección. ¿No es este reconocimiento una definición de salvación? ¿E ignorarlo no equivale a la condenación?

«Amar» y «creer» son dos palabras que tienen una fuerza, belleza y trascendencia sin igual, pero con el paso del tiempo y los cambios culturales les hemos quitado su encanto y poder, llegando incluso a banalizarlas: hay personas que aman la salsa de tomate, aman un determinado restaurante, creen en los platillos voladores, creen que la vida se formó por azar, creen hasta en los políticos; incluso algunos creen que la Tierra es plana, pero no creen en Dios, no aman a Dios. Así que el reto que nuestro Credo nos ofrece es al acto de mayor apertura y trascendencia que el hombre es capaz de hacer: ¡creerle a Dios!

¿Cree usted, sí o no, que el único lugar que le brinda la mejor seguridad y bienestar a un infante es al lado de sus padres? Este es el *creo* con el que comienza nuestra profesión de fe.

EN UN SOLO DIOS

Oye, Israel: El Señor nuestro Dios es el único Señor. Ama al Señor tu Dios con todo tu corazón, con toda tu alma y con todas tus fuerzas.

Deuteronomio 6,4-5

No es fácil determinar con exactitud cuándo la humanidad adoptó el concepto de lo sagrado, pero es claro que es tan antiguo como el mismo hombre. Los descubrimientos arqueológicos en todos los rincones de la tierra manifiestan un evidente sentido religioso del hombre. Utensilios de piedra y metales preciosos, pinturas y otra gran cantidad de objetos encontrados en las sepulturas sugieren una religiosidad primitiva y una creencia en la existencia de una vida después de la muerte.

Cada año se multiplican los descubrimientos funerarios que ayudan a comprender mejor el desarrollo religioso de los primeros humanos. Fue después del año 30000 a. C. que las tumbas empezaron a llenarse con objetos rituales, pinturas y figuras talladas en piedra y hueso, que evidencian un ingreso definitivo al mundo de las creencias en otra vida después de esta y, por consiguiente, el reconocimiento de uno o varios regentes de ese mundo superior.

El hombre de la Antigüedad exploró su entorno y al elevar sus ojos a lo alto reconoció la enorme desproporción entre lo limitado de su mundo con la inmensidad del firmamento. Lo palpable le pertenecía y lo dominaba, pero lo que no podía alcanzar, como el cielo, las nubes y los astros, correspondía al mundo de los dioses y ellos lo gobernaban. Las circunstancias adversas producto de la naturaleza y otros que no podía dominar ni comprender, como el fuego, los volcanes, las tormentas, los terremotos, las sequías, etc., lo hicieron reconocer lo vulnerable y frágil que era y cedió a esos fenómenos el trono del poder; así aparecieron las primeras deidades. Sin embargo, en algunas culturas y en momentos diferentes, esos dioses celestes y lejanos fueron reemplazados por realidades más cercanas a ellos, como la naturaleza, la fecundidad, la muerte y hasta toda la gama de experiencias sentimentales, tales como el amor, el miedo, la alegría y la pasión, y los volvieron dioses.

El siguiente paso fue la construcción de lugares sagrados dedicados al culto y la veneración, como puente de comunicación para apaciguar las ofensas, individuales o colectivas, o para solicitar sus favores, nuevamente, individuales o colectivos. Algunos desarrollaron mejor el lenguaje de comunicación con ellos, y convencieron a sus respectivos pueblos de que poseían la exclusiva capacidad de interpretar mejor los deseos, caprichos y estados de ánimo de sus respectivas deidades, dando origen a la clase de los magos o brujos. De ellos unos optaron por dedicarse a restaurar la salud de sus compañeros enfermos con la anuencia de los superiores celestiales y otros a sostener prolongadas conversaciones con ellos en la búsqueda insaciable de lograr con éxito el intercambio de favores.

Desde que empezamos el estudio de los escenarios funerarios de la antigüedad en los diferentes continentes, los grandes astros han representado de una forma u otra a un dios. Tal es el caso de los egipcios, que le dieron el nombre del dios Ra al sol, autor de la vida y responsable del ciclo de la muerte y la resurrección en el más allá. Los incas lo llamaron Inti, que era su dios más importante por ser el «sumo hacedor» de todas las cosas y esposo de la diosa Quilla, que era la Luna, gran regente de todos los quehaceres femeninos. Para los mesopotámicos era el dios Utu, señor de la luz y de la justicia, ya que, al contar con una visión privilegiada desde lo alto, podía ver todas las cosas que pasaban en la tierra permitiéndole impartir justicia.

Tal era el estado de la relación del hombre con lo divino, cuando un día cualquiera del siglo XIV a. C., Moisés se encontraba pastoreando el rebaño de su suegro, Jetró, en la montaña Horeb —la montaña de Dios— cuando se percató de una zarza[18] que estaba en llamas, pero no se consumía. Al acercarse escuchó una voz que lo llamó «¡Moisés! ¡Moisés!» a lo que él respondió: «Aquí estoy», luego de que la voz le pidió que se quitara las sandalias, ya que el suelo que estaba pisando era sagrado, le dijo: «Yo soy el Dios de tus antepasados. Soy el Dios de Abraham, de Isaac y de Jacob» (Éxodo 3,6). Moisés sabía que esos antepasados habían muerto cientos de años atrás; sin embargo, Él no hablaba en pasado sino en presente, no dijo «era» sino «soy».

Moisés era israelita de sangre, pero egipcio por adopción, así que conocía el complejo conjunto de dogmas con respecto a la muerte y lo que acontecía después de ella. Pero sus creencias giraban en torno a dioses invisibles, esta era la primera vez que veía algo real con sus ojos, así que esto le ratificaba la existencia de una vida después de esta. Dios le encargó la misión que todos conocemos y, después de insistir en que se la diera a otro, terminó por aceptarla.

Antes de ponerse manos a la obra le preguntó su nombre. Quería saber cuál de todos los dioses que él conocía era el que le estaba enviando a liberar a su pueblo del yugo egipcio, le dice: «El problema es que si yo voy y les digo a los israelitas: "El Dios de sus antepasados me ha enviado a ustedes", ellos me van a preguntar: "¿Cómo se llama?". Y entonces, ¿qué les voy a decir?» (Éxodo 3,13). Él le contestó: «Yo Soy el que Soy[19]. Y dirás a los israelitas: Yo Soy me ha enviado a ustedes» (Éxodo 3,14). Otras traducciones dicen «Yo Soy el que Soy. De este

---

[18] El monasterio de Santa Catalina, a los pies del Sinaí, en Egipto, está construido donde la tradición supone que Moisés vio la «zarza que ardía sin consumirse». Santa Elena, madre del emperador Constantino I el Grande, mandó construir una capilla en este lugar por el año 300 d. C. Doscientos años después se construyó el monasterio con la zarza en el centro. Actualmente se conserva esta misma zarza, aunque ya no está en el centro del edificio, debido a las múltiples renovaciones que ha tenido.

[19] En hebreo, *Ehyeh Asher Ehyeh.*

modo, dijo, dirás a los hijos de Israel: El que Es me ha enviado a vosotros».

Esta respuesta distingue a Dios de todos los dioses que Moisés pudo haber conocido. Este Dios no se limita a un nombre o un dominio en particular. Él no fue creado por manos humanas. La declaración «Yo Soy» viene del verbo hebreo «ser o existir», y con ella Dios declaró que Él es autoexistente, eterno, autosuficiente, autodirigido e inmutable. ¡Él es el que hace que algo sea!

«Yo Soy el que Soy» no era su nombre, era más bien una indicación de su naturaleza: Él Es. En el hebreo antiguo no se usaban las vocales en la escritura, por lo que las consonantes que se emplearon en el Pentateuco fueron *yod-hei-vav-hei*, que se pronunciaba *iajuéj*. Al traducirse al latín, quedaron las letras YHWH, y en español lo tradujeron como Yahvé. Este nombre era considerado tan santo que no se podía pronunciar en voz alta ni siquiera escribirlo en su totalidad. De hecho, cuando un escriba judío reproducía las Escrituras y se encontraba con el santo nombre, dejaba de lado su pluma y usaba una nueva con la cual solo escribía esa palabra y luego la rompía para que ningún otro vocablo saliera de ella.

No era la primera vez en la historia de la humanidad que Dios se dirigía a una persona, ya lo había hecho muchas veces con Noé, Abraham, Jacob, etc., pero sí era la primera vez que revelaba que Él era el «único» Dios, autor de todo. Esta declaración cambió por completo la relación del hombre con su entorno. En muchas culturas politeístas, las personas evadían sus responsabilidades al asegurar que sus actos eran dirigidos por algún dios. El que mataba decía que no había sido él, sino que el dios tal había usurpado su cuerpo y que él era el verdadero responsable del homicidio. Lo mismo decía el que cometía adulterio, el que robaba o el que mentía...

> Un día, Caín invitó a su hermano Abel a dar un paseo, y cuando los dos estaban ya en el campo, Caín atacó a su hermano Abel y lo mató. Entonces el Señor le preguntó a Caín:
> —¿Dónde está tu hermano Abel?
> Y Caín contestó:

> —No lo sé. ¿Acaso es mi obligación cuidar de él?
> El Señor le dijo:
> —¿Por qué has hecho esto? La sangre de tu hermano, que has derramado en la tierra, me pide a gritos que yo haga justicia. Por eso, quedarás maldito y expulsado de la tierra que se ha bebido la sangre de tu hermano, a quien tú mataste (Génesis 4,8-11).

Ser responsables de nuestros actos y asumir la consecuencia de ellos fue uno de los grandes aportes del judaísmo a la humanidad. El hombre dejó de ser un títere de los dioses, asumió la responsabilidad de sus actos y pasó a tener una relación directa con Dios y hablar con Él.

Dios es único, pero es trinitario. Desde pequeños conocemos esta aseveración como el «misterio de la Santísima Trinidad». Misterio, en general, es una verdad que no podemos comprender por ir más allá de nuestro entendimiento, así que tratar de dar una explicación es muy difícil, pero haré un intento. Decía que Él se revela como el único Dios, siglos más tarde Jesús dijo que Él es Dios (Juan 10,30-33) y también por revelación supimos que el Espíritu Santo es Dios (Hechos 28,25-28 o Marcos 3,28-29). ¿Son entonces tres dioses? ¡No! El *Compendio del catecismo de la Iglesia católica* (CCIC) lo explica así:

> La Iglesia expresa su fe trinitaria confesando un solo Dios en tres Personas: Padre, Hijo y Espíritu Santo. Las tres divinas Personas son un solo Dios porque cada una de ellas es idéntica a la plenitud de la única e indivisible naturaleza divina. Las tres son realmente distintas entre sí, por sus relaciones recíprocas: el Padre engendra al Hijo, el Hijo es engendrado por el Padre, el Espíritu Santo procede del Padre y del Hijo (CCIC,48).

Así como el creador le reveló a Moisés que Él es, le hizo otra revelación muy importante al apóstol Juan: «Dios es amor» (1 Juan 4,8) y aunque este era el entendido de todo israelita desde los tiempos de Abraham, no había sido dicho de esta manera tan clara. No dijo que tenía mucho amor, o que el amor era uno de sus atributos, ni siquiera que su amor era infinito, dijo que Él es amor y si Él es amor, en su naturaleza ha de haber un rol para un amante, un rol para un amado y un rol para el amor que ellos comparten. Uno, dos y tres. Amante, amado y amor. El Padre, el Hijo y el Espíritu Santo, una familia de amor.

Dios es uno considerando su divina naturaleza y es tres considerando las divinas personas. Una imagen que nos puede ayudar a entender esto de las tres personas en un solo Dios es como cuando nos hacemos preguntas a nosotros mismos: ¿y yo en qué estaba pensando cuando...? O ¿qué estaba haciendo yo cuando...? Usted es el sujeto de su propia pregunta, tal y como se la habría hecho otra persona. Usted es simultáneamente el sujeto y el objeto de la pregunta. No es que se divida en dos, sino que son como dos dimensiones de su psicología. Esta es una imagen de dos individuos distintos en una misma persona. ¡Pero la Trinidad son tres entes y no dos! Así que debo introducir una tercera persona en mi ejemplo. ¿Qué pasaría si, fruto de ese diálogo con usted mismo, logra conocer mejor un área de su personalidad y la mejora? Sería equivalente a decir que aumenta su amor propio; su autoestima. Esa nueva concepción de amor sería en esta imagen la representación del Espíritu Santo.

En la misa se utiliza el incienso como una forma de representar nuestras plegarias elevadas al cielo, pero le escuché al papa Benedicto XVI en una de sus homilías darle un significado diferente: decía que el incienso ayudaba a que no viéramos con nitidez el altar, a que se nublara un poco nuestra visión, como una representación del misterio de Dios, que nunca podremos entender claramente. San Agustín dijo: «Si lo entiendes, ese no es Dios»[20].

Shemá Israel es la oración por excelencia que Dios le enseñó a su pueblo a través de Moisés y dice: «Escucha, Israel: el Señor nuestro Dios es el único Señor. Ama al Señor tu Dios con todo tu corazón, con toda tu alma y con todas tus fuerzas» (Deuteronomio 6,4-5). Este pasaje tiene un paralelo en el Evangelio de Mateo que dice: «Maestro, ¿cuál es el mandamiento más importante de la ley? Jesús le dijo: —"Ama al Señor tu Dios con todo tu corazón, con toda tu alma y con toda tu mente". Este es el más importante y el primero de los mandamientos. Pero hay un

---

[20] *Si comprehendis, non es Deus.*

segundo, parecido a este; dice: “Ama a tu prójimo como a ti mismo”. En estos dos mandamientos se basan toda la ley y los profetas» (Mateo 22,36-40). Ambos pasajes nos están hablando de la principal guía que tenemos para recorrer el camino de la vida: amar a Dios sobre todas las cosas. El significado es sumamente claro: si quieres ser feliz solo Dios puede ser tu Dios, nada ni nadie más, y a Él solo hemos de amar. Al único Dios que existe.

PADRE TODOPODEROSO

¿Acaso alguno de ustedes sería capaz de darle a su hijo una piedra cuando le pide pan? ¿O de darle una culebra cuando le pide un pescado? Pues si ustedes, que son malos, saben dar cosas buenas a sus hijos, ¡cuánto más su Padre que está en el cielo dará cosas buenas a quienes se las pidan!

Mateo 7,9-11

«Padre», «papi». «papá». Qué palabra más hermosa y reveladora. ¡Dios es nuestro Padre! Puedo decirles que el retorno a mi Iglesia católica, después de haberla abandonado por tantos años, se debió a que un día asimilé esa verdad. Comprender e interiorizar que Dios es mi Padre fue una de las revelaciones más importantes de mi vida.

Mi madre falleció hace ya varios años, y al siguiente día que lancé mi primer libro. Aún sobreviven mi padre y todos mis hermanos, que son cuatro. No los veo a diario, ya que, por decisiones de vida, migré a los Estados Unidos, y la mayoría de ese círculo cercano de familia se quedó en mi tierra natal. Aún recuerdo todo el amor que recibí cuando hice mi primer viaje a Colombia, después de mi éxodo, para visitar a la familia y los amigos: ese esmero por atenderme, hacerme sentir en casa, consentirme, cuidarme y regalarme lo mejor de ellos. Parecía ser la persona más especial y única del mundo. Soy muy afortunado y bendecido, ya que siempre he sido muy amado.

En ese viaje comprendí el significado de las palabras que Jesús había pronunciado dos mil años atrás:

> Pidan, y Dios les dará; busquen, y encontrarán; llamen a la puerta, y se les abrirá. Porque el que pide, recibe; y el que busca, encuentra; y al que llama a la puerta, se le abre. ¿Acaso alguno de ustedes sería capaz de darle a su hijo una piedra cuando le pide pan? ¿O de darle una culebra cuando le pide un pescado? Pues si ustedes, que son malos, saben dar cosas buenas a sus hijos, ¡cuánto más su Padre que está en el cielo dará cosas buenas a quienes se las pidan! (Mateo 7,7-11)

¿Así que todo ese cariño que se materializó en ese viaje, que no era más que una extensión del amor que he recibido de mi familia desde mi nacimiento, provenía de gente «mala»? ¡Claro que no! Pero cuando se compara con el amor de nuestro Padre celestial…

Antes del Mesías, el pueblo judío reconocía a Dios como el Padre; así nos lo deja saber el profeta Isaías cuando se lo recuerda al Altísimo como un último recurso en su solicitud de clemencia por el pueblo elegido: «Mira, Señor, desde el cielo, desde el lugar santo y glorioso en que vives. ¿Dónde están tu ardiente amor y tu fuerza? ¿Dónde están tus sentimientos? ¿Se agotó tu misericordia con nosotros? ¡Tú eres nuestro padre!» (Isaías 63,15-16), pero la gran revelación que nos hizo Jesús fue el referirse a Dios como «*¡Abbá!*», palabra aramea que se conserva en el Evangelio de Marcos (14,36) y se puede traducir como «padre mío», «papaíto», «papi», «papo», «*daddy*». Era la palabra familiar que los niños judíos empleaban para dirigirse a sus papás. Ese Padre frío, serio y distante del Antiguo Testamento se transforma en el Nuevo en un ser cálido, cercano, tierno, comprensivo, alcahuete que, sin olvidar su rol, no se cohíbe en lo más mínimo en expresar su amor y pasión por estar y compartir con nosotros: sus hijos. No muestra pena alguna en reconocer que se «derrite de amor por ti y por mí».

En la hermosa narración de la parábola del hijo pródigo (Lucas 15,11-32), Jesús describe a ese padre —que en su mente era Dios— como un hombre de enorme corazón que todos los días se pasaba las horas esperando el día en que su hijo quisiera regresar para salir a su encuentro y así poderlo abrazar y organizarle la más fastuosa fiesta. Un padre que no castiga al hijo por su arrogancia e incluso es capaz de entregarle su parte de la herencia y dejarlo partir. Dios es Padre, dice Jesús, pero no a la manera humana, porque no existe ningún hombre en este mundo que se comportaría como el protagonista de esta parábola. Dios es Padre a su manera: bueno, indefenso ante nuestro libre albedrío, capaz solo de conjugar el verbo «amar». Cuando el hijo rebelde, después de haber derrochado todo, regresa finalmente a su casa natal, ese padre no aplica criterios de justicia humana, sino siente sobre todo la necesidad de perdonar, y con su abrazo hace entender al hijo que en todo ese largo tiempo de ausencia le ha hecho falta. Ese es el «*Abbá*» al que Jesús se refiere cada vez que habla del Padre —nada menos que 170 veces—. Obviamente, esto escandalizaba a los fariseos, que consideraban una falta de respeto el dirigirse a Dios en esos términos, ignorando la profecía: «Vosotros me diréis: "Padre mío"» (Jeremías 3,19).

Podemos asegurar por toda la evidencia que tenemos, bíblica y secular, que los discípulos de Jesús eran judíos practicantes, apegados a las leyes de Moisés. Veíamos en el capítulo anterior el mandamiento que Dios le había dado a su pueblo después de haberles entregado las tablas de la ley:

> Escucha, Israel: El Señor nuestro Dios es el único Señor. Ama al Señor tu Dios con todo tu corazón, con toda tu alma y con todas tus fuerzas. Grábate en la mente todas las cosas que hoy te he dicho, y enséñaselas continuamente a tus hijos; háblales de ellas, tanto en tu casa como en el camino, y cuando te acuestes y cuando te levantes. Lleva estos mandamientos atados en tu mano y en tu frente como señales, y escríbelos también en los postes y en las puertas de tu casa (Deuteronomio 6,6-9).

Estoy seguro de que los doce oraban permanentemente esta oración, llamada *Shemá Israel*; así lo habían hecho sus padres, y los padres de ellos, y los de ellos. Generaciones enteras lo hicieron. Para el judaísmo antiguo, Dios es ante todo el Señor, el que siempre está por encima de nosotros, el todopoderoso. Sin embargo, ellos observaban que Jesús tenía una forma muy diferente de hablar con su padre, nuestro Padre. Había una comunicación tan íntima, personal y profunda, que denotaba una tremenda confianza y cercanía entre ellos dos, que los discípulos le tuvieron que decir a su Maestro «enséñanos a orar» (Lucas 11,1) y les contestó diciendo: «Cuando oren, digan: "Padre nuestro…"». Fue como si los discípulos le hubieran dicho a su Maestro: «Te hemos escuchado la forma tan cariñosa y amorosa que usas para hablar con el Padre, que hasta lo llamas "papi". Queremos hacerlo de la misma manera». Tanto Mateo como Lucas, los dos evangelistas que consignaron el Padre nuestro, lo hicieron en griego y usaron la palabra «*pater*», y no la dejaron en arameo «*Abbá*», pero ya sabemos que Jesús llamaba «papi» a su Padre, por eso en la liturgia el sacerdote utiliza la expresión «nos atrevemos a decir», porque Él nos enseñó a llamarlo de esa forma; todo un atrevimiento, pero contamos con su permiso.

Llamar a Dios «Padre» o «papi» nos pone en una relación de confianza con Él, como un niño que se dirige a su papá, sabiendo que es amado y cuidado por él. «*Abbá*» es el padre de infinita bondad y amor para con nosotros, principalmente para con los desobedientes, deprimidos y perdidos. Ya no se trata del Dios de la ley que distingue entre buenos y malos: es el Dios siempre compasivo que sabe amar y perdonar, que corre detrás de la oveja descarriada, que espera ansioso la venida del hijo difícil y lo acoge en el calor del hogar. El Dios que se deleita más con la conversión de un pecador que con noventa y nueve justos que no tienen necesidad de convertirse.

Esa fue la gran novedad de la imagen de Dios que nos trajo su Hijo: un Padre cercano a nosotros que sale a nuestro encuentro lleno de amor y con urgencia de abrazarnos y consentirnos. El que deja a las noventa y nueve por ir a buscar la perdida. El que prefiere estar entre los marginados de este mundo y rechaza a los que ocupan los primeros puestos en esta vida. Muy distinto al Dios oficial de los fariseos —parábola del fariseo y del publicano (ver Lucas 18,9-14)—, y al Dios de los sacerdotes del templo —parábola del buen samaritano (ver Lucas 10,25-37)—.

En adición a ese otro rostro que Jesús nos presentó del Padre, el Credo nos recuerda otra importante realidad del Creador: es todopoderoso. Dios ¡es!, así que Él «es» muchas cosas: es omnisciente (Salmo 139,1-16) —todo lo sabe—, es benevolente (1 Juan 4,8) —desea solo el bien—, es omnipresente (Salmo 139,7-10) —está presente en todas partes al mismo instante— y es inmutable (Salmo 101,28; Apocalipsis 1,8) —no está regido por el tiempo, por lo que no experimenta ningún tipo de cambio—. Quisieron los participantes del primer Concilio de Nicea solo mencionar esta cualidad, ya que la encontraron suficiente para recordarnos que Dios todo lo puede, que «nada es imposible para Dios» (Lucas 1,37).

Es tal vez en el mundo visible donde tendemos a ver y entender con mayor claridad lo que significa este atributo, por eso acudimos a Él en la enfermedad, la ruina, la pobreza, etc. De esto hablaré en los siguientes capítulos. Por ahora deseo detenerme en la combinación «Padre todopoderoso». Tener un padre que «todo lo puede» es lo mejor que nos puede ocurrir. «Yo seré un Padre para ustedes, y ustedes serán mis hijos y mis hijas, dice el Señor todopoderoso» (2 de Corintios 6,18).

Tristemente, en nuestros días hemos visto un cambio significativo en el tema de la paternidad, no solamente el aberrante concepto del mal llamado matrimonio homosexual y del cambio de sexo, sino por la crisis actual del matrimonio. Padres ausentes que privan a sus hijos de la enseñanza del amor del padre o de la madre. La comunicación con los hijos es a veces dificultosa, la confianza se acorta y la relación con la figura paterna se vuelve problemática, y entonces también se hace difícil imaginar a Dios como un padre infinitamente amoroso, al no tener el modelo adecuado de referencia. Si dejáramos de huir y escondernos de Dios, Él nos encontraría fácilmente y gozaríamos de su amorosa presencia:

> ¿Qué hombre de vosotros, teniendo cien ovejas, si pierde una de ellas, no deja las noventa y nueve en el desierto, y va tras la que se perdió, hasta encontrarla? Y cuando la encuentra, la pone sobre sus hombros gozoso; y al llegar a casa, reúne a sus

amigos y vecinos, diciéndoles: Gozaos conmigo, porque he encontrado mi oveja que se había perdido (Lucas 20,4-6).

Jesús no escatimó palabras para mostrarnos la clase de Padre que tenemos, por eso la figura del buen pastor —Abraham, Moisés y el rey David, entre otros, tuvieron ese oficio— fue una de sus favoritas, «El Señor es mi pastor; nada me falta» (Salmo 23,1). Hermoso, ¿cierto? Solamente tenemos que dejar que Él sea nuestro pastor y seguirlo: «Mis ovejas oyen mi voz, y yo las conozco, y me siguen» (Juan 10,27).

No podría pasar al siguiente capítulo sin reconocer una realidad que puede explicar por qué algunas veces tenemos dificultad en identificar a Dios como nuestro Padre amoroso que todo lo puede. Nos ronda permanentemente en la cabeza y en el corazón la consabida pregunta: si Dios es nuestro Padre todopoderoso, que tanto nos ama, ¿por qué permite el mal y el sufrimiento? ¿Por qué les pasan cosas malas a personas que consideramos buenas?

Esta es la pregunta teológica más dura, portentosa y desconcertante que podemos formular, ya que todos vamos a sufrir de una u otra manera: «No todos los ojos lloran en un día, pero todos lloran algún día». Vamos a tener momentos en nuestra vida donde buscaremos una respuesta que explique el dolor, que muy seguramente lo encontraremos divorciado del amor del Padre celestial. Siempre nos parecerá injusto, desproporcionado, arbitrario e inmerecido.

En mi libro *Lo que quiso saber de nuestra Iglesia católica y no se atrevió a preguntar* dediqué todo un capítulo para tratar de darle un poco de sentido a esta dura realidad de la condición humana, así que allí podrá encontrar una explicación más extensa de la que brindaré acá.

Misterio, en general, es una verdad que no podemos comprender por ir más allá de nuestro entendimiento. Así que lo primero que debemos decir es que este es un misterio; uno grande y angustioso, que se contrapone a ese otro misterio igualmente grande y maravilloso que es el de la misericordia de Dios.

El hombre posee un inmenso deseo de encontrar respuesta a cada pregunta que ha pasado por su mente. Percibe el mundo de una forma totalmente lógica y piensa que cada efecto es el resultado de una causa. Cuando afronta la injusticia del dolor, quiere encontrar su origen y suele terminar por culpar a Dios de duro y despiadado o peor aún: negándolo. Cometen un gravísimo error, al igual que quien se pregunta ¿qué he hecho para recibir semejante castigo? O como el que piensa que su tragedia es una prueba enviada por Dios. Si así fuera, tendríamos que imaginar a Dios viendo a una madre que sufre y ora ante la impotencia de un hijo que muere por una grave enfermedad, y Él tomando nota del grado de fortaleza de la fe de aquella mujer, a ver si aprueba el examen. ¡No! Eso jamás lo haría un Padre. ¿Entonces cómo reconciliamos estas dos realidades al parecer irreconciliables?

Si dejamos por un instante el doloroso sentimiento que podamos estar experimentando en un momento de injusticia causado por la pérdida de un ser querido, una enfermedad, problemas económicos, un accidente, la pandemia, etc., y tratamos de razonar con justicia nuestra historia, podemos afirmar que la soberbia, la avaricia, la envidia, la ira, la lujuria, la gula y la pereza del hombre, a lo largo de toda su existencia, han causado más muerte, dolor, angustia y sufrimiento que cualquier otra razón que podamos imaginar. No es necesario levantar nuestra mirada a Dios para hallar una explicación, sino que la encontramos en el mismo hombre. Pensemos en un evento que quedará en nuestra memoria por siempre: los campos de concentración nazis. No soy un gran historiador, pero creo no equivocarme al decir que este ha sido uno de los actos de mayor barbarie del género humano en toda nuestra historia. ¿Cómo pudo Dios haber permitido semejante acto de sevicia de un hombre contra todo un pueblo?

Bajo ningún aspecto pretendo trivializar semejante evento histórico, ni mucho menos minimizar la estela de dolor y sufrimiento que produjo, pero ni Dios lo causó, ni Dios era el único que lo podía detener. Los campos de concentración fueron construidos por hombres al igual que las cámaras de gas, lo mismo que las armas, los tanques y toda la maquinaria de guerra que emplearon para ejecutar sus planes de exterminio. Eran hombres quienes capturaban, encerraban y finalmente conducían a la muerte a sus indefensas víctimas. Esto fue el resultado del ejercicio del libre albedrio del hombre.

> Cuando alguno se sienta tentado a hacer lo malo, no piense que es tentado por Dios, porque Dios ni siente la tentación de hacer lo malo, ni tienta a nadie para que lo haga. Al contrario, uno es tentado por sus propios malos deseos, que lo atraen y lo seducen. De estos malos deseos nace el pecado; y del pecado, cuando llega a su completo desarrollo, nace la muerte (Santiago 1,13-15).

Por nuestros pensamientos, palabras, obras u omisiones, todos tuvimos responsabilidad en ese trágico episodio de nuestra historia. Y la seguimos teniendo hoy en los millones y millones de holocaustos que siguen existiendo en nuestros días. Los hay que afectan a miles de personas; otros aquejan a una sola de ellas. Los hay en tierras muy lejanas y hasta en nuestras propias casas. Algunos ocupan titulares de prensa y otros permanecen anónimos por siempre.

Cuando Dios estableció una nueva alianza con su pueblo (nosotros) en el país de Moab, le entregó a Moisés por segunda vez las tablas de los mandamientos y las demás leyes, y dijo:

> En este día pongo al cielo y a la tierra por testigos contra ustedes, de que *les he dado a elegir* entre la vida y la muerte, y entre la bendición y la maldición. *Escojan*, pues, la vida, para que vivan ustedes y sus descendientes; amen al Señor su Dios, obedézcanlo y séanle fieles, porque de ello depende la vida de ustedes y el que vivan muchos años en el país que el Señor juró dar a Abraham, Isaac y Jacob, antepasados de ustedes (Deuteronomio 30,19-20) —el énfasis es mío —.

Diariamente, todos tomamos decisiones, algunas de ellas son de muerte y maldición y otras son de vida y bendición. La elección es del todo nuestra y cuando se toman de las primeras incuestionablemente alguien va a sufrir. Pueda que nunca nos enteremos, porque no necesariamente el efecto es inmediato ni que recaiga sobre una persona que conozcamos, pero sin duda será fuente de dolor y desgracia, «porque el salario del pecado es la muerte» (Romanos 6,23).

Sin duda, resulta difícil reconciliar la realidad del mal con el de la figura paterna de Dios, que es amor. ¡Es un gran misterio! La propuesta cristiana a este dilema es la que planteó el mismo Dios con el sacrificio de su único hijo Jesucristo en la cruz.

En ese madero, la máxima obscuridad de la condición humana se encontró con la luz infinita que emana de la plenitud del amor divino y se transfiguró en vida. «Pero fue traspasado a causa de nuestra rebeldía, fue atormentado a causa de nuestras maldades; el castigo que sufrió nos trajo la paz, por sus heridas alcanzamos la salud» (Isaías 53,5).

En esa cruz, Dios llegó a los límites del abandono y convirtió a la propia muerte en un lugar de esperanza. «Pues Dios amó tanto al mundo, que dio a su Hijo único, para que todo aquel que cree en él no muera, sino que tenga vida eterna» (Juan 3,16).

Fue en esa cruz donde el poder de Dios cambió la humillación en exaltación, la derrota en victoria, la muerte en vida y la oscuridad en luz. «En cuanto a mí, de nada quiero gloriarme sino de la cruz de nuestro Señor Jesucristo. Pues por medio de la cruz de Cristo, el mundo ha muerto para mí y yo he muerto para el mundo» (Gálatas 6,14).

Esa trágica muerte en la cruz es el recuerdo del amor del Padre hacia nosotros y el de su Hijo, quien dio la vida por sus amigos. «El amor más grande que uno puede tener es dar su vida por sus amigos» (Juan 15,13).

El 14 de septiembre de 1998, el papa Juan Pablo II, con motivo de la fiesta de la Exaltación de la Santa Cruz, escribió la carta encíclica *Fides Et Ratio*. En el numeral 23 podemos leer:

> El Hijo de Dios crucificado es el acontecimiento histórico contra el cual se estrella todo intento de la mente de construir sobre argumentaciones solamente humanas una justificación suficiente del sentido de la existencia. El verdadero punto central, que desafía toda filosofía, es la muerte de Jesucristo en

la cruz. En este punto todo intento de reducir el plan salvador del Padre a pura lógica humana está destinado al fracaso. (...) El hombre no logra comprender cómo la muerte pueda ser fuente de vida y de amor, pero Dios ha elegido para revelar el misterio de su designio de salvación precisamente lo que la razón considera "locura" y "escándalo". (...) La razón no puede vaciar el misterio de amor que la Cruz representa, mientras que esta puede dar a la razón la respuesta última que busca. No es la sabiduría de las palabras, sino la Palabra de la Sabiduría lo que san Pablo pone como criterio de verdad, y, a la vez, de salvación.

Creador del cielo y de la tierra

Tú eres el Señor, y nadie más. Tú hiciste el cielo y lo más alto del cielo, y todas sus estrellas; tú hiciste la tierra y todo lo que hay en ella, los mares y todo lo que contienen. Tú das vida a todas las cosas. Por eso te adoran las estrellas del cielo.

Nehemías 9,6

Todo, absolutamente todo, proviene del Señor, hasta el aire necesario en nuestros pulmones para alabarlo o negarlo.

Antes de entrar en materia, se hace necesaria una aclaración. Como se dijo en la historia del Credo niceno, la motivación principal que llevó a convocar el Concilio Ecuménico I de Nicea, en el año 325, fue combatir una serie de herejías[21], con la redacción de un compendio de nuestras creencias en forma de oración. La confesión bautismal romana de aquella época comenzaba diciendo: «Creo en Dios, Padre todopoderoso, creador del cielo y de la tierra», cuya última frase nos recuerda el principio del Génesis: «En el comienzo de todo, Dios creó el cielo y la tierra», lo que nos lleva a la creación del universo; es decir que ese «cielo» y «tierra» hacen referencia a todo el planeta Tierra y a lo que está por fuera de él. El concilio adoptó estas palabras y las extendió agregando algo que *a priori* parece redundante: «De todo lo visible y lo

[21] Como la del arrianismo, que afirmaba que Jesucristo fue creado por Dios Padre, implicando que hubo un momento en que el Hijo no existía; es decir que Dios no era trinitario.

invisible» aludiendo, como lo explicaré en el siguiente capítulo, a Dios creador del reino espiritual sobrenatural (lo invisible) y a su máxima creación: nosotros (lo visible).

Mucha gente desconoce el verdadero significado de la palabra «crear». Según el *Diccionario de la lengua de la Real Academia Española*, quiere decir «producir algo de la nada». En nuestro diario hablar, usamos esta palabra de forma incorrecta: «Roberto *creó* una página web buenísima», «el primer paso para *crear* una base de datos es entender la información que vamos a almacenar», «mi trabajo consiste en *crear* informes de rotación de inventarios». Pero aun en estos ejemplos que hacen referencia a elementos inmateriales, no se producen literalmente «de la nada». En el primer ejemplo, Roberto requirió una gran cantidad de neuronas, tuvo que haber tomado unos cursos sobre páginas web, utilizó un computador, un editor de texto, un lenguaje de programación, etc. Él no «creó» la página web de la «nada». Aunque todos entendemos lo que se quiere decir con esa frase, es evidente que la palabra «crear» no es apropiada en ese contexto.

Teniendo esto claro, en el estricto sentido de la palabra, no debería haber ateos, es lo que la lógica nos dicta; sin embargo, los hay y en abundancia. Solo Dios puede crear, y esa es precisamente la definición de Dios, como lo ratifica el *Diccionario de la RAE*. Dice en su primera enunciación: «Ser supremo que en las religiones monoteístas es considerado hacedor del universo», y en la segunda entrada: «Deidad a que dan o han dado culto las diversas religiones politeístas». El Big Bang o Gran Explosión es una teoría que explica cómo se formó el universo a partir de *algo* que ya existía, pero no resuelve el enigma del origen de ese *algo* al que los científicos han llamado una singularidad.

En el siglo XVII, el filósofo alemán Leibniz se preguntó por qué hay algo en lugar de nada; es decir, ¿cuál es la causa de que el universo exista? ¿De dónde salieron todas esas estrellas, planetas y nosotros mismos? ¿No sería más fácil y sencillo que no hubiera nada en absoluto? Nosotros conocemos perfectamente la respuesta: «En el comienzo de todo, Dios creó el cielo y la tierra» (Genesis 1,1). Es decir que nuestro universo tuvo un origen y se formó de acuerdo con unas leyes que fueron infundidas a la materia para que se comportara de la manera en que lo hace. Muchos científicos sostienen la necesidad de una inteligencia primaria que dotara a la materia de unas propiedades muy específicas para desarrollarse en el universo que hoy conocemos; sin embargo, al igual que hoy, todavía hay individuos, incluso del mundo académico, que siguen sosteniendo que la Tierra es plana, también hay personas de ciencia que afirman que el universo ha existido desde siempre o se creó solo; o sea, que no requirió la intervención de ningún ser supremo.

Desechando algunas teorías científicas que pretenden explicar el origen del cosmos, nos vamos a quedar con las dos que más adeptos han tenido: el universo tuvo un comienzo o, por el contrario, ha existido desde siempre. Uno de los principios de la metafísica es que todo tiene un origen o causa —todo es contingente—, así que no existe ninguna ley de la física, la lógica ni la filosofía que pueda sostener la idea de que «algo» haya existido desde siempre, excepto Dios [22] —Él no es contingente, es necesario—. Voy entonces a dejar esta teoría de lado. Es decir que nos queda una sola: que el universo tuvo un comienzo. En este caso cabe preguntarnos si dejamos a Dios dentro de la formulación de la creación del universo o lo excluimos.

Cuando se excluye a un creador de la ecuación de la creación del universo, vemos una comunidad de científicos haciendo las más maravillosas postulaciones para determinar cómo «algo» pudo haber surgido de la «nada», que es la única manera de explicar la existencia de todo lo material sin la intervención de un creador. Teorías que son imposibles de demostrar y además atentan contra toda lógica, ya que el comienzo del universo dio como origen al tiempo y al espacio. Así que no podemos reproducir en un laboratorio las condiciones iniciales; es decir, no espacio, no tiempo, no materia, no información, para demostrar cualquier teoría que explique el origen de «algo» a partir de la «nada».

---

[22] En mi libro *Las tres preguntas*, doy una respuesta amplia a la famosa pregunta ¿quién creó a Dios?

Lawrence M. Krauss[23], famoso ateo y físico estadounidense del Instituto Tecnológico de Massachusetts, publicó en el 2010 su libro *Un universo de la nada*, donde presenta una teoría que pretende establecer que sí es posible que la «nada» haya creado de manera instantánea toda la materia del universo[24]. Sostiene Krauss que los campos cuánticos relativos a la fuerza de la gravedad pueden «crear» espacio-tiempo y materia donde antes no había nada. Lo que significa que no se necesita un creador externo porque el universo puede esencialmente crearse a sí mismo o una nada inestable lo producirá. ¡Pero eso no es «crear» algo de la nada! Cuando el profesor presentó su libro a la comunidad científica, muchos le rebatieron el título del libro y le recordaron que la «nada» no es solamente la ausencia de un espacio-tiempo y de materia, sino también carente de estados cuánticos, leyes de la física y, más importante aún, de *información*, elementos necesarios en su postulación teórica.

Ya se entiende mejor por qué podemos afirmar esto en el Credo no como una verdad de fe, sino como una verdad que podemos razonar[25]. En mi libro *Las tres preguntas*, pretendo contestar la pregunta ¿Dios existe? Me valgo del siguiente argumento para responder:

> La naturaleza —que incluye la vida, el universo, la materia, etc.— obedece a un diseño; por lo tanto, ha de existir un diseñador. En mi caso, ese diseñador se llama Dios. Usted le puede dar otro nombre por ahora, si tiene problemas asociando a este Dios con el cristianismo o con cualquier religión establecida. Lo importante es reconocer una «inteligencia» superior que ha diseñado las leyes de la naturaleza y las ha dotado de la

---

[23] Lawrence Maxwell Krauss (27 de mayo de 1954) es doctor en Física Teórica del Instituto Tecnológico de Massachusetts y director del Proyecto Orígenes en la Universidad Estatal de Arizona; además, fue profesor de Física del Ambrose Swasey, profesor de Astronomía y director del *Center for Education and Research* en la *Case Western Reserve University* en Cleveland, Ohio.

[24] La ley de la conservación de la energía, primera y más importante de las leyes de la física dice que la energía no se crea, sino que se transforma. Y es ley, precisamente, porque es invariable y uniforme a lo largo de todo el universo.

[25] En mi libro *Las tres preguntas*, ofrezco una lista de seis evidencias científicas, ampliamente sustentadas, que demuestran la existencia de un Creador.

«información» necesaria para dar vida y forma a todo lo que conocemos; y reconocer que dicha creación, que nos incluye a usted y a mí, tiene un propósito, como todo lo que ha sido diseñado.

Y lo sustento con las siguientes seis tesis:

- **Una fábrica digital dentro de la célula**: aportando los últimos descubrimientos en los campos de la genética y biología que explican el complejo mecanismo empleado por la célula para generar todas las proteínas que sustentan la vida, mantenerse viva y reproducirse; todas ellas basadas en enormes cantidades de información, similar a un computador y sus respectivos programas o aplicaciones. Dichos mecanismos han estado presentes desde la primera forma de vida que hubo en la Tierra, hace unos cuatro mil millones de años. Por esta razón, miles y miles de científicos rechazan al consabido azar como la fuente que ha regulado el origen, la expansión y el sostenimiento de la vida y reconocen que solo la «inteligencia» es capaz de generar ese ente inmaterial que conocemos como «información». Si una persona llegara a una isla que presume desierta y encuentra labrada en la arena la inscripción «bienvenido», por ningún motivo pensaría que esos símbolos aparecieron ahí por pura casualidad, que el ir y venir de las olas labró el mensaje en la arena. Por supuesto, esa secuencia de códigos fue el producto de una inteligencia que quiere transmitir un mensaje (información). Ahora, podríamos hacerle a esa persona la siguiente pregunta: si reconoce sin lugar a duda que la única fuente capaz de generar esa pieza de «información» codificada de diez caracteres es la inteligencia, ¿por qué no aceptar lo mismo para una cadena de información codificada, no de diez letras, sino de los tres mil millones de «caracteres» de información como la que contiene nuestro ADN?
- **Máquinas moleculares**: con el continuo desarrollo de los microscopios electrónicos —que permiten aumentos de hasta diez millones de veces—, hemos podido ver con gran detalle los complejos sistemas que hay en la célula; ya sean la de una

bacteria o la del hombre. Hoy sabemos de sistemas presentes en algunos seres vivos que son tan complejos que no pueden ser explicados como el resultado de un proceso evolutivo gradual, ya que todas sus partes tienen que existir y ser funcionales al mismo tiempo para desempeñar su respectiva función. Similar a lo que ocurre con una trampa de ratón, donde todas sus partes deben estar listas y disponibles al mismo tiempo para que funcione como se espera. La trampa no es funcional si le falta, por decir, el resorte. Hemos descubierto mecanismos biológicos que requieren una gran cantidad de «componentes» que tienen que estar presentes todos al mismo tiempo para su funcionamiento, como los que se requieren para la visión, el sistema del flagelo bacteriano[26], el mecanismo de coagulación de la sangre, la «fábrica» que genera las proteínas en la célula, etc. Así que debemos buscar otra explicación que la simple mutación aleatoria de sus células en un largo período de tiempo. Una vez más, volvemos a la necesidad de explicar el origen de la «información» necesaria para que se formen de manera coordinada y sincronizada sus componentes individuales y en conjunto funcionen como un organismo viviente de acuerdo con un diseño concebido por un ser inteligente.

- **La gran explosión cámbrica**: la comunidad científica concuerda en que la vida en la Tierra comenzó hace 3.800 millones de años, con la aparición de organismos unicelulares. De acuerdo con la teoría de Darwin, hemos de tener registros fósiles de todas las transiciones de las especies, desde los organismos más simples hasta llegar a los actuales, incluyendo las transiciones fallidas. Sin embargo, el registro fósil muestra otra cosa. Si convertimos esos 3.800 millones de años en un día de veinticuatro horas, a las 0:00 horas aparecen los primeros organismos unicelulares. A las 6:00 a.m. siguen existiendo solo estos organismos. A la 1:00 p.m., lo

[26] En este video de YouTube puede apreciar una animación de su funcionamiento y de las más de cuarenta y seis partes interactuando para impulsarse: www.youtube.com/watch?v=5P6zO99ihOU

mismo. A las 6:00 p.m., igual. Transcurren tres cuartas partes del día y en nuestro planeta solo existen, y han existido, organismos unicelulares. De pronto, a las 8:50 p.m. y en solo dos minutos (que corresponden al período cámbrico), aparecen todas las criaturas con sistemas nervioso, circulatorio, digestivo, reproductivo y respiratorio; que tienen cerebro, esqueleto, visión, etc., y han mantenido su forma y sistemas iguales hasta el presente, ¡no han cambiado! Menos de dos minutos de un día de mil cuatrocientos cuarenta minutos: así de repentina fue la explosión cámbrica. El 75 % del tiempo en que ha habido vida en la Tierra solo existieron organismos unicelulares. Después de eso, la vida compleja surgió de repente, sin las transiciones moderadas ni incrementales de las que habla la teoría de la evolución de Charles Darwin. Esto es lo que nos dice el registro fósil actual. Los nueve sistemas biológicos conocidos y existentes hoy (muscular, nervioso, excretor, inmunitario, linfático, óseo, tegumentario, endocrino y reproductor) están presentes en los fósiles del Cámbrico. Es decir que el supuesto proceso evolutivo no ha generado ningún sistema nuevo después de este período (tampoco había generado ninguno antes). De nuevo, de acuerdo con el registro fósil, la evidencia apunta más al creacionismo que al proceso evolutivo propuesto por Darwin.

- **El universo finamente ajustado**: las leyes de la física, tal como las conocemos hoy, contienen una gran cantidad de números fundamentales (fuerzas, constantes, proporciones, velocidades, distancias, etc.), como el tamaño de la carga del electrón, la relación de las masas del protón y el electrón, o los valores de las distintas fuerzas que intervienen para mantener un átomo estable y capaz de unirse a otros para formar moléculas, o la fuerza de la gravedad, o la fuerza nuclear fuerte, etc. Lo sorprendente es que los valores de estos números están ajustados en sus valores exactos, con tolerancias en algunos casos del orden de una sola parte de una fracción de 1×10^{279} de unidad. Permítame ilustrar esto con un ejemplo. Imagine por un instante toda el agua salada del mundo —todos los océanos están conectados de una u otra manera—. Toda la vida marina que esa masa alberga depende del nivel adecuado de salinidad para su sostenibilidad, sobra decir que podemos agregar toneladas y toneladas de sal sin que tenga efectos en sus habitantes, ya que esa mole de agua tolera cierta variación en el grado de salinidad, ¿de acuerdo? Resulta que las leyes que gobiernan la materia no tienen el nivel de tolerancia que tienen nuestros océanos. Volviendo al tema del ajuste tan preciso de las diferentes leyes de la naturaleza y usando la salinidad del agua para tratar de dimensionar el grado de precisión de esos valores que rigen su física, sería como decir que si le agregáramos tan solo un grano de sal a algún océano toda la vida marina desaparecería, pues no toleraría ese aumento del nivel de salinidad. Una sola variación de ese nivel de magnitud en las constantes y leyes que gobiernan la física de la materia haría que no se formara el universo. El número de «granos» (moléculas) de sal que hay en todos nuestros mares y océanos es infinitamente menor a 1×10^{279}, pero sirve de ilustración. Al momento de escribir estas páginas, el hombre ha logrado identificar noventa y tres fuerzas, constantes, proporciones, velocidades, distancias, etc., que rigen la formación y preservación de toda la materia. Existimos gracias a lo preciso y exacto de los valores actuales de esas fuerzas. Con la más ligera variación como la explicada, la materia no se comportaría de la manera en que lo hace y no se habría formado el universo. Esto no puede ser explicado como una simple coincidencia, sino debido a una inteligencia que diseñó la materia de esta forma, la única que permite la formación de un universo apto para la vida.

- **Un planeta fuera de lo común**: desde que el astrónomo Edwin Hubble descubrió, en 1921, que la mayoría de lo que se pensaba que eran estrellas en el firmamento se trataba, en realidad, de otras galaxias compuestas de millones de estrellas, planetas y demás cuerpos celestes, la humanidad ha asumido que la vida inteligente tiene que ser abundante en el espacio exterior[27], pero lo cierto es que hasta el momento no tenemos ni una sola evidencia de que nuestra suposición sea cierta. Claro, la ausencia de prueba no es prueba de la ausencia. El astrónomo Carl Sagan[28] fue uno de los grandes promotores del proyecto SETI[29], que trata de encontrar vida extraterrestre inteligente, ya sea por medio del análisis de señales electromagnéticas (el equivalente a nuestras ondas de radio, televisión, telefonía celular o de las luces incandescentes de las calles) capturadas por radiotelescopios o bien enviando mensajes de distinta naturaleza al espacio con la esperanza de que alguno de ellos sea contestado. Para poder determinar la probabilidad de que exista vida —no necesariamente inteligente— es necesario, primero, enumerar las características mínimas que debe tener un planeta para que pueda desarrollar vida y, segundo, determinar qué tan común o insólito sería encontrar un planeta con esas características en el espacio exterior. Una de ellas es que haya agua en estado líquido. Para ello es necesario una distancia muy específica entre el planeta y la estrella que este circunda. Si está muy cerca, el agua se evapora y si está muy lejos, se congela. Una variación de más del 5 % hace inviable el planeta para la vida. La proporción entre el tamaño del planeta y la estrella que rodea ha de ser sumamente exacto, ya que una mínima variación en ella hace imposible el planeta para la vida. Se han identificado más de veinte factores

---

[27] «Yo me imagino que el número de planetas habitados en nuestra galaxia es del orden de miles o cientos de miles. ¿Y por qué pienso que hay vida en otros planetas?, porque el universo es extremadamente grande: hay billones y billones de estrellas. Así que, a menos que nuestra Tierra tenga algo muy especial, sumamente especial, milagroso sí se quiere, lo que ha pasado acá en la Tierra debió haber pasado muchas veces en otros planetas» (Seth Shostak, astrónomo sénior del SETI).

[28] Carl Edward Sagan (Nueva York, 9 de noviembre de 1934 - Seattle, 20 de diciembre de 1996) fue un astrónomo, astrofísico, cosmólogo, astrobiólogo, escritor y divulgador científico estadounidense. Fue defensor del pensamiento escéptico científico y del método científico, pionero de la exobiología y promotor de la búsqueda de inteligencia extraterrestre a través del proyecto SETI (*Search for Extra Terrestrial Intelligence*).

[29] Acrónimo del inglés *Search for Extra Terrestrial Intelligence*: —búsqueda de inteligencia extraterrestre—.

indispensables (el agua líquida es apenas uno de ellos) y la probabilidad de que exista un planeta con todos estos requisitos sería de 1 entre 1 x 10^{15}. Lo sorprendente es que el número de sistemas solares en nuestra galaxia es 1 x 10^{11}, bastante menor al de la probabilidad de que haya otro planeta como el nuestro en toda la Vía Láctea; es decir que, probabilísticamente, no deberíamos de existir. No somos la norma, como muchos piensan a la ligera; somos, en definitiva, un planeta fuera de lo común. Y, por supuesto, podemos descartar la suerte como una explicación razonable a que vivamos en este planeta y más bien buscar una inteligencia que así lo diseñó.

- **Las leyes de la termodinámica**: la primera de estas leyes, llamada ley de conservación de la energía dice que en un «sistema cerrado»[30] la energía no se crea, sino que se transforma. La energía permanece constante y solo cambia de una forma a otra. La segunda ley de la termodinámica —ley de la entropía, a la cual Albert Einstein[31] se refirió como la «máxima ley de todas las ciencias»— afirma que la tendencia de la materia en un «sistema cerrado» es pasar del orden al desorden. ¿Ha notado qué les pasa a las cosas con el tiempo? Dejan de funcionar, se gastan, se deterioran, se dañan, se envejecen, se oxidan, se decoloran, se pudren, se desintegran, se dispersan, se disuelven, se desordenan, se mezclan, se ensucian, se acaban, se enferman, se mueren, etc. Eso es lo que predice esta ley: que la materia pasa de lo complejo a lo simple, de lo ordenado a lo desordenado, de lo caliente a lo frío. Si no hay un Dios creador, la presencia del

---

[30] ¿Qué es un sistema cerrado? Si estoy estudiando las propiedades de un líquido contenido en un recipiente herméticamente sellado, sin que lo afecten en lo absoluto las condiciones externas —tales como luz, aire y temperatura—, entonces diremos que ese recipiente constituye un sistema cerrado para el estudio del líquido. Si amplío el espacio donde se lleva a cabo el estudio —sellando herméticamente las puertas y ventanas del laboratorio— y bloqueo cualquier entrada de luz, aire o sonido, el laboratorio se convierte en el sistema cerrado.

[31] Albert Einstein (1879-1955) fue un físico alemán de origen judío. Es considerado el científico más importante, conocido y popular del siglo XX. En 1921 obtuvo el Premio Nobel de Física.

universo debe poder explicarse sin Él. El consenso científico es que el universo tiene su origen en una pequeñísima «bola» de energía que explotó. ¿Cuál es el origen de esa «bola»? Solo tenemos tres hipótesis posibles: surgió por generación espontánea, siempre ha existido o fue creada. La hipótesis de la generación espontánea viola por completo la primera ley de la termodinámica, según la cual, en un «sistema cerrado», la energía no se crea, sino que se transforma. Si no hay nada para ser transformado, no es posible obtener algo que dé comienzo a todo. La hipótesis de la eternidad del universo viola la segunda ley. Si asumimos que el universo siempre ha existido, quiere decir que ahora estaría en un estado de máximo desorden: en el caos total. Todas las temperaturas en el universo se igualarían, y no habría nada más que un estado de casi inexistencia. Como este no es el caso, el universo debe tener una edad finita y, por lo tanto, un comienzo. Habiendo descartado las dos primeras hipótesis, que son a las que acuden los ateos para explicar toda la existencia del universo y de la vida, queda la última opción: la de la creación por un Creador.

Estas seis tesis, que van desde lo minúsculo de la célula hasta lo inmensurable del universo, muestran un sello empírico del diseño que se ajustan al relato bíblico del Génesis. ¿Cómo ha adquirido la materia la «información» necesaria para actuar y reaccionar de la manera en que lo hace y que termine generando vida? Solo la inteligencia es capaz de generar «información» y, en este caso, se requirió una muy grande: la de Dios.

Antes de santo Tomás de Aquino (siglo XIII), los teólogos afirmaban que la existencia de Dios era evidente; por lo tanto, no había que demostrarla. Sin embargo, santo Tomás planteó dos cuestiones: ¿es necesario demostrar la existencia de Dios? y ¿es posible hacerlo satisfactoriamente?

Santo Tomás distingue entre verdades de fe (lo revelado) y verdades de razón (lo revelable). Lo revelado es el conocimiento de Dios expuesto por Él y excede la capacidad de la razón humana, por lo que se acepta basándose en su autoridad y no en evidencias ni demostraciones, como por ejemplo la Santísima Trinidad. Lo revelable es el conocimiento de Dios accesible a la razón humana, como la interpretación de las Sagradas Escrituras, que pueden ser explicadas de forma racional. Ambas verdades son fuente de conocimiento, pero la razón tiene un límite a partir del cual se sitúa la fe, aportando el conocimiento que la razón no puede alcanzar.

Santo Tomás de Aquino propuso cinco vías o modos mediante los cuales se puede llegar al conocimiento de la existencia de Dios o de un Creador. La tercera, que él denominó la vía de lo contingente, explica más elegantemente lo que acabo de exponer. Dice que hay seres que comienzan a existir y perecen; es decir, que no son necesarios[32]; si todos los seres fueran contingentes[33], no existiría ninguno, pero existen, por lo que deben tener su causa en un primer ser necesario, ya que una serie causal infinita de seres contingentes es imposible. Y este ser necesario es Dios. En palabras del santo:

> La tercera vía considera el ser posible o contingente y el necesario, y puede formularse así: hallamos en la naturaleza cosas que pueden existir o no existir, pues vemos seres que se producen y seres que se destruyen, y, por tanto, hay posibilidad de que existan y de que no existan. Ahora bien, es imposible que los seres de tal condición hayan existido siempre, ya que lo que tiene posibilidad de no ser hubo un tiempo en que no fue. Si, pues, todas las cosas tienen la posibilidad de no ser, hubo un tiempo en que ninguna existía. Pero, si esto es verdad, tampoco debiera existir ahora cosa alguna, porque lo que no existe no empieza a existir más que en virtud de lo que ya existe, y, por tanto, si nada existía, fue imposible que empezase a existir cosa alguna, y, en consecuencia, ahora no habría nada, cosa evidentemente falsa. Por consiguiente, no todos los seres son posibles o contingentes, sino que entre ellos forzosamente ha de haber alguno que sea necesario. Pero el ser necesario o tiene la razón de su necesidad en sí mismo o no la tiene. Si su

---

[32] Lo contrario a necesario es contingente.

[33] Que puede existir o no.

> necesidad depende de otro, como no es posible, según hemos visto al tratar de las causas eficientes, aceptar una serie indefinida de cosas necesarias, es forzoso que exista algo que sea necesario por sí mismo y que no tenga fuera de sí la causa de su necesidad, sino que sea causa de la necesidad de los demás, a lo cual todos llaman Dios (*Suma teológica*, primera parte, cuestión 2, artículo 3).

Decía en el capítulo anterior que Dios nos ha revelado dos de sus más importantes roles: el de Padre y el de creador y de ambos contamos con un arsenal de evidencias que nos permiten creer, no gracias al ejercicio de una fe ciega, sino que, por el contrario, haciendo uso de la razón. El ateísmo ofrece una filosofía de vida sumamente corta y triste, sin esperanza alguna y que termina con la muerte y, lo más paradójico, por toda la evidencia científica que poseemos en la actualidad, requiere más fe que la necesaria en cualquier otra religión.

El filósofo Antony Flew[34], héroe de los ateos anglosajones durante la segunda mitad del siglo XX, en 2004 publicó su última obra, titulada *Dios existe*. Su «cambio de bando» —del ateísmo al deísmo[35]— fue glosado así por un comentarista: «Es como si el papa anunciara que ahora piensa que Dios es un mito». El sorprendente giro del «papa del ateísmo» es el tema principal de ese libro. Pero él no abandonó el ateísmo por ninguna iluminación mística, sino siguiendo argumentos estrictamente racionales e interpretando toda la evidencia que aportan los últimos descubrimientos científicos, en especial los relacionados con la biología, más específicamente con el funcionamiento de la célula y la «información» con la que funciona.

---

[34] Antony Garrard Newton Flew (Londres, 11 de febrero de 1923 - 8 de abril de 2010) fue un filósofo inglés. Perteneciente a las escuelas del pensamiento analíticas y evidencialistas, notable por sus trabajos en filosofía de la religión. Flew fue un gran defensor del ateísmo, argumentando que uno debería presuponer el ateísmo hasta que apareciera la evidencia empírica de un Dios. También criticó la idea de la vida después de la muerte, la defensa del libre albedrío al problema del mal y el sin sentido del concepto de Dios.

[35] Doctrina teológica que afirma la existencia de un dios personal, creador del universo y primera causa del mundo, pero niega la providencia divina y la religión revelada.

> Ahora creo que hay un Dios (...), ahora creo que [la evidencia] apunta a una inteligencia creativa casi en su totalidad debido a las investigaciones del ADN. Lo que creo que el ADN ha demostrado, debido a la increíble complejidad de los mecanismos que son necesarios para generar vida, es que tiene que haber participado una inteligencia superior en el funcionamiento unitario de elementos extraordinariamente diferentes entre sí. Es la enorme complejidad del gran número de elementos que participan en este proceso y la enorme sutileza de los modos que hacen posible que trabajen juntos. Esa gran complejidad de los mecanismos que se dan en el origen de la vida es lo que me llevó a pensar en la participación de una inteligencia (Antony Flew, conferencia dada en 2004).

La investigación científica ha producido una inmensa cantidad de aportes a nuestra comprensión sobre la edad y las dimensiones del cosmos, el desarrollo de diversas formas de vida y la historia del hombre. Pero no se trata solo de encontrar respuestas al «cómo» de todos esos procesos, sino también al sentido de ese origen: ¿ha sido el azar el gran director de esta obra o, por el contrario, ha sido un ser transcendente, inteligente y bondadoso llamado Dios? Y si, como lo sugiere toda la evidencia científica que poseemos, este es el caso, ¿con que propósito lo hizo? Las verdades de fe y de razón de las cuales nos habló santo Tomas pueden darnos una luz.

Aunque la Biblia se ocupa de temas más importantes que los científicos —como, por ejemplo, del porqué existimos en vez del mecanismo que gobierna el universo—, hay una importante superposición. Tanto las Sagradas Escrituras como la ciencia sostienen que el universo tuvo un comienzo. Lo curioso es que la Biblia lo reveló hace miles de años, mientras que la ciencia terminó aceptándolo hace poco menos que un siglo.

La opinión de Aristóteles de que el universo era eterno dominó el pensamiento científico durante siglos sin ningún desafío importante. Hasta que, el 9 de mayo de 1931, el sacerdote católico Georges Lemaître publicó un artículo en la revista científica *Nature* titulado «El comienzo del mundo desde el punto de vista de la teoría cuántica», contradiciendo la hipótesis de un universo estático y sin origen, como lo habían planteado Albert Einstein y otros científicos de la época [36], donde propuso un cosmos con un principio y en expansión. La resistencia de los hombres de ciencia a aceptar un universo creado ha tenido más que ver con el rechazo de avalar la creación bíblica, que con la evidencia existente.

Cuando el Credo nos recuerda las primeras palabras del Génesis, nos está diciendo que cielo y tierra abarcan la totalidad de todo lo que existe, y a la vez nos revela algo sumamente importante que tendemos a olvidar: que hay una profunda y estrecha relación entre las dos. Hoy estamos viviendo en la tierra, pero seguramente en un futuro viviremos en el cielo: el hogar del Padre y, por ende, nuestro verdadero hogar.

[36] Al final de sus días, Einstein terminaría por aceptar su equívoco, al que llamó «el mayor error de mi vida».

De todo lo visible y lo invisible

Porque por él fueron creadas todas las cosas, las que hay en los cielos y las que hay en la tierra, las visibles y las invisibles; sean tronos, sean dominios, sean principados, sean potestades; todo fue creado por medio de él y para él.

Colosenses 1,16

Con esta frase, el Credo nos recuerda que existe otra realidad que no vemos, pero que es tan rica y abundante como la visible. El adjetivo «invisible» en esta parte del Credo no enfatiza en aquellas cosas que experimentamos y vivimos que no vemos, como los sentimientos, la energía, la gravedad y demás —que también forman parte de la creación del Padre todopoderoso—, sino al mundo espiritual. Dios, en su labor creadora, quiso imprimir un vestigio de la Trinidad con tres órdenes de criaturas: espirituales —como los ángeles—, corpóreas —como los animales— y mixtas —como el hombre—.

Decía en el capítulo anterior que santo Tomás hablaba de dos clases de verdades: las de fe y las de razón. Las de fe son las que nos han sido reveladas por medio de los profetas y por Jesucristo, que atestiguó como palabra de Dios las Sagradas Escrituras, y es precisamente esta palabra la que nos permite saber de esta otra realidad invisible. Sin embargo, santo Tomas, tratando de anteponer la razón a esta revelación, presentó argumentos de conveniencia antes de depositarlos por entero en la palabra divina. Escribió en su *Suma teológica*:

> Para la perfección del universo se requiere cierta graduación en las criaturas que se vaya acercando a la perfección infinita de Dios, su Creador. Hay criaturas que se parecen a Dios solamente en el existir, como las piedras; otras, como las plantas y los animales, en el vivir; otras, en el entender imperfectamente, como el hombre. Parece pues natural que existan otras criaturas puramente espirituales y perfectamente intelectivas, que se parezcan a Dios de la manera más perfecta en que se le pueden parecer las criaturas.

Sin duda, estas criaturas espirituales a las que se refieren el Credo y santo Tomas no pueden ser demostradas por medio de las ciencias naturales, pero la inteligencia humana puede llegar a considerar razonable su existencia, porque contribuyen a dar una mayor perfección al universo y por lo que nos dice la revelación divina a través de los profetas.

La Biblia nos habla con frecuencia de los ángeles —más de ciento ocho veces en el Antiguo Testamento y más de ciento sesenta y cinco en el Nuevo—, como seres invisibles que algunas veces adquieren forma humana: «No dejen de amarse unos a otros como hermanos. No se olviden de ser amables con los que lleguen a su casa, pues de esa manera, sin saberlo, algunos hospedaron ángeles» (Hebreos 13,1-2). Otro ejemplo que nos puede resultar más familiar son los ángeles que estuvieron presentes durante el anuncio y nacimiento de Jesús, «A los seis meses, Dios mandó al ángel Gabriel a un pueblo de Galilea llamado Nazaret, donde vivía una joven llamada María; era virgen, pero estaba comprometida para casarse con un hombre llamado José, descendiente del rey David. El ángel entró en el lugar donde ella estaba, y le dijo: ...» (Lucas 1,26-28), y «cerca de Belén había unos pastores que pasaban la noche en el campo cuidando sus ovejas. De pronto se les apareció un ángel del Señor, y la gloria del Señor brilló alrededor de ellos, y tuvieron mucho miedo. Pero el ángel les dijo: "No tengan miedo, porque les traigo una buena noticia, que será motivo de gran alegría para todos: ..."»

(Lucas 2,8-10). De igual forma, los que se presentaron después de la resurrección del Señor: «El ángel dijo a las mujeres: —No tengan miedo. Yo sé que están buscando a Jesús, el que fue crucificado. No está aquí, sino que ha resucitado, como dijo» (Mateo 28,5-6).

Los ángeles y demás seres espirituales no han existido desde siempre, ya que fueron parte de la creación, como nos lo narra san Pablo: «Cristo es la imagen visible de Dios, que es invisible; es su Hijo primogénito, anterior a todo lo creado. En Él Dios creó todo lo que hay en el cielo y en la tierra, tanto lo visible como lo invisible, así como los seres espirituales que tienen dominio, autoridad y poder. Todo fue creado por medio de Él y para Él» (Colosenses 1,15-16). El momento exacto de su creación no ha sido revelado, pero lo más probable es que eso haya ocurrido cuando se crearon los cielos, como se narra en Génesis 1,1: «En el comienzo de todo, Dios creó el cielo y la tierra». Es posible que Dios haya creado a los seres espirituales inmediatamente después de haber hecho los cielos y antes de crear la tierra, porque en Job 38,7 dice: «... Y se regocijaban todos los hijos de Dios...», cuando Él estaba echando los cimientos de la tierra. Los ángeles, igual que el hombre, fueron dotados con inteligencia y voluntad, y superan en perfección a todas las criaturas visibles:

> ¡Bendigan al Señor, ángeles poderosos!
> Ustedes, que cumplen sus órdenes,
> que están atentos a obedecerlo.
> ¡Bendigan al Señor todos sus ejércitos,
> que lo sirven y hacen su voluntad!
> ¡Bendiga al Señor la creación entera,
> en todos los lugares de su reino! (Salmo 103,20-22).

San Agustín dice respecto a ellos: «El nombre de ángel indica su oficio, no su naturaleza. Si preguntas por su naturaleza, te diré que es un espíritu; si preguntas por lo que hace, te diré que es un ángel».

Su número se desconoce, pero las Sagradas Escrituras nos dan a entender que su cantidad es sumamente grande, tal como lo vio el profeta Daniel en uno de sus sueños: «El trono y sus ruedas eran llamas de fuego, y un río de fuego salía de delante de él. Miles y miles le servían, y millones y millones estaban de pie en su presencia. El tribunal dio principio a la sesión, y los libros fueron abiertos» (Daniel 7,10). Al parecer, todos los seres espirituales fueron creados de una vez, ya que ellos no experimentan la muerte o alguna forma de extinción y su número no decrece. Santo Tomas dice que la variedad y cantidad de vida visible que conocemos puede ser un gran indicador de lo que acontece en ese mundo invisible; es decir que allá también ha de ser igual de variada y en extremo abundante como lo es acá en la Tierra. Ejemplo de esta variedad de criaturas invisibles que nos propone santo Tomas, podemos ver el caso del profeta Eliseo. En cierta ocasión el profeta despertó en su casa rodeado por un destacamento de caballería, carros de combate y mucha infantería perteneciente al rey de Siria, para arrestarlo y someterlo a juicio. Su criado se angustió mucho, ya que quería a su señor y sabía la suerte que le esperaba si llegaba a ser capturado por los que lo sitiaban. El profeta tranquilizó a su criado diciéndole que él sabía que el Señor lo protegía con su ejército celestial, y le oró a Dios para que su criado pudiera ver la defensa que resguardaba a su amo: «Y oró Eliseo al Señor, diciendo: "Te ruego, Señor, que abras sus ojos, para que vea". El Señor abrió entonces los ojos del criado, y este vio que la montaña estaba llena de caballería [invisible] y carros de fuego [invisibles] alrededor de Eliseo» (2 Reyes 6,17). Retomando el tema de la cantidad, en el caso de los ángeles de la guarda, es razonable pensar que hay tantos como habrá seres humanos en toda la historia del hombre.

De todas las criaturas invisibles, es de los ángeles de quienes tenemos la mayor cantidad de información, por el gran número de menciones que encontramos de ellos en las Sagradas Escrituras, como se indicó. Al ser invisibles, no podemos decir nada de cómo son, pero, ya que algunas veces adquieren apariencia visible, podemos conocer algo de ellos. Cuando toman esta manera de manifestarse, por lo general lo hacen adquiriendo forma humana, como vemos en los ángeles que hablaron con las mujeres cuando encontraron la tumba vacía del Señor en el día de su resurrección, así lo narraron los evangelistas: Marcos 16,5-7 y Juan 20,11-14. En otras ocasiones adquirieron formas poco convencionales. Daniel vio un ángel con brazos y piernas que le recordaban el metal pulido y las piedras preciosas, y con un rostro como el relámpago: «De pronto, me fijé y vi un hombre vestido con ropas de lino y un cinturón de oro puro. Su cuerpo brillaba como el topacio, su cara resplandecía como un relámpago, sus ojos eran como antorchas encendidas, sus brazos y sus pies brillaban como el bronce, su voz parecía la de una multitud» (Daniel 10,5-6). El aspecto del ángel que movió la piedra de la tumba del Señor Jesús era resplandeciente como un relámpago (Mateo 28,3; Lucas 24,4). En Apocalipsis 4,6-8 se describe el aspecto singular de algunos seres que pudieran ser de una de las variedades de ángeles. La Biblia nunca nos muestra a estos seres espirituales como esos niños regordetes que aparecen en innumerables iconografías, libros y esculturas, con alitas y una corta tela que cubre sus partes íntimas.

Dios ama infinitamente a cada uno de los hombres. Tanto nos ama, que ha dispuesto un ángel para cada uno, sin importar nuestra creencia o religión. A este ser se le llama «ángel custodio» o «ángel de la guarda». Así como un padre quiere que sus hijos pequeños estén acompañados por un adulto cuando van a un lugar en el que puedan correr algún tipo de peligro, nuestro Padre celestial nos concede este ángel para que nos acompañe en nuestro peregrinaje por la tierra, que ofrece muchos peligros a nuestra alma.

Los ángeles de la guarda están constantemente a nuestro lado, no se separan de nosotros ni un momento, ni siquiera cuando estamos durmiendo. No nos ayudan solo cuando los necesitamos, sino que siempre están ahí para protegernos. Santo Tomás de Aquino indica que incluso el alma que ha de pasar por el purgatorio antes de llegar al cielo es asistida por su ángel custodio para consolarla y animarla hasta su destino final.

Dice el *Catecismo romano* en su cuarta parte, capítulo VII, en el preámbulo de la oración dominical, numerales 4-6:

> ... que la Providencia divina ha designado a cada hombre, desde su nacimiento, un ángel custodio (Génesis 48,16; Tobías 5,21;

> Salmo 90,11) para que lo cuide, lo socorra y proteja de todo peligro grave (Mateo 18,10; Hechos 12,15; Hebreos 1,14.), y sea nuestro compañero de viaje. Cuán grande sea la utilidad que resulta a los hombres de la guarda de los ángeles se desprende fácilmente de las Sagradas Escrituras, especialmente de la historia de Tobías, donde se nos cuentan los muchos bienes que concedió a Tobías el ángel san Rafael, y de la liberación de san Pedro de la prisión en que estaba (Hechos 5,22-24).

Asimismo, dice el *Catecismo de la Iglesia católica* en sus numerales 352 y 336, respectivamente:

> La Iglesia venera a los ángeles que la ayudan en su peregrinar terrestre y protegen a todo ser humano.
> Desde su comienzo (Mateo 18,10) hasta la muerte (Lucas 16,22), la vida humana está rodeada de su custodia (Salmos 34,8; 91, 10-13) y de su intercesión (Job 33,23-24; Zacarías 1,12; Tobit 12,12). «Nadie podrá negar que cada fiel tiene a su lado un ángel como protector y pastor para conducir su vida» (san Basilio Magno, *Adversus Eunomium*, 3, 1: pg. 29, 656b). Desde esta tierra, la vida cristiana participa, por la fe, en la sociedad bienaventurada de los ángeles y de los hombres, unidos en Dios.

No tenemos claridad con respecto a su oficio ni si todos pueden hacer lo mismo o si están especializados en ciertos tipos de labores. En las Escrituras, los ángeles han desempeñado diferentes roles:

- **Adorar y alabar:** esta es la principal actividad que se lleva a cabo en los cielos (Isaías 6,1-3; Apocalipsis 4-5).
- **Revelar:** son mensajeros para comunicar la voluntad de Dios a los hombres. Asisten en la revelación de la ley de Moisés (Hechos 7,52-53), y sirven como transmisores de mucho del material que es revelado en Daniel y Apocalipsis.
- **Guiar:** los ángeles le dieron instrucciones a José acerca del nacimiento de Jesús (Mateo 1-2), a las mujeres que llegaron a su tumba (Marcos 16,1-8), a Felipe (Hechos 8,26), a Cornelio (Hechos 10,1-8) y a Tobías en el viaje que emprendió en la búsqueda de una esposa (Tobías 5,4-23).

- **Proveer:** Dios ha usado ángeles para proveer en las necesidades físicas, tales como comida para Agar (Génesis 21,17-20), Elías (1 Reyes 19,6) y a Jesús después de la tentación (Mateo 4,11).
- **Proteger:** protegen al pueblo de Dios de peligros físicos, como en el caso de Daniel y los leones, y a sus tres amigos en el horno (Daniel 3 y 6).
- **Liberar:** ayudar al pueblo de Dios a salir del peligro cuando se encuentra en situaciones difíciles. Los ángeles liberaron a los apóstoles de la cárcel en Hechos 5 y volvieron a hacer lo mismo durante el proceso de Pedro en Hechos 12.
- **Dan fuerza y ánimo:** los ángeles le dieron fuerzas al Señor Jesús en el desierto durante la tentación (Mateo 4,11), animaron a los apóstoles a seguir predicando después de librarlos de la prisión (Hechos 19,20) y le dijeron a Pablo que todos los que estaban en el barco sobrevivirían al inminente naufragio (Hechos 27,23-25).
- **Asisten en el momento de la muerte:** en la historia de Lázaro y el hombre rico nos damos cuenta de que los ángeles se llevaron el espíritu de Lázaro hasta el «seno de Abraham» cuando murió (Lucas 16,22).

La Biblia nos habla de ciertos tipos de ángeles como los querubines (Ezequiel 1, Génesis 3,24), serafines (Isaías 6), tronos (Colosenses 1,16), dominaciones (Colosenses 1,16), principados (Colosenses 1,16), potestades (Colosenses 1,16) y custodios o virtudes o de la guarda (Mateo 18,10). Las Sagradas Escrituras hablan con nombre propio de tres ángeles. Por esta razón se les considera de mayor jerarquía y se les da el título de «arcángeles»:

- **Arcángel Gabriel:** su nombre significa «fortaleza de Dios», «poder de Dios» o «fuerza de Dios». Aparece por primera vez en el libro de Daniel en los capítulos 8 y 9. Gabriel le anuncia a Zacarías que será el padre del Precursor (Lucas 1,5-20) y a María que será la madre del salvador (Lucas 1,26-38).

- **Arcángel Miguel:** su nombre significa «quién como Dios». Es mencionado en los libros de Josué y Daniel. Fue el protector del pueblo de Israel durante su marcha por el desierto.
- **Arcángel Rafael:** su nombre significa «Dios sana», «Dios ha sanado» o «medicina de Dios». Es el inseparable compañero de Tobías, hijo de Tobit, en su largo y peligroso viaje para encontrar a su piadosa esposa. Solo aparece en el libro de Tobías.

Esa realidad invisible a donde pertenecen toda esa clase de seres espirituales será para nosotros nuestro hogar: «La casa del Padre», el tan anhelado cielo. El Credo nos recuerda la ascensión del Señor cuando nos dice «(...) y subió al cielo», así que dejaré para ese capítulo lo que pueda aportar sobre el «lugar» donde «vive» nuestro Padre: «Escucha mis súplicas y las de tu pueblo Israel cuando oremos hacia este lugar. Escúchalas en el cielo, lugar donde vives, y concédenos tu perdón» (1 Reyes 8,30).

Lo último que quisiera agregar a este respecto es hacer notar que, por revelación, sabemos que no todos los ángeles son buenos; recordemos que ellos poseen inteligencia y «voluntad» y, al igual que el hombre, ellos no siempre han decidido hacer la voluntad de Dios, que son los que se denominan «demonios»: «Luego el Rey dirá a los que estén a su izquierda: "Apártense de mí, los que merecieron la condenación; váyanse al fuego eterno preparado para el diablo y sus ángeles"» (Mateo 25,41), «porque si Dios no perdonó a los ángeles que pecaron, sino que arrojándolos al infierno los entregó a prisiones de oscuridad, para ser reservados al juicio» (2 Pedro 2,4), «y a los ángeles que no conservaron su debido puesto, sino que dejaron su propio hogar, Dios los retiene en prisiones oscuras y eternas para el gran día del juicio» (Judas 1,7). Entre estos ángeles caídos o demonios se destaca Satán o diablo, que, en forma de serpiente, tentó y causo la caída de nuestros primeros padres. Infortunadamente, continúa en su labor activa de lograr que todo hombre caiga y quite la mirada en Dios nuestro Padre y nos apartemos de Él; por eso san Pedro nos exhorta: «Sean prudentes y manténganse despiertos, porque su enemigo el diablo, como un león rugiente, anda buscando a quien devorar. Resístanle, firmes en la fe, sabiendo que en todas partes del mundo los hermanos de ustedes están sufriendo las mismas cosas» (1 Pedro 5,8-9).

Habiendo hablado de lo invisible, ahora quiero adentrarme en el mundo visible, que, como había dicho, hace referencia no tanto a lo material, ya que eso es tratado en el capítulo anterior («Creador del cielo y de la tierra»), sino al pináculo de la actividad creadora de Dios: nosotros los hombres, que participan de lo visible a través de su cuerpo mortal y de lo invisible mediante su alma inmortal.

«Cuando Dios creó al hombre, lo hizo semejante a Él; los creó varón y mujer, y les dio su bendición. El día en que fueron creados, Dios dijo: "Se llamarán hombres"» (Génesis 5,1-2). Este texto del primer libro del Antiguo Testamento resume y resalta las dos verdades fundamentales sobre nosotros:

- Que somos creados «a imagen de Dios», ninguna otra criatura de la creación goza de semejante privilegio. Compartimos su capacidad de amar, perdonar, ser fieles, ser pacientes, etc. Todas estas son manifestaciones de nuestra alma como imagen de Dios. Él nos pone aparte del mundo animal y nos capacita para que libremente podamos tener comunión con Él. Nos hizo reyes de toda su creación. Somos semejantes a Dios, pero no iguales, como la serpiente les hizo creer a nuestros primeros padres. En esa semejanza se evidencia nuestra esencia, que es el amor: podemos amar y ser amados. Y como una propiedad inherente al amor es la libertad de escoger lo que se ama, se revela en consecuencia otra manifestación de la «semejanza» con nuestro Creador: el libre albedrío. Cuando Dios puso al hombre en el jardín del Edén y le dijo «*puedes* comer del fruto de todos los árboles del jardín» (Génesis 2,16) —el énfasis es mío—, podemos amar o no, podemos obedecer o no, podemos hacer el bien o no. ¡Podemos!
- Nos crea «hombre y mujer» diferentes en la anatomía y la psicología, pero complementarios e iguales en su humanidad, con

> idéntica dignidad personal y con la capacidad de cooperar en la labor creadora de Dios al dar nueva vida y transmitir a sus descendientes el regalo de la semejanza con nuestro creador: «Tengan muchos, muchos hijos; llenen el mundo y gobiérnenlo (...)» (Génesis 1,28). Dice el documento de la Iglesia *Orientaciones educativas sobre el amor humano*[37], en sus numerales 4 y 5, sobre la sexualidad: «La sexualidad es un elemento básico de la personalidad; un modo propio de ser, de manifestarse, de comunicarse con los otros, de sentir, expresar y vivir el amor humano. (...) La sexualidad caracteriza al hombre y a la mujer no solo en el plano físico, sino también en el psicológico y espiritual, con su impronta consiguiente en todas sus manifestaciones».

Nosotros, como personas que somos, tenemos la capacidad de relacionarnos con nuestro creador y ser sujetos de su revelación divina, como lo atestiguan la gran cantidad de profetas, escritores de las Sagradas Escrituras. En Génesis 2,18 se lee: «Luego, Dios el Señor dijo: "No es bueno que el hombre esté solo. Le voy a hacer alguien que sea una ayuda adecuada para él"», resaltando que no es bueno que estemos «solos», por lo que contamos con una extraordinaria y necesaria capacidad de relacionarnos con las demás personas entablando relaciones muy personales como la amistad, el compañerismo, el noviazgo, el matrimonio y, por supuesto, la maternidad o paternidad.

Como administrador por excelencia de todo el universo, Adán aprendió como primera lección que él era diferente al resto de todas las criaturas precisamente cuando se le ordenó que les pusiera un nombre y, por ende, que clasificara al resto de criaturas: «Y Dios el Señor formó de la tierra todos los animales y todas las aves, y se los llevó al hombre para que les pusiera nombre. El hombre les puso nombre a todos los animales domésticos, a todas las aves y a todos los animales salvajes, y ese nombre se les quedó» (Génesis 2,19-20). Esta labor no solo se limitó al acto de rotular y clasificar, sino que con su inteligencia el hombre ha

---

[37] Firmado por el cardenal William Wakefield Baum, el 1.° de noviembre de 1983.

cosechado un conocimiento extraordinario sobre esa naturaleza que se le entregó en administración, recopiladas en ciencias tales como química, biología, física, medicina, astronomía, etc.

De hecho, gracias a estas ciencias es que hoy sabemos que toda vida tiene un substrato material de elementos comunes que provienen de la tierra misma. El primer libro de la Biblia lo confirma: «Que produzca la tierra toda clase de plantas (...) Que produzca la tierra toda clase de animales (...)» (Génesis 1,11-24) y con nosotros pasó igual: «Entonces Dios el Señor formó al hombre de la tierra misma, y sopló en su nariz y le dio vida. Así el hombre se convirtió en un ser viviente...» (Génesis 2,7). Claramente Génesis afirma que la vida, en todas sus expresiones, tiene una base química que proviene de la misma tierra, pero rechaza el apéndice reduccionista y naturalista del materialismo: que la vida no es más que química, tiempo y suerte...mucha suerte[38].

Finalmente, hablaré de la distinción entre cuerpo, alma y espíritu, elementos claves a la hora de reconciliar desde el punto de vista racional los relatos bíblicos de la creación contenidos en los dos primeros capítulos del Génesis con respecto a nuestro origen y los planteamientos naturalistas de la evolución del hombre a partir de una especie inferior. Sé de muchos padres cristianos que tienen hijos en el colegio aprendiendo en su clase de biología todo lo que Darwin planteó en su famosa Teoría de la evolución, y entonces, desconcertados, los hijos acuden a sus padres a que les expliquen quién está diciendo la verdad, ya que, según su entender, los dos relatos se contraponen; por lo tanto, los dos no pueden ser ciertos. Como algunos padres encuentran casi que «obscena» la sola idea de Darwin de que provenimos de los monos, se dan toda clase de mañas para desvirtuar dicha teoría y dejan al pequeño confundido, y no convencido, sobre nuestro origen.

Quiero enfatizar, como lo he señalado en todos mis escritos, que la ciencia y el relato bíblico de la creación no se contraponen ni se contradicen; todo lo contrario, se complementan y coinciden en su

---

[38] En mi libro *Las tres preguntas*, presento un análisis matemático de la cantidad de suerte que necesitamos.

contenido y conocimiento: sin embargo, no por eso vamos a aprender de todos los eventos que se dieron desde la creación del universo hasta nuestros días con la Biblia. ¡Claro que no!, lo haremos con un texto de ciencias naturales. Las Sagradas Escrituras nos revelan «el por qué» de la creación y el libro de ciencias nos habla en mucho detalle «del cómo» fue esa creación. La ciencia no puede decirnos «por qué» y la Biblia no tiene los detalles «del cómo» fue esa creación. ¿Qué nos dice el Génesis? Nos dice básicamente lo más importante: que todo lo que comenzó a existir proviene de la acción creadora de Dios, por eso podemos decir confiadamente que Dios es el autor de la creación. Con respecto a nuestro origen, la versión bíblica y la naturalista tienen importantes coincidencias, pero también fundamentales carencias la una frente a la otra. ¿En qué coinciden sus relatos? Ambas versiones nos dicen que la materia orgánica de la que está compuesta nuestro cuerpo proviene del material inorgánico existente en la tierra. La versión bíblica dice entonces que nuestro cuerpo en su fisonomía y anatomía proviene directamente de la tierra. La versión naturalista avala esta verdad, solo que sugiere que antes de haber llegado a nuestra forma actual, pasamos por organismos más simples que con el tiempo se tornaron más y más complejos hasta llegar a un primate que luego se convirtió en hombre.

¿Somos más «dignos» e «importantes» si decimos que provenimos de la tierra en lugar de un simio? ¿O lo contrario? Considero que eso es irrelevante y ahí es donde entran las diferencias fundamentales entre las dos versiones de nuestro origen que mencioné. ¡Nosotros no somos solo materia! No somos «algo», somos «alguien». Y esa es la parte que la mayoría de los cristianos olvidan al tratar de darle una explicación coherente, creíble y soportada a nuestros jóvenes estudiantes de biología. Sea que provengamos directamente de la tierra o que hayamos pasado por una larga cadena de eventos evolutivos, Dios interviene en el nacimiento de cada ser humano —incluido ese primer Adán con cuerpo de barro o con cuerpo de barro evolucionado—, para darle su dignidad de «hombre» alterando su naturaleza netamente material e infundiendo un alma y volverlo una sola unidad. En su artículo 357, el

Catecismo de la Iglesia católica dice: «Por haber sido hecho a imagen de Dios, el ser humano tiene la dignidad de *persona* ...».

La enseñanza de la Iglesia ha sido clara, al decirnos que «el alma» es directamente creada por Dios; es decir que no es «producida» por los padres biológicos. El Nuevo Testamento hace la distinción entre cuerpo, alma y espíritu solo una vez, en la primera carta de Pablo a los Tesalonicenses: «Que Dios mismo, el Dios de paz, los haga a ustedes perfectamente santos, y les conserve todo su ser, espíritu, alma y cuerpo, sin defecto alguno, para la venida de nuestro Señor Jesucristo» (5,23). El cuerpo y el alma son una sola naturaleza humana, no son dos naturalezas que se unen, sino una sola realidad, así que lo que nos da el título de «hombre» es esa nueva realidad fruto de darle un alma a un cuerpo, cosa imposible de lograr sin incluir a Dios dentro de la ecuación. El «espíritu» no es otra alma, sino el «lugar» donde Dios habita. El hombre, al ser templo de Dios, posee un «lugar» donde mora nuestro Padre, por eso podemos decir que el espacio donde habita la tercera persona de la Trinidad (Espíritu Santo) es lo que se llamaba «espíritu». Por eso san Agustín dijo: «El Señor está más cerca de nosotros que nosotros mismos»[39].

---

[39] *Interior intimo meo et superior summo meo* (*Confesiones*, III, 6,1).

SEGUNDA PARTE

DIOS HIJO

†

CREO EN UN SOLO SEÑOR JESUCRISTO

Si con tu boca reconoces a Jesús como Señor, y con tu corazón crees que Dios lo resucitó, alcanzarás la salvación. Pues con el corazón se cree para alcanzar la justicia, y con la boca se reconoce a Jesucristo para alcanzar la salvación. La Escritura dice: «El que confíe en él no quedará defraudado». No hay diferencia entre los judíos y los no judíos; pues el mismo Señor es Señor de todos, y da con abundancia a todos los que lo invocan.

Romanos 10,9-12

El legendario rey Arturo ocupa un lugar imperdurable en el imaginario de la gente gracias a que el tiempo lo fue dibujando como el modelo de monarca ideal tanto en la guerra como en la paz. Su castillo fortaleza Camelot, que le dio el nombre a su reino, era habitado por un pueblo que amaba entrañablemente a su soberano por su sentido de justicia y búsqueda incasable del bienestar de sus habitantes, aun en tiempos de guerra. La historia del rey Arturo se ubica en el siglo VI de nuestra era y, entre leyendas y verdades, se ganó el cariño de la gente por su forma tan justa y generosa de gobernar y proteger a su pueblo. Hombre muy inteligente, honorable y leal, buscó sin descanso que los habitantes de su reino se sintieran en paz, tratando a todos por igual sin importar que fueran cortesanos o campesinos y proveyéndoles de todo lo necesario para que vivieran felices en familia. El pueblo en reciprocidad trabajaba arduamente en sus respectivas labores y no perdían oportunidad de expresarle a su rey respeto, cariño y gratitud. En tiempos de guerra, los solteros que estuvieran en edad de defender su tierra ensamblaban, con total entrega y alegre vocación de servicio, un poderoso ejército que siempre salía victorioso, ya que peleaban más con el corazón que con la espada. Se dirigían a él como su señor.

Cuando el incrédulo Tomás se encontraba en el Cenáculo con los demás apóstoles y tuvo de cara a Jesucristo resucitado, quien lo invitó a que metiera el dedo en el agujero de sus manos y su mano en la herida de su costado —condición que había impuesto para creer que el Maestro estaba vivo— exclamó: «¡Señor mío y Dios mío!» (Juan 20,28). ¿Qué quiso decir el incrédulo apóstol con esta exclamación? Básicamente, le está diciendo a Jesucristo que lo reconoce como su máxima autoridad en la tierra y en el cielo, en lo terrenal y en lo espiritual, en lo pasajero y en lo eterno, en el cuerpo y en el alma. Él es su Señor, su Rey de reyes. En palabras de san Pablo: «El Dios que hizo el mundo y todas las cosas que hay en él es Señor del cielo y de la tierra» (Hechos 17,24) y también: «A su debido tiempo, Dios llevará esto a cabo, porque Él es el único y bienaventurado Soberano, Rey de reyes y Señor de señores» (1 de Timoteo 6,15). En calidad de nuestro soberano, demostró en más de una ocasión que tiene pleno poder sobre toda la naturaleza, sobre los demonios, sobre el pecado e incluso sobre la muerte. ¿Quién como Él?

El nombre del protagonista de esta oración es mencionado por primera vez en el Credo: Jesucristo. Este nombre que fue revelado por el mismo Espíritu Santo no podía carecer de significado, así que veamos de dónde proviene y qué quiere decir. «Jesús» es la traducción al español de la palabra griega *Iesus*, que a su vez es la traducción del hebreo *Jeshua*, *Joshua* o *Jehoshua*, que significa «Dios salva» o «Dios es salvación», y «salvación» viene del latín *salvatio*, que deriva de la palabra *salvare*, que significa «librar de un peligro, mantener entero, sano y salvo». Y «Cristo» es la traducción al español de la palabra griega *Christ* o *Christos*, que a su vez es la traducción del hebreo *Messias*, que significa «ungido». De acuerdo con la ley, los sacerdotes (ver Éxodo

29,29; Levítico 4,3), los reyes (ver 1 Samuel 10,1; 24,7) y los profetas (ver Isaías 61,1) debían ser ungidos para sus respectivos oficios; ahora bien, el Cristo, o el Mesías, reunía estas tres dignidades en su persona. Por lo tanto, no sorprende que por siglos los judíos se hayan referido a su esperado Libertador como «el ungido». De este modo el término *Messias* era un título y no un nombre propio. Nos dice el evangelista Lucas (4,16-30) que en una ocasión Jesús leyó en la sinagoga el pasaje de Isaías 61,1-2[40]:

> El espíritu del Señor está sobre mí,
> porque el Señor me ha ungido;
> me ha enviado a dar buenas noticias a los pobres,
> a aliviar a los afligidos,
> a anunciar libertad a los presos,
> libertad a los que están en la cárcel;
> a anunciar el año favorable del Señor,
> el día en que nuestro Dios
> nos vengará de nuestros enemigos.
> Me ha enviado a consolar a todos los tristes,

Y al concluir dice que cerró el libro y les dijo: «Hoy mismo se ha cumplido la Escritura que ustedes acaban de oír», revelando de esta manera dos extraordinarias noticias: la salvación que obrará Dios con su pueblo y el hombre elegido, «ungido», para llevarla a cabo. Jesús enseña que ambas se cumplen en Él.

La primera gran sección del Credo se refiere a la doble naturaleza de Jesús: la divina y la humana. Hay una enorme dificultad para asimilar y comprender esto, ya que nuestro cerebro está tan adaptado y acostumbrado a procesar solo la naturaleza humana, que a lo largo de los primeros siglos de nuestra Iglesia el tema fue objeto de grandes discusiones teológicas y filosóficas. Cada palabra de este Credo está cuidadosamente seleccionada y meticulosamente pensada y discernida.

El Levítico —uno de los libros que forman parte del Antiguo Testamento— contiene las instrucciones que Dios le da directamente a

---

[40] Algunas traducciones bíblicas no usan la palabra «ungir» sino «consagrar»; personalmente, no me gusta la segunda traducción.

Moisés sobre los ritos y leyes que han de guiar a los *levitas* (descendientes del tercer hijo de Jacob, o Israel, llamado Levi), únicos designados por Dios para servir en el Tabernáculo y después en el Templo de Jerusalén. El libro comienza así: «El Señor llamó a Moisés desde la tienda del encuentro, y le dijo lo siguiente:» y continúa con las instrucciones sobre los holocaustos. El cuarto capítulo trata de los sacrificios sobre el pecado, y comienza así: «El Señor se dirigió a Moisés y le dijo:». El sexto capítulo trata de los sacrificios por causas de fraudes, y comienza así: «El Señor se dirigió a Moisés y le dijo:». También en el libro del Éxodo dice varias veces: «Yo soy el Señor, tu Dios». No queda duda de que Dios es el Señor y que el Señor es Dios. El Antiguo Testamento también emplea otros nombres para referirse a Él: «Adonai», que significa «mi Señor» (1 Samuel 15,45; Jeremías 23,6 y 33,16), el «*Shaddai*» (Éxodo 6,2-3), «Dios todopoderoso»; «*Elohin*» (1 Reyes 12,28); «Supremo» y, por supuesto, «YHWH» o «Yahvé», como se dice en español.

Recordemos que una de las motivaciones más importantes que llevaron a la redacción de este Credo fue la de combatir las herejías que habían surgido en torno a la Trinidad y la naturaleza del Hijo, así que quisieron los redactores de Nicea enfatizar en este artículo, y lo repetirán varias veces más adelante, que Jesucristo es Dios y que Dios es Jesucristo. Es como si hubieran acordado: «Creo en un solo Dios Jesucristo». También resalta la doble naturaleza de Jesús de Nazaret: verdadero Dios y verdadero hombre, hablaré de esto en profundidad más adelante, cuando desarrolle el artículo «De la misma naturaleza del Padre».

Jesucristo fue absolutamente coherente entre lo que predicaba, enseñaba y actuaba. Sus pensamientos, palabras y hechos no presentaban incoherencias, eran lo mismo. Nunca quiso que el pueblo lo igualara a la figura del César, máxima autoridad romana[41], por lo que

---

[41] Tiberio Julio César Augusto era el césar en la época de Jesús. Su reinado comenzó el 17 de septiembre del 14 d. C. y terminó con su muerte, el 16 de marzo del 37. El calificativo de Augusto, que, aunque ya había entrado en desuso para ser reemplazado por el de César, seguía formando parte de su nombre. En latín, la palabra *augustus*

cuando se presentaba la ocasión que lo pudieran comparar, tomaba distancia: «Denle, pues, al césar lo que es del césar, y a Dios lo que es de Dios» (Marcos 12,17). En la humildad que lo caracterizaba, utilizaba con frecuencia la figura más opuesta del símbolo real romano: la del pastor de ovejas. Como el rey Arturo, Él proveía de toda protección y cuidados, y no vacilaba en decir que estaba siempre dispuesto a dar la vida por sus ovejas, como en efecto terminó haciendo para poder garantizarnos su protección eterna. Sin embargo, cuando le preguntaron si Él era un rey contesto que sí, pero aclaró de qué reino estaba hablando:

> Pilato volvió a entrar en el palacio, llamó a Jesús y le preguntó:
> —¿Eres tú el Rey de los judíos?
> (...)
> Jesús le contestó:
> —Mi reino no es de este mundo; si mi reino fuera de este mundo, mis servidores pelearían para que yo no fuera entregado a los judíos. Pero mi reino no es de aquí.
> Le preguntó entonces Pilato:
> —¿Así que tú eres rey?
> Jesús le contestó:
> —Tú lo has dicho: soy rey. Yo nací y vine al mundo para decir lo que es la verdad. Y todos los que pertenecen a la verdad, me escuchan (Juan 18,33-37).

Y como Señor de su reino, Él tiene la potestad de establecer sus leyes, normas y costumbres que, en su criterio, garantizan el bienestar de sus habitantes. Esta forma de vida, que caracteriza a su reino, es tan distinta y contraria a la de los demás reinos, que definitivamente requiere una dosis muy alta de confianza en Él para aceptarlas y ponerlas en práctica. En los demás reinos la apariencia es muy importante; cuanto más importante parezca alguien, mayor reconocimiento y mejores condiciones de vida tendrá. En el reino de Jesucristo es lo contrario: «Bienaventurados los humildes, pues ellos heredarán la tierra» (Mateo

significa «santo», «majestuoso» o «venerable» y siempre había sido aplicada al mundo de los dioses, siendo utilizada como epíteto particular de Júpiter, padre de los dioses y dios supremo del panteón romano.

5,5). En otros reinos la riqueza es la máxima meta de la vida, cuanto más poseas cosas materiales, mejor. En el reino de Jesucristo es lo contrario: «No amontonen riquezas aquí en la tierra, donde la polilla destruye y las cosas se echan a perder, y donde los ladrones entran a robar» (Mateo 6,19). En los otros reinos te enseñan que el secreto de la convivencia pacífica es la de no hacerles a los demás lo que no te gusta que te hagan. Cuanto menos interactúe con los demás, menor riesgo tiene de hacerle algo que pueda causar un problema. En el reino de Jesucristo es lo contrario: «Así pues, hagan ustedes con los demás como quieran que los demás hagan con ustedes» (Mateo 7,12). En los otros reinos te estimulan el hacer notar las cosas que hagas para ganar atención y reconocimiento. En el reino de Jesucristo es lo contrario: «(...) que no sepa tu mano izquierda lo que hace tu derecha» (Mateo 6,3). En los otros reinos serías tratado como un loco si no te sientas en los lugares más importantes en una cena, al lado del anfitrión y sus invitados de honor. En el reino de Jesucristo es lo contrario: «Cuando alguien te invite a un banquete de bodas, no te sientes en el lugar principal, pues puede llegar otro invitado más importante que tú, y el que los invitó a los dos puede venir a decirte: "Dale tu lugar a este otro". Entonces tendrás que ir con vergüenza a ocupar el último asiento» (Lucas 14,8-9). En los otros reinos se considera que lo normal es amar exclusivamente a los que procuran tu bien y odiar a los que buscan tu mal. En el reino de Jesucristo es lo contrario: «Pero a ustedes que me escuchan les digo: amen a sus enemigos, hagan bien a quienes los odian, bendigan a quienes los maldicen, oren por quienes los insultan» (Lucas 6,27-28).

¿Qué esperan recibir los habitantes de este reino de Jesucristo? ¿Qué promete este rey a su gente? «Mis ovejas reconocen mi voz, y yo las conozco y ellas me siguen. Yo les doy vida eterna, y jamás perecerán ni nadie me las quitará» (Juan 10,27-28). Infortunadamente, el concepto de «vida eterna» es muy difícil de asimilar, lo reconozco. Si pensar en un mañana, en una vejez, en un retiro, etapas de la vida que tienen un principio y final, que forman parte de nuestra realidad diaria, resultan difíciles de asimilar, ¿qué decir de la eternidad?

¿Qué joven que cuente con dinero sobrante, cuando un amigo lo convida a un paseo, le va a decir que no lo acompaña porque ese dinero es para su pensión de retiro? Si lo hiciera, el amigo pensaría que está desvariando: «¡Te faltan muchos años para pensionarte! Ven conmigo y disfruta ahora, que tienes con qué hacerlo». La sociedad se ha ido desarrollando más y más en el disfrute inmediato, en la formula instantánea, como el «café instantáneo» o la «lotería instantánea». Así que, ciertamente, asimilar la idea de que existe una «vida eterna» que hay que ganar no es tarea trivial. Pero si conociéramos más profundamente al dueño de esa promesa, si supiéramos del poder que tiene, si miramos sus obras y prestamos oído y corazón a sus palabras, sin duda, comprenderíamos mejor el significado de su promesa y haríamos un mejor esfuerzo en obedecerle, como hacían los habitantes de Camelot, por lo que llegaron a ser reconocidos como el ideal de un reino en el mundo fantasioso de reyes, reinas, castillos y ciudadanos.

Pienso que una persona moribunda, que sepa que tiene los minutos contados de vida, no los va a emplear hablando tonterías. Sabe que el tiempo apremia y quienes están a su lado prestan la mayor atención a las últimas palabras de ese ser querido. Muy seguramente, su despedida será recordada para siempre, porque todos saben que es de suma importancia. Antes de haber sido arrestado Jesús, para iniciar su pasión y muerte, estaba celebrando su última Pascua con los doce apóstoles. El discípulo amado, Juan, autor del Evangelio que lleva su nombre, condensó en cinco capítulos las palabras de despedida del Maestro, y entre las cosas que dijo les reveló la herencia que les dejaba: ¡su paz! «Les dejo la paz. Les doy mi paz, pero no se las doy como la dan los que son del mundo» (Juan 14,27). Esta «herencia» es para ser utilizada y disfrutada acá en la tierra con el único fin de vivir en alegría: «Les he dicho esto para que tengan mi alegría y así su alegría sea completa» (Juan 15,11). Tuvo que aclarar que su «paz» no era de la misma clase de paz que los habitantes de los otros reinos conocían. Para ellos la paz que se vivía en sus reinos era un estado temporal y muchas veces frágil, de no conflicto, como lo opuesto a la guerra. Alcanzable con la influencia del dinero, amistades, poder, etc.

Se cuenta la historia de un rey que contrató a varios pintores para que hicieran un cuadro sobre la paz y la tranquilidad. Cada artista pintó su obra maestra, representando lo que le pidieron pintar tal y como como las percibía. Uno dibujó un océano tranquilo con palmeras y gaviotas. El siguiente retrató unas colinas con árboles de color naranja, amarillo, rojo y verde, los colores del otoño, cortado por un tranquilo río que se deslizaba sigiloso por entre un valle. Y así hicieron los demás. Cada uno puso todo su esfuerzo en la obra. Llegó el día de mostrar sus trabajos al rey. Una por una, estudió las pinturas detenidamente. Y una por una, las rechazó. En su opinión, ninguna expresaba verdadera paz y tranquilidad. Al final, se paró frente al último cuadro. Los colores eran oscuros y sombríos. Un cielo gris se extendía amenazante sobre los árboles de un bosque presagiando una tormenta. Los rayos se precipitaban malintencionados por el aire. Una poderosa cascada se estrellaba sobre rocas peligrosas, y los buitres daban vueltas alrededor. Inclinándose hacia adelante, el rey observó un pequeño arbusto que sobresalía por detrás de la cascada. Protegido entre sus ramas, había un nido, y dentro de él, una familia de pájaros; durmiendo. «¡Este es mi retrato!», exclamó el rey.

La vida nunca es un mar tranquilo sin olas ni viento. No hay campos verdes sin animales salvajes y peligros escondidos. La vida es un reto. Los buitres vuelan a nuestro alrededor y el cielo no siempre es azul. La salud se tiene y se pierde como si jugáramos a los dados con ella. Las adversidades llegan muchas veces sin buscarlas. Miles de situaciones nos pueden quitar esa paz y alegría, sinónimo de la ausencia de problemas y conflictos. Pero no así con la que nos dejó el Señor. La de Él no está sujeta a las circunstancias externas que nos golpean y afectan, sino que nunca nos abandona, porque está sembrada en nuestro interior, alimentada por nuestra confianza y obediencia en el Amo y Señor de nuestro reino.

Recuerdo hace un tiempo cuando un compañero del ministerio de Emaús perdió a una de sus hijas de escasos veinte años en un trágico accidente automovilístico. Unas semanas después de haberla sepultado, presentó su testimonio en un retiro donde yo me encontraba sirviendo.

Creo que no existe dolor más grande que el de perder a un ser querido, pero cuando la persona se va en una de esas edades tempranas de la vida, ese dolor se multiplica al infinito. Como era de esperarse, ese hombre estaba destrozado, pero la paz que nos transmitió a todos nosotros con su testimonio es algo que jamás olvidaré. Ese hombre fiel a Jesús era la representación viva de la paz de Dios. No se trataba de heroísmo, ni de negar su triste realidad, ni siquiera de cuestionar la providencia divina, sino que era el fruto de una paz que había recibido y alimentado con el tiempo dedicado a hablar con su Padre, al igual que un pequeño hace con sus padres, que va forjando una relación de confianza a través de la convivencia diaria.

Todos vamos a saber las respuestas a todas nuestras preguntas, algunas de ellas las resolveremos acá en la tierra y otras cuando partamos de ella. Así que por el momento tenemos la opción de vivir en el reino de Jesús, aprendiendo de su amor, disfrutando del amparo y protección que nos ofrece, y entregándole nuestra vida a Él para que, en su sabiduría, haga lo mejor de ella acá y en la vida eterna. En palabras del profeta Isaías: «¡Oh, si hubieras atendido a mis mandamientos! Fuera entonces tu paz como un río, y tu justicia como las ondas del mar» (48, 18).

Hijo único de Dios

Pues Dios amó tanto al mundo, que dio a su Hijo único, para que todo aquel que cree en él no muera, sino que tenga vida eterna. Porque Dios no envió a su Hijo al mundo para condenar al mundo, sino para salvarlo por medio de Él.

Juan 4,16-17

Carlos era un hombre de negocios que gozaba de muy buena reputación y había sido adoptado de pequeño por una familia que ya tenía un hijo propio cuando él se unió a ella. Se llevaban apenas un año de diferencia y, aunque siempre fueron tratados y amados por igual, no dejaba de sentir celos ni de asegurase a sí mismo que sus padres adoptivos debían amar más a su verdadero hijo que a él.

Un día Carlos, en su infancia, se aventuró a explorar una colina cercana a la casa. Prestando atención a la copa de los árboles, no se fijó en un agujero profundo y angosto cavado en el suelo y cayó. Sus gritos pronto fueron escuchados por sus padres, quienes al darse cuenta de la situación llamaron a los bomberos. Ellos determinaron que solo un niño cabria por ese angosto hueco. Los padres, sin pensarlo dos veces, trajeron a su hijo mayor. Sabían que era bastante ágil y delgado, así que él podría llevar el lazo que sacaría a su hijo de ese lugar. Los bomberos lo amarraron de los pies y lo introdujeron de cabeza por el agujero. La maniobra era bastante arriesgada, pero por fortuna todo salió bien y esa noche, aliviados, cenaron juntos como era su costumbre.

Carlos cuenta que ese día comprendió cuánto lo amaban sus padres y borró de una vez y por siempre de su imaginación la falsa creencia de que ellos lo querían menos por ser adoptado y a su hermano más por ser de su propia sangre. Sus padres adoptivos estuvieron dispuestos a arriesgar a su hijo para rescatarlo de una muerte inminente. Si algo hubiera salido mal, los dos pequeños podrían haber fallecido allí.

El término Hijo de Dios tiene varios significados en el Antiguo Testamento. Es usado para referirse a los ángeles: «Un día vinieron a presentarse delante del Señor los *hijos de Dios*, entre los cuales vino también Satanás» (Job 1,6) Otras traducciones dicen: «Llegó el día en que los ángeles debían hacer acto de presencia ante el Señor, y con ellos se presentó también Satanás». Igualmente, es usado para referirse al pueblo elegido: «Entonces le dirás al faraón: "Así dice el Señor: *Israel es mi hijo mayor*. Ya te he dicho que dejes salir a mi hijo, para que vaya a adorarme; pero como no has querido dejarlo salir, yo voy a matar a tu hijo mayor"» (Éxodo 4,22-23). Y también es usado para referirse a los reyes de Israel: «[Salomón] Él me construirá un templo, y yo afirmaré su reino para siempre. Yo le seré un padre, y *él me será un hijo*. Y cuando cometa una falta, yo lo castigaré y lo azotaré como todo padre lo hace con su hijo» (2 Samuel 7,13-14).

Pero en el Nuevo Testamento, ese título es exclusivo para Jesús. Hay dos eventos muy importantes en la vida del Maestro donde se revelan su filiación con el Padre: su bautismo y la transfiguración:

> En cuanto Jesús fue bautizado y salió del agua, el cielo se le abrió y vio que el Espíritu de Dios bajaba sobre él como una paloma. Se oyó entonces una voz del cielo, que decía: «Éste es mi Hijo amado, a quien he elegido» (Mateo 3,16-17).
>
> Seis días después, Jesús tomó a Pedro, a Santiago y a Juan, el hermano de Santiago, y se fue aparte con ellos a un cerro muy alto. Allí, delante de ellos, cambió la apariencia de Jesús. Su cara brillaba como el sol, y su ropa se volvió blanca como la luz. En

> esto vieron a Moisés y a Elías conversando con Jesús. Pedro le dijo a Jesús:
> —Señor, ¡qué bien que estemos aquí! Si quieres, haré tres chozas: una para ti, otra para Moisés y otra para Elías.
> Mientras Pedro estaba hablando, una nube luminosa se posó sobre ellos, y de la nube salió una voz, que dijo: «Éste es mi Hijo amado, a quien he elegido: escúchenlo» (Mateo 17,1-5).

Nosotros los humanos procesamos muy bien qué quiere decir que «fulanito sea hijo de zutanito». Pero en el caso de Jesús la cosa es un poco más compleja por sus dos naturalezas (la humana y la divina). El numeral 464 del *Catecismo de la Iglesia católica* dice:

> El acontecimiento único y totalmente singular de la Encarnación del Hijo de Dios no significa que Jesucristo sea en parte Dios y en parte hombre, ni que sea el resultado de una mezcla confusa entre lo divino y lo humano. Él se hizo verdaderamente hombre sin dejar de ser verdaderamente Dios. Jesucristo es verdadero Dios y verdadero hombre.

En palabras de san Pablo:

> Tengan unos con otros la manera de pensar propia de quien está unido a Cristo Jesús, el cual: Aunque existía con el mismo ser de Dios, no se aferró a su igualdad con él, sino que renunció a lo que era suyo y tomó naturaleza de siervo. Haciéndose como todos los hombres y presentándose como un hombre cualquiera, se humilló a sí mismo, haciéndose obediente hasta la muerte, hasta la muerte en la cruz (Filipenses 2, 5-8).

Tanto en lo humano como en lo divino, Jesucristo es Hijo de Dios. En lo humano, ya que, como se lo reveló el ángel a María, «El Espíritu Santo vendrá sobre ti» (Lucas 1, 35) quedando así embarazada y después de nueve meses dio a luz al Mesías. En lo divino, Dios Padre lo revela con claridad cuando dice: «Este es mi Hijo amado, en quien tengo complacencia» (Mateo 3, 17). Por eso Jesús decía que Él y Dios eran uno solo: «El Padre y yo somos uno solo» (Juan 10,30) o «Jesús le contestó: —Felipe, hace tanto tiempo que estoy con ustedes, ¿y todavía no me conoces? El que me ha visto a mí, ha visto al Padre; ¿por qué me pides que les deje ver al Padre? ¿No crees que yo estoy en el Padre y el Padre está en mí? Las cosas que les digo, no las digo por mi propia cuenta. El Padre, que vive en mí, es el que hace sus propias obras. Créanme que yo estoy en el Padre y el Padre está en mí; si no, crean al menos por las obras mismas» (Juan 14,9-11).

Nosotros somos hijos de Dios por adopción:

> Alabado sea el Dios y Padre de nuestro Señor Jesucristo, pues en Cristo nos ha bendecido en los cielos con toda clase de bendiciones espirituales. Dios nos escogió en Cristo desde antes de la creación del mundo, para que fuéramos santos y sin defecto en su presencia. Por su amor, nos había destinado a ser adoptados como hijos suyos por medio de Jesucristo, hacia el cual nos ordenó, según la determinación bondadosa de su voluntad. Esto lo hizo para que alabemos siempre a Dios por su gloriosa bondad, con la cual nos bendijo mediante su amado Hijo (Efesios 1, 3-6).

Aclarada la diferencia entre nosotros hijos de Dios y Jesús Hijo de Dios, se comprende lo que afirma el Credo con respecto al término «único». Jesucristo es el único hijo de Dios, y Él no tenía ningún problema en hablarlo en público y por eso los judíos querían deshacerse de él. Cuando les dijo a los fariseos que Él y el Padre eran uno, ellos recogieron piedras para matarlo, entonces en su estilo calmado y pedagógico les dijo: «Por el poder de mi Padre, he hecho muchas cosas buenas delante de ustedes; ¿por cuál de ellas me van a apedrear?» A lo que ellos contestaron: «No queremos apedrearte por ninguna obra buena, sino por haber blasfemado, ya que tú, siendo un hombre como los demás, pretendes hacerte pasar por Dios» (Juan 10, 33). No era la primera vez que ocurría este tipo de situaciones. De nuevo encontramos uno de estos episodios en el Evangelio de Juan: «Pero él les replicaba diciendo: —Mi Padre no cesa nunca de trabajar, y lo mismo hago yo. Esta afirmación provocó en los judíos un mayor deseo de matarlo, porque no solo no respetaba el sábado, sino que además decía que Dios era su propio Padre, haciéndose así igual a Dios» (Juan 5,17-18).

¿Cómo reaccionó Jesús ante la amenaza real e inminente de muerte por haberles dicho que Él era Hijo de Dios? No les aclaró que se trataba de una equivocación, no dijo: «¡Esperen! Ustedes me malentendieron.

Yo no soy Yahvé». Todo lo contrario, les siguió recalcando quién era y hasta les citó las Escrituras, donde lo señalaban a Él como el Mesías tan esperado. Episodios como este se repitieron varias veces, pero el Maestro siempre se les escapaba y seguía con su labor misionera. Hasta que un día lograron ponerlo ante los jueces acusado de blasfemo, y ya todos sabemos el desenlace de este falso juicio.

El hecho de que Jesús haya sido nombrado Hijo de Dios, desde lo alto como ocurrió en su bautismo y en la transfiguración, y desde lo bajo, como ocurrió cuando Pedro le contestó al Maestro a la pregunta de: «¿quién dicen que soy Yo?» (Mateo 16, 15), nos deja en una posición muy problemática al momento de confesar lo que creemos de Él.

Creo que de la obra literaria de Miguel Ángel de Cervantes Saavedra: *El ingenioso hidalgo don Quijote de la Mancha*, el episodio más conocido por todos —si no el único— es el del Quijote peleando contra molinos de viento:

> En esto, descubrieron treinta o cuarenta molinos de viento que hay en aquel campo; y, así como don Quijote los vio, dijo a su escudero:
> —La aventura va guiando nuestras cosas mejor de lo que acertáramos a desear, porque ves allí, amigo Sancho Panza, donde se descubren treinta, o pocos más, desaforados gigantes, con quien pienso hacer batalla y quitarles a todos las vidas, con cuyos despojos comenzaremos a enriquecer; que esta es buena guerra, y es gran servicio de Dios quitar tan mala simiente de sobre la faz de la tierra.
> —¿Qué gigantes? —dijo Sancho Panza.
> —Aquellos que allí ves —respondió su amo— de los brazos largos, que los suelen tener algunos de casi dos leguas.
> —Mire, vuestra merced —respondió Sancho— que aquellos que allí se parecen no son gigantes, sino molinos de viento, y lo que en ellos parecen brazos son las aspas, que, volteadas del viento, hacen andar la piedra del molino.
> —Bien parece —respondió don Quijote— que no estás cursado en esto de las aventuras: ellos son gigantes; y si tienes miedo, quítate de ahí, y ponte en oración en el espacio que yo voy a entrar con ellos en fiera y desigual batalla.
> Y, diciendo esto, dio de espuelas a su caballo Rocinante, sin atender a las voces que su escudero Sancho le daba,

> advirtiéndole que, sin duda alguna, eran molinos de viento, y no gigantes, aquellos que iba a acometer. Pero él iba tan puesto en que eran gigantes, que ni oía las voces de su escudero Sancho ni echaba de ver, aunque estaba ya bien cerca, lo que eran; antes, iba diciendo en voces altas:
> —Non fuyades, cobardes y viles criaturas, que un solo caballero es el que os acomete (capítulo VIII de la primera parte).

Episodios como este delataron la locura del hidalgo manchego, que muchas veces se veía opacada por grandes momentos de lucidez en los que decía cosas muy sensatas, pero nunca llegaron a ser suficientes para borrarle de la cabeza a su fiel escudero Sancho Panza que su amo necesitaba de permanente supervisión por no estar plenamente en sus cabales, así que su compañero de aventuras nunca lo tomó en serio y lo obedecía más por honrar el juramento que le hizo de seguirlo fielmente que por otra cosa.

Jesús decía ser el Hijo único de Dios. ¿Dicha afirmación era verdad o mentira? Si era mentira, ¿lo decía producto de algún tipo de enfermedad mental que lo llevaba a decir semejante locura sin ser consciente de lo que decía o era el resultado de una intención siniestra de hacer desviar, a los que le creyeran, del camino que habían practicado por siglos sus antepasados: el de adorar exclusivamente al Dios de Abraham, Isaac y Jacob? ¿O era verdad dicha afirmación? El sentido común nos dice que, si alguien hubiera querido creerle a Jesús, lo primero de lo que debería estar convencido era de que Él era una persona cuerda y lo segundo era recopilar la mayor cantidad de evidencias que comprobaran que sí era quien decía ser. ¿Cómo una persona puede demostrar que es el Hijo de Dios? Recordemos que desde siglos antes del nacimiento del Maestro, muchos profetas habían dejado por escrito una larga lista de señales inequívocas, claras y comprobables que identificarían al Mesías, al Hijo de Dios, al salvador; para que pudiera ser reconocido. Más adelante, cuando desarrolle el tema de «Según las Escrituras», explicaré con mayor profundidad este fascinante tema.

No es fácil asimilar la idea de que Dios se haría hombre, como nosotros, en el seno de una humilde familia de Nazaret. Por eso, y a pesar de que muchos de los judíos de aquella época sí supieron cotejar las profecías con Jesús, otros no resistieron la duda y fueron hasta donde Él a pedirle que hiciera algo que los convenciera de una vez por todas de que sí era quien decía ser: «Los fariseos y los saduceos fueron a ver a Jesús y, para tenderle una trampa, le pidieron que hiciera alguna señal milagrosa que probara que él venía de parte de Dios» (Mateo 16,1). Al parecer, no eran suficientes los milagros que ya había realizado hasta ese momento, como la resurrección de Lázaro, la multiplicación de los panes y los peces, los ciegos que veían, los paralíticos que corrían, los leprosos que se habían reincorporado a la sociedad con su piel limpia y tersa, los sordos que escuchaban, ¡los mudos que cantaban...! ¡Y querían más señales!

> Algunos de los fariseos y maestros de la ley dijeron entonces a Jesús:
> —Maestro, queremos verte hacer alguna señal milagrosa.
> Jesús les contestó:
> —Esta gente malvada e infiel pide una señal milagrosa; pero no va a dársele más señal que la del profeta Jonás. Pues así como Jonás estuvo tres días y tres noches dentro del gran pez, así también el Hijo del hombre estará tres días y tres noches dentro de la tierra. (Mateo 12,38-40).

Claramente Jesús está profetizando su muerte y resurrección al tercer día y sería otra forma en que la gente podía saber que Jesús sí era quien decía ser. Él iba a morir, permanecería en ese estado por tres días y luego resucitaría. Pero de ello hablaré más adelante, cuando desarrolle este magno evento que profesamos en nuestro Credo, pilar y columna del cristianismo.

NACIDO DEL PADRE ANTES DE TODOS LOS SIGLOS

Desde antes que se formaran los montes y que existieran la tierra y el mundo, desde los tiempos antiguos y hasta los tiempos postreros, tú eres Dios.

Salmos 90,2

Vivimos en un mundo limitado por el tiempo y el espacio, y, en su afán de grandeza, el hombre ha buscado diversas formas de vencer las limitaciones que nos imponen estas dos dimensiones. El sueño de la teletransportación y del viaje a través del tiempo son solo algunos de los retos en los que hemos teorizado y fantasiado. Hollywood, experto en hacer realidad cualquier cosa que esté al alcance de nuestra imaginación, ha hecho un gran número de películas, donde con solo el accionar de un botón podemos aparecer en el ayer o en el mañana, o llegar al otro lado del planeta en forma instantánea. En *Star Trek* (*Viaje a las estrellas*), famosa serie de televisión de los años 60, la teletransportación era la forma más común de «saltar» de la nave al planeta de turno. Era fascinante ver cómo se metían el señor Spock y el capitán Kirk en esos tubos de vidrio para verlos desaparecer y reaparecer instantáneamente en tierra sin siquiera despeinarse. Igualmente, en las películas de *Back to the Future* el joven Marty McFly, con la ayuda del científico Brown, viajaba en el tiempo para arreglar algún asunto que garantizara que no se alterara el orden natural de la existencia de todos los miembros de la familia.

Dejando el maravilloso mundo del cine, la única realidad es que nuestra existencia se desarrolla solo en el presente. El pasado no lo podemos revivir, solo recordarlo y tal vez cambiar nuestra forma de juzgarlo, y el futuro no lo podemos adelantar, solo imaginarlo, anhelarlo o tal vez temerlo. Es una realidad inmodificable contra la que muchas personas se martirizan porque darían todo lo que tienen con tal de poder devolver el tiempo para enmendar una acción que conllevó unas consecuencias que subestimaron en su momento o poder tener mejor claridad de lo que se nos viene para estar preparados.

El viaje en el tiempo, tomado a la ligera, suena interesante y hasta divertido, pero en realidad es una gran bendición que no podamos modificar el pasado[42], aunque sí podemos aprender de él, y que tampoco podamos conocer con anticipación lo que nos depara el futuro, porque si es algo muy bueno, por aguardarlo descuidaremos el presente, y si es algo no tan bueno, nos amargaría la existencia.

Pero el hecho de que no podamos volver a estar en el ayer ni vivir por anticipado el mañana no significa que no podamos reconciliarnos con el pasado ni que el futuro nos encuentre mejor preparados. ¿Cómo logarlo? Con el único que no está limitado por el tiempo: Dios trinitario. «Jesucristo es el mismo ayer, hoy y siempre» (Hebreos 13,8).

¿Qué significa «nacido del Padre»? Que su origen no es la «nada», que Jesús salió de Dios Padre: «Salí del Padre, y he venido al mundo; otra vez dejo el mundo, y voy al Padre» (Juan 16,28).

¿Qué significa «antes de todos los siglos»? Que Él no está limitado por el tiempo, que ha existido siempre y siempre seguirá existiendo. Cuando nuestro espacio y tiempo comenzaron con el Big Bang[43], el Hijo

---

[42] Si pudiéramos viajar al pasado: ¿qué pasaría si por accidente mata a alguno de sus padres cuando eran niños?

[43] En cosmología, se entiende por Big Bang —también llamada la Gran Explosión (término acuñado por el astrofísico Fred Hoyle a modo de burla de la teoría) y

ya existía; por supuesto, no en su naturaleza humana, como nos lo revela de forma magistral el discípulo amado en su Evangelio: «En el principio ya existía el Verbo, y el Verbo estaba con Dios, y el Verbo era Dios. Él estaba con Dios en el principio» (Juan 1,1-2). El adverbio «antes» (de todos los siglos) solo tiene sentido en una línea de tiempo, así que reconozco que es difícil mencionar un «antes» cuando el tiempo no existía, pero son los desafíos que se nos presentan cuando hablamos de Dios, que está por encima de nuestras limitaciones. El salmista se esforzó en buscar una manera de que pudiéramos entender este concepto cuando dijo: «En verdad, mil años, para ti, son como el día de ayer, que pasó. ¡Son como unas cuantas horas de la noche!» (Salmo 90,4), y Pedro retomó estas palabras al expresar: «Además, queridos hermanos, no olviden que para el Señor un día es como mil años, y mil años como un día» (2 Pedro 3,8).

Su pasado, presente y futuro, amable lector, es presente para Dios, por eso es por lo que Él puede sanar las heridas del ayer (en este mismo momento Él está donde usted estuvo), estar a su lado hoy (en este mismo momento Él está con usted y le escucha si le habla) y ofrecerle la esperanza de un mañana mejor con Él (en este mismo momento Él está donde usted va a estar y le puede ayudar a prepararse si se lo pide). Por eso podemos decir que el Hijo único de Dios pagó con su sangre el perdón de nuestros pecados del pasado, presente y futuro. Al no estar sujeto al tiempo, y el tiempo implica necesariamente un cambio, Dios no cambia: «Queridos hermanos míos, no se engañen: todo lo bueno y perfecto que se nos da, viene de arriba, de Dios, que creó los astros del cielo. *Dios es siempre el mismo: en él no hay variaciones ni oscurecimientos*» (Santiago 1,16-17) —el énfasis es mío—.

Algunas personas no logran quitarse de la cabeza el sentimiento de derrota antes de dar la batalla, cuando piensan que como Dios «ya sabe» qué va a pasar en el futuro, entonces para qué esforzarse en cambiar o

originalmente átomo primigenio (expresión del astrofísico y sacerdote Georges Lemaître)— al principio del universo; es decir, el punto inicial en el que se formaron la materia, el espacio y el tiempo.

evitar cierta situación que arriesgue su alma. Claro, lo que ha de pasar va a pasar, pero siempre dentro del marco de nuestra voluntad, de nuestro libre albedrio. Una forma de exponer, aunque me he de quedar corto en la explicación de ese «conocimiento» de nuestro futuro por parte de Dios, podría ser la siguiente analogía: imagínese que usted está en el lugar más alto de una montaña puntiaguda, que tiene una carretera muy angosta de un solo carril en forma helicoidal que va desde la base hasta el pico, como los surcos de un tornillo. Desde esa posición tan privilegiada en la que se encuentra, tiene visibilidad de toda la superficie de la montaña. Le basta hacer un giro de trescientos sesenta grados sobre sus pies para observar la totalidad de la carretera. Ahora imagine que un carro comienza a subir a toda velocidad por la estrecha carretera mientras otro vehículo desciende también con rapidez por la única vía. Ninguno de los conductores sabe de la existencia del otro. Segundo a segundo usted ve cómo los dos carros se aproximan entre sí sabiendo que, a mitad del camino, inevitablemente, van a colisionar. No es que usted posea el poder de ver el futuro, pero tiene la plena certeza de saber lo que va a pasar, ¿cierto? Lo sabe con minutos de anticipación. Usted no está haciendo nada para que ese accidente ocurra ni puede hacer nada para evitarlo, lo único que puede hacer es pedir por un milagro. La libre voluntad de los conductores de conducir a alta velocidad en una carretera de un solo carril con tan poca visibilidad es lo que los llevará a consumar ese accidente de terribles consecuencias.

El idioma también nos limita para poder entender la eternidad o la intemporalidad de Dios. En español la palabra «tiempo» la empleamos para referirnos a nuestro tiempo como al de Dios. No así con el griego en el que fue escrito el Nuevo Testamento, que distingue el tiempo del hombre (*kronos*, de donde derivan las palabras «cronológico», «cronometro» y otras) y el tiempo de Dios (*Kairos*). Y en el hebreo del Antiguo Testamento el tiempo de Dios, más que referirse a un lapso cronológico, es considerado como «oportunidades»:

> En este mundo he visto algo más: que no son los veloces los que ganan la carrera, ni los valientes los que ganan la batalla; que no siempre los sabios tienen pan, ni los inteligentes son ricos, ni los

> instruidos son bien recibidos; todos ellos dependen de un momento de suerte (*Kairos*). Por otra parte, nunca sabe nadie cuándo le llegará su hora: así como los peces quedan atrapados en la red y las aves en la trampa, así también el hombre, cuando menos lo espera, se ve atrapado en un mal momento (Eclesiastés 9,11-12).

Por eso Jesús decía: «Se ha cumplido el tiempo. El reino de Dios está cerca. ¡Arrepiéntanse y crean las buenas nuevas!» (Marcos 1,15).

La ciencia de la física nos dice que el tiempo es una propiedad que resulta de la existencia de la materia. Como tal, el tiempo existe cuando existe la materia. Pero Dios no es materia; Dios, de hecho, la creó y por consiguiente al tiempo. Y como Él creó el tiempo no puede estar limitado por lo que Él mismo estableció.

Llamar omnipotente a Dios es reconocer que su poder no tiene límite, definirlo como omnipresente significa aceptar su presencia en todo lo creado, ser omnisciente es saberlo y conocerlo todo y referirse a su eternidad es creer que existe «antes de todos los siglos», al margen de la creación. Así que tenemos un Señor que no solo conoce nuestro pasado, sino el pasado; no solo nuestra historia, sino la historia, porque antes de crear el mundo Él ya existía y seguirá existiendo después de que nuestro mundo llegue a su fin.

Esta declaración del Credo nos debe llevar a tratar de abandonar la costumbre de querer someter a Dios Padre, a su Hijo único y al Espíritu Santo a los limites propios de nuestro universo físico, porque el Dios trinitario lo trasciende totalmente por ser Él el creador de todo. Su inteligencia no requiere de un tiempo humano ni se mueve a nuestra misma prisa, Él ya lo hacía antes de que nuestro universo existiera[44] y lo continuará haciendo cuando seamos historia. El hecho de que se haya hecho hombre y haya habitado entre nosotros, sujeto a las limitaciones

---

[44] Pues Dios nos salvó y nos llamó a una vida santa no por nuestras propias obras, sino por su propia determinación y gracia. Nos concedió este favor en Cristo Jesús *antes del comienzo del tiempo* (2 Timoteo 1,9) —el énfasis es mío—.

propias del género humano, no le quita ni opaca su naturaleza divina, que es eterna, sin principio ni fin. Por eso el profeta dijo:

> Porque mis ideas no son como las de ustedes, y mi manera de actuar no es como la suya. Así como el cielo está por encima de la tierra, así también mis ideas y mi manera de actuar están por encima de las de ustedes. El Señor lo afirma (Isaías 55,8-9).

DIOS DE DIOS

> El Padre y yo somos uno solo. Los judíos volvieron a tomar piedras para tirárselas, pero Jesús les dijo: —Por el poder de mi Padre he hecho muchas cosas buenas delante de ustedes; ¿por cuál de ellas me van a apedrear? Los judíos le contestaron: —No te vamos a apedrear por ninguna cosa buena que hayas hecho, sino porque tus palabras son una ofensa contra Dios. Tú no eres más que un hombre, pero te estás haciendo Dios a ti mismo.
>
> Juan 10,30-33

Los santos padres de nuestra Iglesia llamaban *artículos* a cada una de las afirmaciones contenidas en el Credo. Este artículo y los siguientes dos que le siguen hablan en forma de repetición la misma afirmación con la que se empieza: «Dios de Dios», «Luz de Luz», «Dios verdadero de Dios verdadero». Tal como aprendimos de pequeños en nuestras casas cuando nuestras madres nos hacían repetir el nombre de un determinado objeto, para memorizarlo y nunca olvidarlo, acá hacemos lo mismo con igual propósito y resaltando de paso la importancia de estos articulados de fe.

¿Por qué la repetición? Para entenderlo debemos recordar lo que se dijo en el capítulo concerniente al origen del Credo al comienzo de la presente obra. Decía en ese capítulo que una de las razones para desarrollar una fórmula más ampliada y detallada del Credo de los Apóstoles era combatir y extinguir la herejía del arrianismo y las diversas vertientes que se habían desarrollado a su alrededor. Dicha doctrina sostenía que Jesucristo en su naturaleza divina había sido una de las primeras creaciones de Dios Padre y que por lo tanto no ostentaba la misma «jerarquía» del Padre, ni eran lo mismo y que al haber sido creado hubo un «tiempo» en que no existía. Al igual que el Credo de san Atanasio[45], que repite y repite y vuelve a repetir de una manera y de otra el dogma de la Trinidad, como cuando dice:

> Y la fe católica es esta, que adoramos a un solo Dios en la Trinidad, y a la Trinidad en la unidad. Sin confundir las Personas ni separar la substancia. Porque una es la persona del Padre, otra la del Hijo y otra la del Espíritu Santo. Pero el Padre y el Hijo y el Espíritu Santo tienen una sola divinidad, gloria igual y coeterna majestad. Cual el Padre, tal es el Hijo, y tal es el Espíritu Santo. El Padre increado, el Hijo increado y el Espíritu Santo increado. Incomprensible el Padre, incomprensible el Hijo, incomprensible el Espíritu Santo. Eterno el Padre, eterno el Hijo, eterno el Espíritu Santo, y, sin embargo, no son tres eternos, sino un solo eterno. Así como tampoco son tres increados ni tres incomprensibles, sino un solo increado y un solo incomprensible. Igualmente, el Padre es omnipotente, el Hijo es omnipotente, el Espíritu Santo es omnipotente; y, sin embargo, no son tres omnipotentes, sino un solo omnipotente.
>
> Así el Padre es Dios, el Hijo es Dios, y el Espíritu Santo es Dios. Y, sin embargo, no son tres dioses, sino un solo Dios. Así también el Padre es el Señor, el Hijo es el Señor, y el Espíritu Santo es el Señor. Y, sin embargo, no son tres Señores, sino un solo Señor. Pues, así como la cristiana verdad nos compele a reconocer que cada Persona por sí misma es Dios y Señor, así mismo la religión católica nos prohíbe decir que hay tres dioses y tres señores. El Padre no fue hecho por nadie, ni creado, ni engendrado. El Hijo es solo del Padre, no hecho, ni creado, sino engendrado. El Espíritu Santo es del Padre y del Hijo, no fue hecho, ni creado, sino que procede de Ellos. Por lo tanto, hay un solo Padre, no tres Padres; un Hijo, no tres Hijos; un Espíritu Santo, no tres Espíritus Santos. Y en esta Trinidad ninguno va

---

[45] Atanasio de Alejandría fue obispo de Alejandría, nacido alrededor del año 296 y fallecido el 2 de mayo del año 373. Se considera santo en la Iglesia copta, en la Iglesia católica, en la Iglesia ortodoxa, en la Iglesia luterana y en la Iglesia anglicana, además de doctor de la Iglesia católica y padre de la Iglesia oriental.

> antes o después del otro, ninguno es mayor o menor que el otro, sino que las tres Personas son entre sí coeternas e iguales; de modo, que, como se dijo antes, se debe adorar la Unidad en Trinidad y la Trinidad en Unidad.

Quisieron los conciliares que participaron en la redacción de este Credo una repetición similar, pero de una forma más resumida que la de san Atanasio. ¿Qué quisieron resaltar con el artículo «Dios de Dios»? Que Jesús es Dios. Esto era un flechazo directo al corazón del arrianismo.

¿En qué se basaron los autores del Credo para hacer semejante afirmación tan temeraria? El propio Jesús lo reveló: «El Padre y yo somos uno solo» (Juan 10,30), «Yo lo conozco [al Padre] porque procedo de Él, y Él me ha enviado» (Juan 7,29). Por eso el apóstol Juan ratifica esta verdad en el inicio de su Evangelio cuando dice: «Nadie ha visto jamás a Dios; el Hijo único, que es Dios y que vive en íntima comunión con el Padre, es quien nos lo ha dado a conocer» (Juan 1,18). Pero Jesús no se quedó solamente en las palabras, también en las acciones. Hizo cosas que solo Dios puede hacer, como revivir muertos, darle el habla al mudo, la escucha al sordo, el caminar al paralitico, calmó las tempestades, multiplicó los peces y los panes, perdonó los pecados y, desde luego, la mayor de todas, la que prometió como señal de que Él era Dios cuando los fariseos se la pidieron (ver Mateo 16,1-4): resucitó de entre los muertos.

La muerte de Jesús en la cruz y la afirmación que hace Pablo en su primera Carta a los Corintios que dice: «… y si Cristo no resucitó, el mensaje que predicamos no vale para nada» (15,14), están tan relacionadas como un hijo con su madre. Cristo fue sentenciado a la pena capital no por sanar enfermos en sábado, ni por haber sacado a punta de correa a los mercaderes del templo, ni por haberse dejado llamar rey de los judíos o Hijo de David, ¡no!, fue sentenciado a morir por haberse autoproclamado igual a Dios:

> Por esto, los judíos tenían aún más deseos de matarlo, porque no solamente no observaba el mandato sobre el sábado, sino

> que además se hacía igual a Dios al decir que Dios era su propio Padre (Juan 5,18).

Jesús fue llevado ante la Junta Suprema para ser juzgado, y durante todo el interrogatorio permaneció callado. Frustrado por el silencio del acusado, el sumo sacerdote se levantó de su silla y le preguntó: «¿Eres tú el Mesías, el Hijo del Dios bendito?» (Marcos 14,61). Jesús rompió su silencio y contestó: «Sí, yo soy. Y ustedes verán al Hijo del Hombre sentado a la derecha del Todopoderoso» (Marcos 14,62). «Mesías» e «Hijo del Hombre» eran títulos que habían usado los profetas cientos de años atrás para referirse a Dios hecho carne. Ahora resulta más fácil comprender la reacción de Caifás cuando escuchó semejante afirmación. «Entonces el sumo sacerdote rasgó sus vestiduras, diciendo: "¡Ha blasfemado! ¿Qué necesidad tenemos de más testigos? Ahora mismo ustedes han oído la blasfemia"» (Mateo 26,25).

Si Jesús no era quien proclamaba ser, entonces los estaba engañando perversamente o estaba más loco que una cabra. En su libro *Mero cristianismo*, el gran apologeta C. S. Lewis[46] dijo:

> Intento con esto impedir que alguien diga la auténtica estupidez que algunos dicen acerca de Él: «Estoy dispuesto a aceptar a Jesús como un gran maestro moral, pero no acepto su afirmación de que era Dios». Eso es precisamente lo que no debemos decir. Un hombre que fue meramente un hombre y que dijo las cosas que dijo Jesús no sería un gran maestro moral. Sería un lunático —en el mismo nivel del hombre que dice ser un huevo escalfado—, o si no sería el mismísimo demonio. Tenéis que escoger. O ese hombre era, y es, el Hijo de Dios, o era un loco o algo mucho peor. Podéis hacerle callar por necio, podéis escupirle y matarle como si fuese un demonio, o podéis caer a sus pies y llamarlo Dios y Señor. Pero no salgamos ahora con insensateces paternalistas acerca de que fue un gran

[46] Clive Staples Lewis (Belfast, Irlanda del Norte, 29 de noviembre de 1898 - Oxford, Inglaterra, 22 de noviembre de 1963), popularmente conocido como C. S. Lewis, fue un medievalista, apologista cristiano, crítico literario, novelista, académico, locutor de radio y ensayista británico. Es reconocido por sus novelas de ficción, especialmente por las *Cartas del diablo a su sobrino*, *Las crónicas de Narnia* y la *Trilogía cósmica*, y también por sus ensayos apologéticos (mayormente en forma de libro) como *Mero cristianismo*, *Milagros* y *El problema del dolor*, entre otros.

maestro moral. Él no nos dejó abierta esa posibilidad. No quiso hacerlo.

Cuando Jesús afirma ser Dios, solo hay dos alternativas: que la afirmación sea verdadera o falsa. Si es falsa, hay ahora otras dos posibilidades: Él sabía que su afirmación era falsa o no lo sabía. Si no lo sabía, entonces era un lunático, estaba loco. Si lo sabía, quiere decir que engañaba de forma deliberada a la gente. Es decir, habría sido un ser muy malvado, un mentiroso y un hipócrita, ya que iba en contra de una de sus enseñanzas[47]: la honestidad. Habría sido además sumamente necio, orgulloso, prepotente y narcisista, ya que se hizo matar por sus palabras mentirosas y engañosas[48]. Por otro lado, si sus afirmaciones eran verdaderas, Él era quien decía ser: el Señor, el Hijo de Dios, el Mesías, Dios hecho carne.

¿Se entiende mejor por qué Pablo sustentó toda su prédica en la resurrección del Señor? Porque si Él no hubiera resucitado, por más lindas o justas que hubieran sido las enseñanzas de Jesús, serían las lecciones de vida de un loco o de un manipulador malvado que solo pretendía desviar del camino a todo un pueblo educado por generaciones de que solo se podía adorar a Dios y obedecer sus reglas para alcanzar la salvación.

¿Qué podemos entonces pensar de las promesas de vida eterna hechas por Jesús de que viviríamos a su lado en la casa del Padre? Quien la formuló fue el dueño de la creación y de la vida, así que tiene cómo cumplirlas. Esa es nuestra esperanza, y lo podemos recordar cada vez que decimos en el Credo «Dios de Dios»

---

[47] «El que se porta honradamente en lo poco también se porta honradamente en lo mucho, y el que no tiene honradez en lo poco tampoco la tiene en lo mucho» (Lucas 16,10).

[48] «Las autoridades judías le contestaron: "Nosotros tenemos una ley y, según nuestra ley, debe morir, porque se ha hecho pasar por Hijo de Dios"» (Juan 19,7).

Luz de Luz

Jesús se dirigió otra vez a la gente, diciendo: —Yo soy la luz del mundo; el que me sigue, tendrá la luz que le da vida, y nunca andará en la oscuridad.

Juan 8,12

¿Te has puesto alguna vez a pensar en la oscuridad total? No me refiero a una noche oscura, sino a la ausencia total de luz artificial, del Sol, la Luna y las estrellas; la más profunda oscuridad. ¿Qué pasaría si de repente desapareciera toda fuente de luz a nuestro alrededor? ¿Cómo sería caminar o buscar agua y alimentos? ¿De qué se trataría la vida? ¿Tendrían algún significado el norte, el sur, arriba o abajo?

Ahora, ¿qué pasaría si en ese lugar de oscuridad total, donde el único color que existe es el negro, de repente y a la distancia se encendiera una vela? ¡Brillaría como la estrella de la mañana! Sería imposible ignorarla. Nos atraería como un imán a un alfiler. ¿Y si no fuera una vela, sino un reflector como los que hay en los estadios? ¿O tal vez el Sol? ¿Y si fuera algo infinitamente más brillante que el Sol?

La luz es esencial para la vida, sin ella nada existiría. Por eso fue lo primero que hizo Dios en su creación: «La tierra no tenía entonces ninguna forma; todo era un mar profundo cubierto de oscuridad, y el espíritu de Dios se movía sobre el agua. Entonces Dios dijo: "¡Que haya luz!" Y hubo luz» (Génesis 1,2-3). El discípulo Juan comenzó su Evangelio hablando también de la luz:

> En el principio ya existía la Palabra; y aquel que es la Palabra estaba con Dios y era Dios. Él estaba en el principio con Dios. Por medio de él, Dios hizo todas las cosas; nada de lo que existe fue hecho sin él. En él estaba la vida, y la vida era la luz de la humanidad. Esta luz brilla en las tinieblas, y las tinieblas no han podido apagarla. Hubo un hombre llamado Juan, a quien Dios envió como testigo, para que diera testimonio de la luz y para que todos creyeran por lo que él decía. Juan no era la luz, sino uno enviado a dar testimonio de la luz. La luz verdadera que alumbra a toda la humanidad venía a este mundo (Juan 1,1-9).

Los obispos que participaron en el Concilio de Nicea, que querían redactar un credo o profesión de fe que reflejara de manera diáfana el misterio de la Trinidad, resumieron esos primeros versículos de Juan con un simple y elegante «Luz de Luz».

Imaginar estar en un lugar de total obscuridad nos puede ayudar a entender el impacto que tuvieron las palabras de Jesús cuando dijo: «Yo soy la luz del mundo» (Juan 8,12). No lo dijo para afirmar que Él es una especie de «energía», como insisten algunos metafísicos que dicen ostentar algunos poderes especiales; lo dijo para enseñarnos que así como necesitamos la luz para vivir, desplazarnos adonde queramos, ver por dónde vamos, no caer, chocar o perdernos, esquivar los peligros, reconocer a los que nos rodean e interactuar con ellos, disfrutar del paisaje y de toda la creación, etc., así también nos es indispensable la luz de Dios, de Jesús, para tener vida eterna, perdonar nuestras ofensas, reconocer en los demás el rostro del hermano, poder ver el camino que nos lleva al Padre y evitar el que nos aleja de Él. La «luz» de Jesús es la «luz» de Dios, «Luz de Luz».

Al leer los cuatro Evangelios con nuestra atención puesta en ese «Luz de Luz», saltará a la vista que es Juan quien captó plenamente este concepto, ya que al parecer no omitió ninguna de las veces en las que el Maestro se comparó con la luz: «Jesús se dirigió otra vez a la gente, diciendo: —Yo soy la luz del mundo; el que me sigue, tendrá la luz que le da vida, y nunca andará en la oscuridad» (Juan 8,12), «Mientras estoy en este mundo, soy la luz del mundo» (Juan 9,5), «Yo, que soy la luz, he venido al mundo para que los que creen en mí no se queden en la oscuridad» (Juan 12,46), «Los que no creen, ya han sido condenados, pues, como hacían cosas malas, cuando la luz vino al mundo prefirieron la oscuridad a la luz» (Juan 3,19), «Juan [el Bautista] no era la luz, sino uno enviado a dar testimonio de la luz. La luz verdadera [Jesús] que alumbra a toda la humanidad venía a este mundo» (Juan 1,8-9), «En él [Jesús] estaba la vida, y la vida era la luz de la humanidad. Esta luz brilla en las tinieblas, y las tinieblas no han podido apagarla» (Juan 1,4-5), «Jesús les dijo: —Todavía estará entre ustedes la luz, pero solamente por un poco de tiempo. Anden, pues, mientras tienen esta luz, para que no les sorprenda la oscuridad; porque el que anda en oscuridad no sabe por dónde va. Crean en la luz mientras todavía la tienen, para que pertenezcan a la luz» (Juan 12,35-36), «Si alguno dice que está en la luz, pero odia a su hermano, todavía está en la oscuridad. El que ama a su hermano vive en la luz, y no hay nada que lo haga caer. Pero el que odia a su hermano vive y anda en la oscuridad, y no sabe a dónde va, porque la oscuridad lo ha dejado ciego» (1 Juan 2,9-11). Definitivamente, el apóstol Juan se enamoró del símil Jesús-Luz, luz que es vida y vida en abundancia.

De todas las fiestas y celebraciones de nuestra Iglesia católica, la de la Vigilia Pascual es mi favorita. Se celebra la víspera del Domingo de Pascua; es decir, el Sábado Santo por la noche. San Agustín la llama la «madre de todas las vigilias». La celebración comienza con la iglesia en completa oscuridad y esta se ve invadida de forma repentina con la entrada del cirio pascual encendido, representando a Cristo, por lo que el sacerdote canta tres veces «¡Cristo, luz del mundo!» y tres veces respondemos: «¡Demos gracias a Dios!», y a su paso vamos encendiendo en cadena las velas que llevamos los feligreses, hasta que la iglesia entera queda iluminada por completo, los colores vuelven a resplandecer y la oscuridad es derrotada. Qué bella personificación y actuación de las primeras palabras del Evangelio de Juan, de ese «Luz de Luz».

Dios verdadero de Dios verdadero

Sabemos también que el Hijo de Dios ha venido y nos ha dado entendimiento para conocer al Dios verdadero. Vivimos unidos al que es verdadero, es decir, a su Hijo Jesucristo. Éste es el Dios verdadero y la vida eterna. Hijitos, cuídense de los dioses falsos.

1 Juan 5,20-21

Dos artículos anteriores el Credo decía «Dios de Dios», ahora lo repite, pero reforzando que no se trata de cualquier dios, sino de Dios, el único y el verdadero, porque quisieron recordarnos —con repetición, como hicimos con las tablas de multiplicar cuando las estábamos memorizando— que Jesucristo no es un semidiós o un dios, es Dios verdadero.

Si hablamos de un verdadero, es porque existen falsos y se hace necesario distinguirlo para evitar confusiones o desviaciones, como ocurría cuando se redactó este Credo. Al comienzo de esta obra, en el capítulo denominado «El origen del Credo», decía que una de las grandes motivaciones que llevaron al obispo Osio de Córdoba, con el apoyo del emperador romano Constantino I, a citar el Concilio de Nicea fue resolver el conflicto que se había generado en torno a la naturaleza del Hijo en su relación con el Padre, promovida por la doctrina herética del arrianismo. Arrio creía que Dios Padre y Dios Hijo no habían existido juntos desde siempre, sino que el Hijo era un ser divino creado por Dios

Padre antes que el mundo y que estaba subordinado a Él. Esto implicaba, necesariamente, que Jesús de Nazaret no era Dios, contradiciendo la tradición apostólica según la cual el Hijo es Dios y Dios es el Hijo, por lo que no solo decimos que Jesucristo es «Dios de Dios», sino que enfatizamos que es «Dios Verdadero de Dios Verdadero».

El politeísmo en los tiempos de los grandes patriarcas hebreos como Abraham o Israel era tan común como ahora. La diferencia es que en esa época los dioses estaban hechos de arcilla y materiales preciosos. Para cada problema había una solución con un determinado dios. Hoy los dioses de arcilla han entrado en desuso, pero los sigue habiendo en otras presentaciones más sofisticadas y convenientes: el conocimiento, el dinero, las drogas, el poder, el sexo, el hedonismo, el consumismo o el placer, entre otros. Todos, dioses falsos hechos por nosotros y entronizados por el hombre. Tristemente, los cristianos de aquella época como los de hoy se han dejado seducir por ellos, por eso los autores del Credo quisieron recordarnos la autenticidad de Jesucristo como verdadero Dios de Dios verdadero, el único.

No puedo negar que me causa mucho impacto que en esta época se vean comerciales de televisión anunciando parapsicólogos que le pueden decir al cliente lo que le depara el futuro, pagando, por supuesto. Sé que esos anuncios no son nada baratos, así que debo asumir que han de ser muchos los incautos que se gastan su dinero en estos semidioses que les garantizan bienestar y solución a todos sus problemas. ¿Para qué buscar la palabra del que es verdadero[49] si la voz del otro lado de la línea te susurra al oído la «verdad» que quieres escuchar? Igual con los que prefieren la lectura de las cartas, del café, de las manos... Olvidamos que hay un solo Señor que es Dios verdadero.

Otra arista que adquiere este artículo es la proclamación de que Jesús es verdadero, en el sentido de veraz. Desde el origen del hombre, el tema de la veracidad ha sido todo un reto. Cuando Dios creó el Paraíso, les dio a nuestros padres una orden: «Puedes comer del fruto de todos los árboles del jardín, menos del árbol del bien y del mal. No

---

49 «Él nunca pecó y jamás engañó a nadie» (1 Pedro 2,22).

comas del fruto de ese árbol, porque si lo comes, ciertamente morirás» (Génesis 2,17). Podríamos pensar que no había oportunidad de que esa orden se incumpliera, ya que nuestros primeros padres reconocían a Dios como el creador, como el verdadero Dios. Sin embargo, la serpiente llama mentiroso a Dios, y se presenta como el dueño real de la verdad: «No es cierto. No morirán». ¿Al fin qué: moriremos o viviremos? se han de haber preguntado Adán y Eva. Alguien está mintiendo, ¿quién será?, continuaron preguntándose ante semejante dilema. Al final prefirieron creerle a la serpiente en vez de al Dios veraz. Desde entonces el hombre ha tenido dificultad en identificar la verdad, en medio de un mundo donde la mentira está a la orden del día —este es otro de esos dioses a los que muchos veneran—, llegando incluso a hablarse de mentiras «buenas» y «necesarias» como si nada, donde lo falso compite a la par con lo verdadero, y hasta es preferido lo primero sobre lo segundo. El Credo nos recuerda y enfatiza que Jesucristo es veraz, que habla no solo con la verdad, sino que es la verdad misma: «Jesús le contestó: —Yo soy el camino, la verdad y la vida. Solamente por mí se puede llegar al Padre» (Juan 14, 6). La verdad fue el propósito de su existencia, así se lo hizo saber a Pilato cuando lo estaban enjuiciando: «Yo nací y vine al mundo para decir lo que es la verdad» (Juan 18,37).

La posición filosófica del relativismo, según la cual todos los puntos de vista son igualmente válidos, se ha extendido en nuestra sociedad de manera casi que contagiosa. Con el avance de la ciencia y los medios de comunicación, las sociedades se han vuelto cada vez más pluralistas, distanciándose de la idea de que el bien y el mal realmente existen. Para ellos no hay verdades absolutas, pero quien así lo afirma se contradice, ya que, si estas no existieran, entonces su propia frase tampoco podría ser tomada como verdadera; es decir que sí existen verdades absolutas.

Los medios de comunicación masiva se han encargado de redefinir permanentemente los conceptos de moralidad y decencia. La educación se ha tornado más liberal, las leyes se han reescrito para legalizar lo que una vez fue inmoral, la sexualidad biológica se dejó a la libre interpretación de los infantes con la aprobación de sus permisivos y comprensivos padres, el asesinar al no nacido se considera un derecho de la madre, los partidos políticos han buscado lograr pactos con todas las ideas y costumbres con tal de ganar votos, el matrimonio entre personas del mismo sexo se considera un avance social, etc. El relativismo ha penetrado tan profundamente en nuestra sociedad que si usted levanta su voz contra ese «todo se vale», será señalado como un fanático intolerante.

En este amplio marco relativista en el que se desenvuelve el hombre moderno, se ha generalizado la práctica de la tolerancia selectiva; es decir, se soportan ciertas cosas, pero no otras. Los que podríamos llamar pecados «progresistas» son más tolerados que otros: la promiscuidad sexual, el aborto, la mentira «justificada», etc. Esto hace que la vida cristiana se vea más como fanatismo que como el estándar de vida que propuso Jesús.

Esta ética selectiva fortalece la posición relativista, ya que quien ejerce esa tolerancia se siente con el derecho de llevarla a los límites que más le convenga y de rotular como fanatismo cualquier idea que se le oponga. Tal vez estos elementos adversos que he mencionado hacen, hoy más que nunca, necesario no repetir dos veces que Jesucristo es «Dios Verdadero de Dios Verdadero», sino muchas veces más hasta que lo asimilemos y lo vivamos, y venzamos el relativismo, que tanto daño ha causado a nuestra sociedad cuando ignoramos que Jesús es la verdad.

ENGENDRADO, NO CREADO

Porque Dios nunca dijo a ningún ángel: «Tú eres mi Hijo; yo te he engendrado hoy». Ni dijo tampoco de ningún ángel: «Yo seré un padre para él, y él será un hijo para mí».

Hebreos 1,5

Según el *Diccionario de la lengua de la Real Academia Española*, la palabra «engendrar» en su segunda acepción dice «causar, ocasionar, formar» y en su primera «dicho de una persona o de un animal: dar vida a un nuevo ser». Así que, para la mayoría de nosotros, cuando escuchamos esta palabra pensamos exclusivamente en ese primer significado. Como en todos los casos, cuando una palabra posee múltiples definiciones, es el contexto el que nos ayuda a entender el verdadero significado.

En la Biblia la palabra «engendrar» es usada en diferentes contextos, veamos algunos: «Y vivió Adán ciento treinta años, y *engendró* un hijo a su semejanza, conforme a su imagen, y llamó su nombre Set. Y fueron los días de Adán después que engendró a Set, ochocientos años, y engendró hijos e hijas» (Génesis 5,3-4). Claramente, en este contexto entendemos que se está refiriendo a dar vida a un nuevo ser; es decir, nos está hablando de la procreación de los hijos de Adán con Eva. Otro ejemplo: «Te ruego por mi hijo Onésimo, a quien *engendré* en mis prisiones» (Filemón 1,10), en este caso el apóstol Pablo está empleando *engendrar* como una metáfora, porque si bien sabemos que Pablo no tuvo hijos —y menos en una prisión, donde solo había hombres— llama a su discípulo Onésimo hijo porque está indicando que le dio una vida nueva con su predicación del Evangelio dentro de la prisión. Hubo un cambio tan grande en la vida de este sirviente[50], que se transformó en una nueva persona. Es la misma metáfora utilizada en «Él, de su voluntad nos ha *engendrado* por la palabra de verdad, para que seamos primicias de sus criaturas» (Santiago 1,18). Como vemos, en estos dos casos no se está hablando de una relación entre un hombre y una mujer que da comienzo a una nueva vida.

Quiero recordar uno de los artículos ya tratados de la formula del Credo: que el Hijo de Dios ha existido «antes de todos los siglos»; es decir, desde siempre. En cuanto a Jesús encarnado —hecho hombre, como había sido profetizado desde siglos antes de su nacimiento—, su vida comenzó en el vientre de su madre. Adán, el primer hombre que habitó la tierra, fue creado; Jesús fue engendrado. En otras palabras, el Mesías tuvo ombligo mientras que Adán no. Más adelante el Credo reforzará esta idea cuando recitemos que «... por obra del Espíritu Santo se encarnó de María la Virgen».

¿Por qué repetir e insistir en afirmar unas verdades que nos resultan claras e irrefutables? ¿Por qué declarar una y otra vez preceptos que sabemos bien que son fundamentos de nuestra fe y nos resultan familiares porque los aprendimos en nuestras primeras lecciones de catequesis? Porque no siempre fueron verdades irrefutables, y esa fue la razón de ampliar el Credo de los apóstoles, para detallar y resaltar las verdades que se pensaban eran autosostenidas hasta que alguien entraba a cuestionarlas, como fue el caso de las múltiples herejías mencionadas en el origen del Credo.

Como ya expliqué, el gnosticismo sembró la idea del dualismo que divide de manera tajante la materia y el espíritu. Para ellos, el mal y la

[50] Onésimo, también conocido como Onésimo de Bizancio y, en algunas iglesias ortodoxas, el sagrado apóstol Onésimo, era un sirviente de Filemón, personaje importante e influyente de Colosa, en Frigia, convertido al cristianismo por san Pablo.

perdición estaban ligados a la materia, mientras que lo divino y la salvación pertenecían a lo espiritual; es decir que el cuerpo es malo y el espíritu bueno. Según esta doctrina, los seguidores no se salvan por la fe en el perdón gracias al sacrificio de Cristo, sino que se salvan mediante la gnosis: conocimiento introspectivo de lo divino, que es un discernimiento superior a la fe. Es decir que ni la sola fe ni la muerte de Cristo bastan para salvarse, ya que el ser humano es autónomo para hacerlo por sí mismo.

Eso les hacía llegar a la conclusión de que Jesucristo no pudo tener un cuerpo material como el del resto de los humanos, defectuoso y malévolo, sino que su cuerpo «creado» era en realidad una apariencia material y de esta manera quedaba inmaculada la figura de Dios hecho carne. Y ya que siempre lo creado es inferior al creador, la Trinidad quedaba desvirtuada.

Y la otra herejía que pretendía derrotar este artículo del Credo era la propuesta del arrianismo, que sostenía que Jesús fue creado por el Padre y por lo tanto era una criatura de Dios, la más excelente, pero criatura, al fin y al cabo. Recordemos que todo lo creado tiene cuatro propiedades ineludibles:

- Es contingente, es decir que puede o no existir. Jesucristo es necesario (lo contrario a contingente), o sea que no puede no existir.
- Es inferior a su creador, toda obra es lógicamente inferior a quien la crea (ver Isaías 29,16). El Evangelio de Juan (ver Juan 10,30) nos revela que Jesús no es inferior sino igual al Padre.
- Está sujeto a los límites impuestos por el creador, pero Jesús es todopoderoso (Job 40,1).
- Empieza a existir en un momento dado. Nuevamente, el Evangelio de Juan nos revela que Jesús ha vivido desde siempre y para siempre (ver Juan 1,1-2).

Jesucristo —que es Dios— es necesario, no posee ningún límite, ha existido desde siempre y para siempre. Toda creación habla de un creador, ya que una casa no se construye sola, una melodía no se compone sola, una escultura no se talla sola, de la misma manera la creación es prueba irrefutable de un Creador. Tuvo que haber alguien que lo hizo todo, alguien no creado, no inferior a nadie, que no empezó a existir en el tiempo, que no tiene límites. Ese alguien es Dios. El creador no creado. El «motor inmóvil» que echó a andar todo lo demás, del que hablaba santo Tomás en su explicación de las cinco vías. En el Credo aseveramos que Jesús no fue creado y en la Sagrada Escritura se afirma que Él lo creó todo (ver Juan 1,3), eso significa que Jesús es Creador, no creado. Otra manera más de afirmar que Jesús es Dios.

DE LA MISMA NATURALEZA DEL PADRE

El Padre y yo somos uno solo.

Juan 10,30

Se cuenta que una vez el escorpión le pidió a la rana que lo cargara en su espalda para cruzar el río, la rana le dijo: «¿Cómo sé que no me picarás?». El escorpión respondió: «Porque haría que ambos nos ahogáramos». La rana aceptó, pero a la mitad del río el escorpión picó a la rana. Cuando la rana preguntó: «¿Por qué lo hiciste, si los dos vamos a morir?», el escorpión respondió: «Es mi naturaleza».

Cuando hablamos de nuestra naturaleza lo hacemos en referencia a ese algo que está en nuestro ADN, que es tan nuestro y propio que llega incluso a definirnos y hacernos las personas que somos. Siempre estamos revelando a todos los que nos rodean ese conjunto de comportamientos, reacciones y actuaciones que hacemos de la manera en que lo hacemos, porque así nos lo dicta nuestra naturaleza.

Dice el *Catecismo de la Iglesia católica* en su numeral 252:

> La Iglesia utiliza el término «substancia» (traducido a veces también por «esencia» o por «naturaleza») para designar el ser divino en su unidad; el término «persona» o «hipóstasis» para designar al Padre, al Hijo y al Espíritu Santo en su distinción real

> entre sí; el término «relación» para designar el hecho de que su distinción reside en la referencia de cada uno a los otros.

Es decir que acá se podría haber dicho: «De la misma substancia que el Padre»; de hecho, en la versión en inglés decimos: «*Consubstantial with the Father*». ¿Qué significa que la naturaleza de Jesucristo sea la misma del Padre? ¿Cómo es la naturaleza del Padre? Es divina. Por lo tanto, la naturaleza o substancia del Hijo es la misma del Padre; es decir, divina. Y no podría ser de otra manera. El hijo de un gato es gato, el hijo de un elefante es elefante, el hijo de Dios es Dios. Recordemos que nosotros somos hijos de Dios por adopción no por filiación, como ya se había explicado en el artículo: "Hijo único de Dios".

Citando de nuevo nuestro *Catecismo*, en los numerales 253 al 255, encontramos una explicación clara y suficiente del dogma de la Santísima Trinidad:

> 253 La Trinidad es una. No confesamos tres dioses sino un solo Dios en tres personas: «la Trinidad consubstancial» (Concilio de Constantinopla II, año 553: DS 421). Las personas divinas no se reparten la única divinidad, sino que cada una de ellas es enteramente Dios: «El Padre es lo mismo que es el Hijo, el Hijo lo mismo que es el Padre, el Padre y el Hijo lo mismo que el Espíritu Santo, es decir, un solo Dios por naturaleza» (Concilio de Toledo XI, año 675: DS 530). «Cada una de las tres personas es esta realidad, es decir, la substancia, la esencia o la naturaleza divina» (Concilio de Letrán IV, año 1215: DS 804).
>
> 254 Las Personas divinas son realmente distintas entre sí. «Dios es único pero no solitario» (Fides Damasi: DS 71). «Padre», «Hijo», «Espíritu Santo» no son simplemente nombres que designan modalidades del ser divino, pues son realmente distintos entre sí: «El que es el Hijo no es el Padre, y el que es el Padre no es el Hijo, ni el Espíritu Santo el que es el Padre o el Hijo» (Concilio de Toledo XI, año 675: DS 530). Son distintos entre sí por sus relaciones de origen: «El Padre es quien engendra, el Hijo quien es engendrado, y el Espíritu Santo es quien procede» (Concilio de Letrán IV, año 1215: DS 804). La Unidad divina es Trina.

> 255 Las Personas divinas son relativas unas a otras. La distinción real de las Personas entre sí, porque no divide la unidad divina, reside únicamente en las relaciones que las refieren unas a otras: «En los nombres relativos de las personas, el Padre es referido al Hijo, el Hijo lo es al Padre, el Espíritu Santo lo es a los dos; sin embargo, cuando se habla de estas tres Personas considerando las relaciones se cree en una sola naturaleza o substancia» (Concilio de Toledo XI, año 675: DS 528). En efecto, «en Dios todo es uno, excepto lo que comporta relaciones opuestas» (Concilio de Florencia, año 1442: DS 1330). «A causa de esta unidad, el Padre está todo en el Hijo, todo en el Espíritu Santo; el Hijo está todo en el Padre, todo en el Espíritu Santo; el Espíritu Santo está todo en el Padre, todo en el Hijo» (Concilio de Florencia, año 1442: DS 1331).

¿Por qué se hacía necesario repetir los fundamentos de la Trinidad ahora en lo relacionado con el Hijo y mucho más adelante con relación al Espíritu Santo? Tal parece que los redactores del Credo quisieron asegurarse de que este dogma quedara lo más claro posible y derrotar de una vez y por siempre las herejías que surgían. La doble naturaleza de Cristo es ciertamente un gran misterio, que ha estado sujeto a un sinfín de interpretaciones y lecturas, dando lugar a conclusiones que contradicen y atentan con la doctrina de la Iglesia, edificada sobre las enseñanzas de los apóstoles. Tal fue lo que ocurrió con el monje Nestorio, oriundo de Alejandría, que una vez nombrado obispo de Constantinopla, a mediados del siglo IV, comenzó a esparcir su enseñanza herética en la que consideraba a Cristo radicalmente separado en dos naturalezas: una humana y una divina, completas ambas de modo tal que conforman dos entes independientes, dos personas unidas en Cristo, que es Dios y hombre al mismo tiempo, pero formado de dos personas distintas. Esta enseñanza (herejía nestoriana) fue condenada en el Concilio de Éfeso, que se realizó en el 431. Sin embargo, en la argumentación empleada para rechazar dicha enseñanza, el obispo san Cirilo de Alejandría[51], su principal defensor,

---

[51] Cirilo de Alejandría fue un eclesiástico romano, natural de Egipto, patriarca de Alejandría desde 412 hasta su muerte; en 1882 fue proclamado doctor de la Iglesia por el papa León XIII.

incurrió a su vez en un error, por lo que la controversia sobre la doble naturaleza de Cristo continuó.

En 444, dos años después de la muerte de Cirilo, Eutiquio, un anciano abad superior de Constantinopla, comenzó a predicar que la naturaleza humana de Cristo estaba absorbida por la divina, de modo que, en la unión de ambas, no había sino una naturaleza; esta nueva herejía se denominó monofisita. Ante tanta confusión se llevó a cabo el Concilio de Calcedonia, concilio ecuménico[52] que tuvo lugar entre el 8 de octubre y el 1.° de noviembre de 451 en Calcedonia, ciudad de Bitinia, en Asia Menor. El texto principal de las decisiones del Concilio es el siguiente:

> Siguiendo, pues, a los Santos Padres, todos a una voz enseñamos que ha de confesarse a uno solo y el mismo Hijo, nuestro Señor Jesucristo, el mismo perfecto en la divinidad y el mismo perfecto en la humanidad, Dios verdaderamente, y el mismo verdaderamente hombre de alma racional y de cuerpo, consustancial con el Padre en cuanto a la divinidad, y el mismo consustancial con nosotros en cuanto a la humanidad, semejante en todo a nosotros, menos en el pecado (ver Hebreos 4, 15); engendrado del Padre antes de los siglos en cuanto a la divinidad, y el mismo, en los últimos días, por nosotros y por nuestra salvación, engendrado de María Virgen, madre de Dios, en cuanto a la humanidad; que se ha de reconocer a uno solo y el mismo Cristo Hijo Señor unigénito en dos naturalezas, sin confusión, sin cambio, sin división, sin separación, en modo alguno borrada la diferencia de naturalezas por causa de la unión, sino conservando, más bien, cada naturaleza su propiedad y concurriendo en una sola persona y en una sola hipóstasis, no partido o dividido en dos personas, sino uno solo y el mismo Hijo unigénito, Dios Verbo Señor Jesucristo, como de antiguo acerca de Él nos enseñaron los profetas, y el mismo Jesucristo, y nos lo ha trasmitido el Símbolo de los Padres. Así,

---

[52] Un concilio ecuménico, también llamado concilio general, es un sínodo o reunión solemne al que están convocados todos los obispos católicos (y en ocasiones también están presentes, generalmente sin voto deliberativo, otros dignatarios eclesiásticos y teólogos expertos) para definir temas controvertidos de doctrina, indicar pautas generales de moralidad y tomar decisiones sobre asuntos de política eclesiástica, judiciales o disciplinarios.

> pues, después de que con toda exactitud y cuidado en todos sus aspectos fue por nosotros redactada esta fórmula, definió el santo y ecuménico Concilio que a nadie será lícito profesar otra fe, ni siquiera escribirla o componerla, ni sentirla, ni enseñarla a los demás.

Declaró el Concilio que «... concurriendo en una sola persona y en una sola hipóstasis...», ¿Qué es hipóstasis? Antes del primer Concilio de Nicea hipóstasis era sinónimo de substancia[53], y aun san Agustín[54] afirma que él no ve diferencia entre ellas; sin embargo, la diferencia se fue haciendo más aparente con el paso del tiempo y el surgimiento de nuevas herejías con respecto a Cristo. Como se ha podido apreciar, la doble naturaleza de Cristo causó toda clase de enseñanzas, correctas e incorrectas. Con la declaración conciliar quedó claro, y sin lugar a más interpretaciones, que en la misma persona de Jesús existen una naturaleza humana y una naturaleza divina. La naturaleza divina no fue cambiada. No se vio modificada ni alterada. La naturaleza humana de Jesús no fue eliminada por su naturaleza divina, ni la naturaleza divina fue absorbida por su naturaleza humana. «Él no es meramente un hombre quien tenía a Dios adentro, ni un hombre quien manifestaba la gloria de Dios en plenitud». Él es Dios, la segunda persona de la Trinidad. Las dos naturalezas de Jesús no están combinadas juntas, ni están mezcladas en una nueva naturaleza Dios-hombre. Están separadas, pero funcionan como una unidad en la persona de Jesús. No se opone una a la otra, sino que actúan en perfecta armonía. Esto es llamado la unión hipostática.

Un texto bíblico que ha sido tomado como base para desviar la enseñanza apostólica ha sido el de Juan 14,28: «Si de veras me amaran, se habrían alegrado al saber que voy al Padre, porque Él es más que yo». Con esto los autores de las herejías discernían que la divinidad de Cristo era inferior a la del Padre, por haberse hecho carne. Pero no es posible llegar a esa conclusión cuando se toman en cuenta todas las

---

[53] En latín: *Ousia*.

[54] Sobre la Santísima Trinidad, v. 8.

Escrituras y no solamente un versículo. Recordemos que en otras ocasiones Jesús dijo que Él era igual al Padre (ver Juan 10,30 o Juan 14,9-11). ¿Cómo hay que entender que dijera que el Padre era más grande que Él? En palabras de santo Tomás de Aquino:

> El Hijo no es inferior al Padre, sino igual. Pues el Padre no es mayor que el Hijo en poder, eternidad y grandeza, sino por la autoridad de ser dador. Porque el Padre no recibe nada de otro (...), pero el Hijo recibe, por así decirlo, su naturaleza del Padre, en una generación eterna. Así que el Padre es mayor porque da, sin embargo el Hijo no es inferior, sino igual, porque recibe todo lo del Padre. «Dios le ha dado el nombre que está sobre todo nombre» (Filipenses 2,9) (*Super Ioannem*, cap. 14, lect. 8).

POR QUIEN TODO FUE HECHO

En el principio ya existía la Palabra; y aquel que es la Palabra estaba con Dios y era Dios. Él estaba en el principio con Dios. Por medio de él, Dios hizo todas las cosas; nada de lo que existe fue hecho sin él.

Juan 1,1-3

Tanto el Símbolo de los Apóstoles como el Credo de Nicea-Constantinopla afirman que «Dios Padre fue el creador de todo, del cielo y de la tierra y de todo lo visible y lo invisible». Sin embargo, una detallada lectura del Génesis nos dice que Él no estaba solo cuando realizaba toda esa creación. Antes de darla por concluida, cuando solo faltábamos nosotros, dijo: «Entonces dijo Dios: *Hagamos* al hombre a *nuestra* imagen, conforme a *nuestra* semejanza; y señoree en los peces del mar, en las aves de los cielos, en las bestias, en toda la tierra, y en todo animal que se arrastra sobre la tierra. Y creó Dios al hombre a su imagen, *a imagen de Dios lo creó*; varón y hembra los creó» (Génesis 1,25-27) —el énfasis es mío—. Claramente, Dios Padre no era el único que estaba creando, de ahí que usa el plural cuando dice «hagamos».

Antes de continuar con el tema, quiero manifestar que esta expresión («hagamos») no se trata de un plural mayestático, como ha sido sugerido en repetidas ocasiones por los detractores cristianos. En la lengua hablada, o en la escrita, el plural mayestático consiste en referirse a uno mismo mediante el uso de la primera persona del plural y usando el pronombre nos, en sustitución de yo con la intención de recordar su poder y grandeza respecto al oyente. Inicialmente, todos los monarcas medievales se presentaban y dirigían sus grandes documentos en singular («Yo, Alfonso, rey de... he decidido que...»). A partir de la segunda mitad del siglo XII, cada vez fueron más frecuentes las correspondencias y los documentos en los que el rey se expresaba en plural mayestático (*hemos* decidido otorgarle a ...), nótese la sustitución del pronombre singular al plural. Los grandes contradictores de la Santísima Trinidad, como los judíos, sostienen que esta expresión («Ahora *hagamos* al hombre a nuestra imagen») está escrita utilizando un plural mayestático, pero este es un enorme error de interpretación. Esa riqueza idiomática no existía en el hebreo antiguo, lengua en la que fue escrito el Génesis, y en su escritura se diferencia claramente el singular «hacer» del plural «hagamos». Ni siquiera este tipo de costumbre idiomática era común en el español cuando se hicieron las primeras traducciones de la Biblia a nuestra lengua.

El movimiento de la Nueva Era, que habla tanto de los «ángeles» (que no son los mismos ángeles del cristianismo[55]), ha propagado la falsa idea de que Dios les está hablando a ellos en ese momento y que por esta razón usa el plural. Algo similar ocurre en la interpretación judía, quienes parafrasean este versículo así: «Y Dios les dijo a los ángeles celestiales, que habían sido creados el segundo día de la Creación del mundo: "Hagamos al hombre"»[56]. Pero este es también un grave error, porque ello implicaría que Dios estaría dándoles a los ángeles el poder de creación, contradiciendo las Escrituras, que afirman que Dios fue el único autor y maestro de la creación: «Esto dice el Señor, tu redentor, el que te formó desde antes que nacieras: "Yo soy el Señor, creador de

---

[55] En mi libro *Lo que quiso saber de nuestra Iglesia católica y no se atrevió a preguntar*, dedico todo un capítulo a tratar el tema de los ángeles. Allí explico más en detalle y profundidad las grandes diferencias que existen entre los ángeles de los que tanto se habla en este movimiento y los ángeles bíblicos del cristianismo.

[56] El *Jumash* (la Torá), edición del rabino Sion Levy.

todas las cosas, yo extendí el cielo y afirmé la tierra sin que nadie me ayudara"» (Isaías 44,24).

¿Por qué Dios habló en plural cuando nos iba a hacer? ¿Quién o quiénes estaban con Él? ¿A quién participó a hacer al hombre a su imagen y semejanza? Aunque no se revela de manera literal el o los interlocutores, los cristianos vemos una inequívoca referencia a un diálogo entre las tres personas de la Trinidad: Padre, Hijo y Espíritu Santo. Porque claramente invitó a alguien a participar en nuestra creación, ya que no cabría pensar que dijo «hagamos» para solamente Él hacer. Esto sería similar a decirle a un amigo que «comamos» para indicar que yo quiero comer solo y que él se limite a verme comer.

Así que cabe hacerse la pregunta: ¿cómo podemos diferir tanto los judíos con los cristianos en la interpretación de este versículo tan importante? Para ellos, Dios está hablando con los ángeles y para nosotros lo hace con el Hijo y el Espíritu Santo. ¿De dónde se sustentan las dos afirmaciones? En la interpretación judía los únicos seres que habían sido creados antes del hombre, y estarían a la altura de semejante dignidad, son los ángeles, que se asumen fueron creados cuando se creó el cielo, en el segundo día. La interpretación cristiana, que cuenta con el Nuevo Testamento, se basa en lo anunciado por el Evangelio de Juan, que dice: «En el principio ya existía *la Palabra*; y aquel que es la Palabra estaba con Dios y era Dios. Él estaba en el principio con Dios. Por medio de Él, Dios hizo todas las cosas; nada de lo que existe fue hecho sin Él» (1,1-3) —el énfasis es mío—. Este pasaje identifica a uno de los interlocutores de ese diálogo: «Ahora hagamos al hombre a nuestra imagen»: ¡la Palabra! ¿Y quién es la Palabra? El mismo Evangelio nos lo revela en los siguientes versículos: «Aquel que es la Palabra se hizo hombre y vivió entre nosotros» (1,14).

Así que hasta acá podemos afirmar tres cosas: la primera es que Dios invitó a «alguien» a participar en la obra de la Creación, segundo es que a quien fuera que Dios le hablaba, uno de ellos era a la Palabra, mediante la cual «hizo todas las cosas» y sin la cual «nada de lo que existe fue hecho», y la tercera nos ratifica que la Palabra no fue creada, ya que sería contradictorio e ilógico que la Palabra se hubiera creado a sí misma.

Quinto Septimio Florente Tertuliano fue padre de la Iglesia y un prolífico escritor durante la segunda mitad del siglo II y primera del siguiente. Autor de la obra *Contra Práxeas*, considerado el primer escrito de la historia del cristianismo, en el cual se expuso por primera vez el concepto de Dios trinitario de una forma diáfana de entender. Cito a continuación un aparte del capítulo doce de dicha obra:

> Si la pluralidad en la Trinidad te escandaliza, como si no estuviera ligada en la simplicidad de la unión, te pregunto: ¿cómo es posible que un ser que es pura y absolutamente uno y singular, hable en plural: «Hagamos al hombre a imagen y semejanza nuestra»? ¿No debería haber dicho más bien: «Hago yo al hombre a mi imagen y semejanza,» puesto que es un ser único y singular? Sin embargo, en el pasaje que sigue leemos: «He aquí que el hombre se ha hecho como uno de nosotros.» O nos engaña Dios o se burla de nosotros al hablar en plural, si es que así Él es único y singular; o bien, ¿se dirigía acaso a los ángeles, como lo interpretan los judíos, porque no reconocen al Hijo? O bien, ¿sería quizás porque Él era a la vez Padre, Hijo y Espíritu que hablaba en plural, considerándose múltiple? Por cierto, la razón es que tenía a su lado a una segunda persona, su Hijo y su Verbo, y a una tercera persona, el Espíritu en el Verbo. Por eso empleó deliberadamente el plural: «Hagamos... nuestra imagen... uno de nosotros.» En efecto, ¿con quién creaba al hombre? ¿A semejanza de quién lo creaba? Hablaba, por una parte, con el Hijo, que debía un día revestirse de carne humana; de otra, con el Espíritu, que debía un día santificar al hombre.

Entonces, los conciliares de Nicea quisieron recordarnos una vez más a nuestro Dios trinitario. La Palabra que es Dios (Dios solo creó todo y también la Palabra lo hizo; por lo tanto, la Palabra es Dios, tal como afirma el evangelista Juan) se hizo carne sin dejar de ser Dios y habitó entre nosotros, y por medio de Él todo fue hecho, tal y como se confiesa en este artículo del Credo.

Que por nosotros, los hombres

Entonces dijo Dios: Hagamos al hombre a nuestra imagen, conforme a nuestra semejanza.

Génesis 1,26

Por ti y por mí. Todo lo que hasta ahora nos ha recordado el Credo y lo que sigue fue por ti y por mí, y este artículo nos lo quiere poner de manifiesto para que no se nos olvide de tanto repetirlo, que fue por ti y por mí. Pero también fue por tu vecino, al que conoces y al que no, y por tu connacional y por el que nació al otro lado del planeta. Por el que nació en hogar de oro y jamás ha carecido de nada material y por el que anhela más que nada en el mundo un pedazo de pan. Por el que ama a Dios por sobre todas las cosas y por el que emplea cada esfuerzo de su día en destruir su creación, su legado y su amor. Por el musulmán, el judío, el ateo, el indio del Amazonas. Por el bueno y por el malo. Por el que está enterrado y por el que va a nacer. Por el grande y por el chico, por el blanco y por el negro, por el poderoso y por el débil, por el conquistador y por el conquistado, por el libre y por el esclavo, por él y por ella. ¡Por nosotros, los hombres!

¿Se hubiera entendido de otra forma el Credo, y en especial este artículo en particular, si los conciliares solo hubieran escrito: «Que por nosotros»? ¡Claro que no! Todos entenderíamos lo mismo, que ese «nosotros» hace referencia de forma inequívoca a los «hombres», a los «humanos», ¿cierto? ¿Entonces por qué quisieron escribirlo de una forma que pareciera redundante?

Por revelación sabemos que, de toda la creación, el hombre y algunos ángeles se apartaron del plan que Dios había dispuesto cuando nos creó. La hormiga ha cumplido a cabalidad el plan divino, al igual que lo han hecho el conejo y la ballena. Nuevamente, por revelación, conocemos todo lo que ha tenido que hacer Dios para ofrecernos una oportunidad de volvernos a encarrilar. ¿Y por qué lo hace? Porque siente por nosotros los hombres, su obra cumbre de toda la creación, el más grande amor que podamos imaginar. «Pues si ustedes, que son malos, saben dar cosas buenas a sus hijos, ¡cuánto más su Padre que está en el cielo dará cosas buenas a quienes se las pidan!» (Mateo 7,11). Así que este artículo podría leerse: «Que por el infinito amor que siente por nosotros, los hombres». Lo invito a que trate de dimensionar y ponerle un tamaño a algo que es infinito. Sé que no se le puede poner tamaño a algo que es infinito, pero intente buscar algo que se asemeje o se pueda aproximar, tal vez todos los granos de arena de todas las costas, o todas las gotas de agua de todos los océanos, mares, ríos y lagunas. No desestime tan rápido esta invitación; deténgase por un rato y piense en lo que quiere decir «infinito», lo que ello implica. Luego imagine lo que quiere decir «amor infinito». Tu vida y tu relación con Dios y con el prójimo cambiarán de forma radical cuando tengas muy presente en tu mente lo que quiere decir «amor infinito».

Y como había dicho antes, somos su máxima obra porque fuimos la única creación que hizo a su imagen y semejanza. El primer capítulo del Génesis nos dice: «Entonces dijo Dios: Hagamos al hombre a nuestra imagen, conforme a nuestra semejanza...» (Génesis 1,26). ¿Cabe entonces decir que, si somos su imagen, Él también posee piernas, brazos, ojos, etc.? La respuesta es no. Fuimos hechos a su imagen, pues nos infundió un alma a imagen de Él. Esto nos lo revela Génesis (2,7): «Entonces Dios el Señor formó al hombre del polvo de la tierra, y sopló en su nariz aliento de vida, y fue el hombre un ser viviente». Podemos crear porque Él es creador, podemos amar porque Él es amor, podemos perdonar porque Él es perdón, podemos ser fieles porque Él es fidelidad, podemos ser pacientes porque Él es paciencia, etc. Todas estas son manifestaciones de nuestra alma como imagen de Dios, y nos hacen diferentes del resto de su Creación. Dios nos pone aparte del mundo animal y nos capacita para ejercer el dominio sobre todas las demás criaturas y tener comunión con Él.

Esa realidad que nos hace únicos y especiales, ser imagen y semejanza de Dios, es la que quiere recordarnos el Credo: «Que por nosotros, *los hombres*».

> ¿Qué es el hombre? ¿Qué es el ser humano?
> ¿Por qué lo recuerdas y te preocupas por él?
> Por un poco de tiempo lo hiciste algo menor que los ángeles,
> pero lo coronaste de gloria y honor;
> todo lo sujetaste debajo de sus pies (Hebreos 2,6-8).

Parte de ese transitar de la niñez a la juventud y luego a la adultez es el volvernos más sensibles para reconocer la enorme cantidad de cosas que las personas que nos han amado y cuidado han hecho por nosotros. Desde nuestros padres, que tuvieron que hacer enormes sacrificios para darnos las bases que hoy tenemos, pasando por amigos, maestros, jefes, compañeros, etc. Nadie, absolutamente nadie, ha podido llegar a donde está hoy por sus propios y exclusivos medios; pueda que haya personas que así lo piensen, pero vivimos en una comunidad donde de una u otra manera nos brinda algún tipo de ayuda.

Alex Haley[57], el autor de la famosa novela *Raíces*, tenía una foto en su oficina donde se aprecia una porción de una cerca en una llanura y en uno de los postes se encuentra una tortuga. La imagen está allí para recordarle una lección que aprendió hace mucho tiempo: «Si ves una tortuga en la cima de un poste, sabes que tuvo algún tipo de ayuda». Las «ayudas» que ha hecho Dios por nosotros merecen una atención muy diferente, porque solo Él ha podido hacer lo que ha hecho por todos

---

[57] Alexander Murray Palmer Haley (Ithaca, Nueva York, 11 de agosto de 1921 - Seattle, Washington, 10 de febrero de 1992) fue un escritor estadounidense con ascendencia afroamericana, irlandesa y cheroqui. Es conocido por la *Biografía de Malcolm X* y por su libro *Raíces*.

nosotros, los que lo amamos y los que lo odian, a los dos por igual. Lo mismo que hace un padre por sus hijos, tanto por el que es el orgullo de la familia como por la oveja negra.

No soy bueno en los deportes, y tal vez por eso nunca he practicado ninguno de forma disciplinada y constante. Sin embargo, hay dos que disfruto ver: el fútbol *soccer* y el tenis individual. Siempre he pensado que los jugadores de fútbol la tienen un poco más fácil que los del tenis, ya que, si pierden, en la mente de cada jugador está que gran parte de la culpa recae sobre los otros, y lo mismo piensan los demás, así que, a pesar de sentir el peso de la derrota, ese sentimiento se diluye un poco en el hecho de que hay otros. En cambio, en el tenis si pierde no hay nadie a quien señalar, excepto al propio jugador. Y así pienso que deberíamos considerar este artículo del Credo, cambiando ese «nosotros» por un «mí», pensando en singular y no en plural: que por mí, Orlando; que por mí, Pilar; que por mí, Catalina. Que donde dice «por mí» ponga su nombre. Esto nos ayudaría a valorar más todo lo que Dios ha hecho por usted y por mí. A ver con más claridad ese amor que se ha manifestado diáfanamente desde el momento mismo de nuestra creación, y que nos ha acompañado en todo nuestro caminar, aun cuando por nuestra soberbia y orgullo le demos la espalda y lo ofendamos o lo neguemos, igual Él sigue buscando todas las formas posibles, respetando siempre nuestra libertad de decidir, de hacernos volver al camino que nos trae la verdadera paz. San Pablo también pensaba de forma singular cuando reflexionaba sobre el amor de Dios por nosotros, que lo llevó a hacer lo que hizo, y por eso dijo: «Y la vida que ahora vivo en el cuerpo, la vivo por mi fe en el Hijo de Dios, que me amó y se entregó a la muerte por mí» (Gálatas 2, 20).

Y POR NUESTRA SALVACIÓN

Pues Dios amó tanto al mundo, que dio a su Hijo único, para que todo aquel que cree en él no muera, sino que tenga vida eterna. Porque Dios no envió a su Hijo al mundo para condenar al mundo, sino para salvarlo por medio de él.

Juan 3,16-17

Decía el sacerdote jesuita Pierre Teilhard de Chardin[58]: «Nosotros mismos somos nuestro peor enemigo. Nada puede destruir a la humanidad, excepto la humanidad misma». Descartando un gigantesco cataclismo, creo que la frase no está lejos de la verdad.

Infortunadamente, por encontrarnos inmersos en una cultura en la que se ha desterrado el concepto de «pecado», donde todo es permitido desde que no se viole una ley civil, donde la moral es asociada estrictamente al cumulo de creencias individuales que pueda tener cada persona, la idea de que necesitemos una salvación aparece tan distante como la época en la que se redactó el Credo. Si hoy le preguntáramos a la gente: ¿necesitas ser salvado?, obtendríamos gran cantidad de respuestas como: no, ¿de qué?, no estoy en ningún problema como para

[58] Pierre Teilhard de Chardin (Orcines, 1.° de mayo de 1881 - Nueva York, 10 de abril de 1955) fue un religioso jesuita, paleontólogo y filósofo francés que aportó una visión muy particular de la evolución.

tener que ser salvado, no me encuentro en peligro, tengo suficiente dinero y poder, etc. Tal vez solo unos pocos contestarían que sí.

Encontramos en uno de los Evangelios la siguiente afirmación de boca de Jesús: «Yo, que soy la luz, he venido al mundo para que los que creen en mí no se queden en la oscuridad» (Juan 12,46). Nótese que está afirmando que «todos» estamos en la «oscuridad» y que aquellos que le crean saldrán de ella. ¿Qué quiso decir Jesús con eso de que no nos quedemos en la oscuridad? En la oscuridad solamente somos conscientes de la existencia de una sola persona: uno mismo. Nadie más existe porque no la podemos ver, aunque esté frente a nosotros. De esa ausencia de luz es que se derivan todos los problemas que nos afectan.

Bíblicamente, «tinieblas» es sinónimo de «oscuridad» y es empleada para referirse a la ignorancia espiritual (ver Salmo 82,5; Isaías 60,2; Mateo 4,16), a la maldad (Proverbios 4,19; Isaías 5,20), a la condición espiritual resultante del descuido de la verdad o de la indiferencia hacia ella (Mateo 6,23; Lucas 11,35), a las dificultades y los problemas de la vida (2 Samuel 22,29), a la confusión y la incertidumbre (Job 12,25). Y, por supuesto, cuando crucificamos al Maestro, que es la luz, quedamos en oscuridad «Desde el mediodía y hasta las tres de la tarde, toda la tierra quedó en oscuridad» (Mateo 27,45).

Poniéndonos la mano en el corazón y con total sinceridad, ¿no somos nosotros mismos los causantes de la inmensa cantidad de problemas que nos rodean? Aun cuando la causa de nuestra dificultad sea otra persona, a veces la manera en que respondemos hace que se complique aún más el asunto. Todos tenemos malos hábitos que no podemos dejar, pensamientos que no deseamos, emociones que no nos gustan, inseguridades y miedos que no podemos ocultar, resentimientos de los cuales no podemos desprendemos, culpas que nos cuesta soltar y decimos y hacemos cosas de las cuales luego nos arrepentimos de haberlas dicho y hecho. Cada vez que pensamos que «yo» sé más que Dios lo que es mejor para mí, por lo que actúo guiado solo por mis instintos, las cosas salen mal, me sumerjo en la oscuridad y me alejo de la verdadera fuente de sabiduría. ¿Cómo aplica esto al indio del

Amazonas que cree en otros dioses? ¡Igual! Todos los seres humanos somos hechos a la imagen y semejanza de Dios, es decir que todos tenemos un conocimiento profundo y subconsciente del bien y del mal, así que la voluntad de nuestro Padre está presente en todos nosotros: cristianos, musulmanes, budistas, ateos y también en los indios del Amazonas. La verdad, la lealtad, la valentía, la fidelidad, la caridad, la solidaridad, la amistad, etc. son valores que siempre han sido deseados y premiados, independiente de los tiempos y diferentes culturas. Los valores contrarios, que puede ser resumidos como actos de egoísmo, han sido la causa y razón de muchas de nuestras dificultades. Sin ese egoísmo, tan propio del ser humano, no habría guerras, divorcios, crímenes, abusos, odios, chismes, envidias, robos, peleas ni conflictos.

> Quien dice que está en la luz y odia a su hermano todavía está en la oscuridad. El que ama a su hermano permanece en la luz, y en él no hay tropiezo. Pero el que odia a su hermano está en la oscuridad y camina en la oscuridad, y no sabe a dónde va, porque la oscuridad ha cegado sus ojos (1 Juan 2,9-11).

Cuando Dios creó al hombre le dio unas instrucciones muy simples y sencillas que debía obedecer, tales como ponerles nombre a los animales —la primera tarea asignada al hombre fue de naturaleza científica, hoy llamamos a esta ciencia: taxonomía— y no comer del árbol del bien y del mal. La primera asignación la cumplieron a cabalidad, pero fallaron en la segunda creyéndole más a la serpiente que a Dios. Ellos decidieron (capacidad que nos viene del libre albedrio con el que fuimos dotados desde la creación) hacer las cosas a su manera y no a la manera de Dios. El acto de tomar decisiones a nuestra manera y no a la de Dios es lo que llamamos «pecado». Esta palabra que ha entrado en completo desuso y que en el mejor de los casos la asociamos a matar, robar y hacer profundo daño a alguien, es nuestro mayor problema. Todos pecamos, como decimos en el acto de contrición «de pensamiento, palabra, obra y omisión». Pueda que usted no lo llame «pecado» sino le tenga otro nombre, pero a menos que quiera engañarse a usted mismo, todos pecamos.

En español hay varios sinónimos de pecado: iniquidad, maldad, mal, injusticia, etc. El hebreo del Antiguo Testamento tiene una docena de palabras para hablar de pecado; que el Espíritu Santo —verdadero autor de la Biblia— utiliza con gran precisión. Cada palabra es elegida para expresar un matiz diferente de significado, dejándonos apreciar un poco la visión de Dios sobre los errores humanos. Veamos algunas de ellas:

- ***Kjatá***: es la palabra más usual para pecado y significa «errar en el blanco». El libro de Jueces nos habla de la increíble destreza que tenía la tribu de Benjamín con la honda, diciendo: «Entre todos estos hombres había setecientos zurdos que manejaban tan bien la honda que podían darle con la piedra a un cabello, sin fallar (*kjatá*) nunca» (Jueces 20,16). Dios nos ha establecido un norte «moral» al que le debemos apuntar, así que la idea detrás de *kjatá* es la de señalar cuando fracasamos en hacer lo que Dios nos pide (ver Génesis 4,7; 1 Reyes 14,16).
- ***Ashám***: significa «transgredir» en referencia a cuando rompemos alguno de los mandamientos de su ley por ignorancia (ver Levítico 5,5-6; Isaías 53,10).
- ***Avén***: conlleva la idea de una «iniquidad». (ver 1 Reyes 12,28-33; Oseas 4,15).
- ***Avón***: significa ser torcido o ser doblado. Describe todo el mal y nuestra propensión a causarlo (ver Salmo 32,1-2; Génesis 15,16; 2 Samuel 19,19).
- ***Amál***: de uso poco frecuente, alude a las consecuencias emocionales que se originan cuando pecamos (ver Eclesiastés 2,17-18; 5,16).
- ***Ável***: significa «injusto». Abarca la falta de justicia, el engaño y la deshonestidad (ver Proverbios 29,27, Levítico 19,15-35).
- ***Abár***: se interpreta como «ir más allá». Conlleva la idea de «transgresión» (ver Salmo 17,3; Oseas 6,7; 8,9).
- ***Raá***: significa «maligno» o «injurioso». Implica romper con todo lo que es bueno y deseable para la vida. (ver 1 Samuel 17,28; Proverbios 20,14)

- ***Pécha***: traduce «sublevarse» o «rebelión». Habla del pecado como un acto de rechazo contra la autoridad legal (ver Salmo 51,1; 51,13; Isaías 43,25).
- ***Rashá***: significa «impiedad» (ver Isaías 53,9; 57,20-21).
- ***Maál***: es el pensamiento de «traición» o «infidelidad». Es la palabra más común para describir un rompimiento de la confianza o el incumplimiento de un contrato (ver Levítico 5,15; 26,39-42; Deuteronomio 32,51; Job 7,1).
- ***Shagág***: es usada para describir el pecado como un acto de imprudencia o temeridad. No se emplea para un pecado que se comete en plenos cabales, sino más bien cuando se enciende la pasión o están bajo la influencia de alguna droga o alcohol.

Doce palabras para describir todas las tonalidades y variedades del pecado. Pecado como errar el tiro al blanco y no estar a la altura de la gloria de Dios. El pecado que se comete por ignorancia. El pecado expresando la perversidad y torcedura de nuestra naturaleza caída. El pecado a la luz de las consecuencias que trae para los demás. El pecado como acto de injusticia y engaño. El pecado que excede a todo lo que es bueno y conveniente. El pecado como perversión. El pecado como rebelión contra Dios. El pecado como iniquidad. El pecado como acto de traición contra Dios u otros seres humanos. El pecado que desencadena una pasión desenfrenada. El pecado con todo el horror que conlleva. ¿Todavía alguien se atrevería a decir que no se necesita de un salvador?

Recuerdo que cuando retomé, hace muchos años, el hábito de estudiar las Escrituras y aprender más de nuestra Iglesia, me topé con una de las confesiones más impactantes que hubiera escuchado: «Porque yo sé que en mí, es decir, en mi naturaleza débil, no reside el bien; pues aunque tengo el deseo de hacer lo bueno, no soy capaz de hacerlo. No hago lo bueno que quiero hacer, sino lo malo que no quiero hacer.» (Romanos 7,18-19). Esto lo está diciendo el apóstol Pablo, mucho tiempo después del encuentro con el Señor. Después de haber viajado más de diez años por los territorios que bordean el mar Egeo, evangelizando y convirtiendo multitudes. Tras haber establecido las iglesias de Galacia, Macedonia, Acaya y Asia. Lo dice un hombre que para mí entendimiento era un héroe a la altura de los doce apóstoles que conocieron al Maestro. ¿Si Pablo se reconoce pecador, incapaz de hacer el bien que tanto desea, que seré yo?

¡Yo sí necesito un salvador!

En el artículo anterior, decía que ayuda mucho para nuestra relación con Dios el recitar este Credo en forma singular, porque el plural opaca nuestra realidad pecadora: «... Que por mí, Orlando y por mi salvación ...» y de esta manera podemos entender esas hermosas palabras que pronunció María cuando fue a visitar a su prima Isabel: «Mi alma alaba la grandeza del Señor; mi espíritu se alegra en Dios mi Salvador» (Lucas 1,47).

Conozco personas apartadas por completo de la Iglesia que son genuinamente buenas y buscan hacer el bien siempre que pueden y esté a su alcance, que piensan que solo el matar, robar o lastimar caben en la definición de pecado y rehúyen declararse pecadores y necesitados de un salvador. La realidad es que no somos pecadores porque pecamos, pecamos porque somos pecadores. Parte de nuestra naturaleza contaminada nos impide ver las cosas como en realidad son y en especial si se trata de nosotros mismos. Los psicólogos afirman que todos tenemos lo que se llama «zonas oscuras» para referirse a aquellos aspectos de nuestra personalidad que todos ven excepto la persona misma. Me explico: una persona se considera de personalidad amable y solidaria con las necesidades del prójimo; sin embargo, la gente que la rodea y con la que comparte su día a día la ve como a una persona huraña y egoísta, todos perciben a esa persona de esa manera menos ella misma.

No vemos las cosas como son realmente y si piensa que esto no es verdad, grábese haciendo cualquier cosa y después revise la grabación. Se vera muy diferente a como pensó que se vería. Su voz no suena como piensa que suena, no se ve cómo piensa que se ve, no camina como piensa que camina, no se ríe como piensa que se ríe. Igual ocurre con el desempeño de nuestros diferentes roles. No vemos nuestro matrimonio, nuestra paternidad, nuestras finanzas, nuestra salud, el colegio al que van nuestros hijos, ni la iglesia como en realidad son. Esta distorsión de nuestra realidad y en especial de nosotros mismos es una manifestación de nuestra naturaleza marcada por el pecado, de la cual necesitamos ser rescatados y esa es la razón por la cual Dios, en su infinito amor por nosotros, envió a su Hijo único para salvarme y para salvarlo, para ayudarnos a salir a la luz y ver con claridad para actuar en consecuencia guiados por su amor, que salva y rescata.

Bajó del cielo

Porque yo no he bajado del cielo para hacer mi propia voluntad, sino para hacer la voluntad de mi Padre, que me ha enviado. Y la voluntad del que me ha enviado es que yo no pierda a ninguno de los que me ha dado, sino que los resucite en el día último. Porque la voluntad de mi Padre es que todos los que miran al Hijo de Dios y creen en él, tengan vida eterna; y yo los resucitaré en el día último.

Juan 6, 38-40

Desde pequeños hemos oído que una de las fórmulas para alcanzar nuestros objetivos es imaginarlos y cuanto más detallados mejor. Nos decían que no bastaba con que dijéramos que queríamos una mascota, sino que debíamos ser específicos: «Quiero un perro pastor alemán, macho, de tres meses de edad, color rojizo y con pedigrí». Sin embargo, no siempre resulta fácil definir con precisión a lo que aspiramos, así que la recomendación en esos casos era la de definir lo que no se quería. Alguien puede decir: quiero vivir en otro país. ¿En cuál? No sé, pero lo que sí sé es que no quiero vivir en este, ni en aquel, ni en tal otro.

Tratar de explicar con precisión qué es el cielo resulta imposible, ya que cualquier definición siempre será insuficiente, así que para no cometer errores; muchos teólogos y autores han preferido describir lo que no es: en el cielo no hay sufrimiento, hambre, sed, cansancio, injusticia, dolor, temor ni vergüenza y, por supuesto, no hay muerte.

Los musulmanes tienen una concepción detallada del paraíso (*Yanna*), consignada en el Corán, y quienes lleguen a habitarlo, supuestamente, lo podrán hacer con trajes lujosos, joyas y perfumes, y se alimentaran de los más finos y exquisitos manjares, tendrán viviendas construidas de oro, plata y perlas y amobladas por divanes adornados con piedras preciosas, amplios jardines, valles sombreados donde pastarán bellos caballos y camellos de blancura deslumbrante. Saben con precisión el número de niveles y subniveles que tiene el paraíso y hasta la cantidad de puertas que hay en cada uno de ellos. Todos los habitantes tendrán la misma edad y estatura.

Los cristianos contamos con una definición muy abstracta del cielo. Dice nuestro Catecismo en los numerales 1023 al 1025:

> Los que mueren en la gracia y la amistad de Dios y están perfectamente purificados, viven para siempre con Cristo. Son para siempre semejantes a Dios, porque lo ven «tal cual es» (1 Juan 3, 2), cara a cara (ver 1 Corintios 13, 12; Apocalipsis 22, 4):
>
> > «Definimos con la autoridad apostólica: que, según la disposición general de Dios, las almas de todos los santos (...) y de todos los demás fieles muertos después de recibir el Bautismo de Cristo en los que no había nada que purificar cuando murieron (...); o en caso de que tuvieran o tengan algo que purificar, una vez que estén purificadas después de la muerte (...) aun antes de la reasunción de sus cuerpos y del juicio final, después de la Ascensión al cielo del Salvador, Jesucristo Nuestro Señor, estuvieron, están y estarán en el cielo, en el Reino de los cielos y paraíso celestial con Cristo, admitidos en la compañía de los ángeles. Y después de la muerte y pasión de nuestro Señor Jesucristo vieron y ven la divina esencia con una visión intuitiva y cara a cara, sin mediación de ninguna criatura» (Benedicto XII: Constitución *Benedictus Deus*).
>
> Esta vida perfecta con la Santísima Trinidad, esta comunión de vida y de amor con ella, con la Virgen María, los ángeles y todos los bienaventurados se llama «el cielo». El cielo es el fin último y

la realización de las aspiraciones más profundas del hombre, el estado supremo y definitivo de dicha.

Vivir en el cielo es «estar con Cristo» (ver Juan 14,3; Filipenses 1,23; 1 Tesalonicenses 4,17). Los elegidos viven «en Él», aún más, tienen allí o, mejor, encuentran allí su verdadera identidad, su propio nombre (ver Apocalipsis 2,17):

> «Pues la vida es estar con Cristo; donde está Cristo, allí está la vida, allí está el reino» (San Ambrosio, *Expositio evangelii secundum Lucam* 10,121).

Con esta información, ¿cómo podemos imaginarnos el cielo? Desde la ciencia de la filosofía y psicología podemos decir que en el cielo se cumplirá nuestro anhelo más profundo. Aquí en la tierra, de vez en cuando vivimos experiencias de felicidad: las que nos brindan el amor, la de conseguir una victoria, la de encontrar lo que habíamos perdido, la que produce una buena compañía, etc. Pero sabemos que esa felicidad no la podemos conservar indefinidamente. Cada vez que vivimos una experiencia plena se despierta un anhelo de mayor profundidad e intensidad —finalmente logra conseguir ese reloj que tanto había soñado y pasado un tiempo, ya tiene otro en mente—. En el cielo alcanzaremos la plenitud de lo que conocemos como felicidad, aunque es infinitamente superior a eso. Podemos imaginar que es el «lugar» más hermoso que conozcamos, lleno de todas las cosas que nos gustan y disfrutamos, acompañados de las personas que amamos, haciendo actividades que nunca nos cansarán y regocijándonos de la compañía permanente de nuestro Padre. Pero todo esto, por lindo que parezca, es nada. «Dios ha preparado para los que lo aman cosas que nadie ha visto ni oído, y ni siquiera pensado» (1 Corintios 2, 9). Jesús nos dejó muy claro que ese estado temporal y terrenal que llamamos «felicidad» es distinto al que experimentaremos en su eterna compañía: «Les dejo la paz. Les doy mi paz, pero no se la doy como la dan los que son del mundo» (Juan 14, 27).

Cuando el Credo nos dice que Dios «bajó» no es para indicar que el cielo está arriba de la tierra, ya que este no ocupa ningún lugar en el universo, como muchos piensan, sino para decirnos que el cielo es una realidad que está por encima de nosotros, que nos supera y sobrepasa. Igual ocurre con la oración que el Maestro nos enseñó: «Padre nuestro, que estás en el cielo», nos recuerda que tenemos un hogar permanente con nuestro Creador, así que cuando morimos no dejamos nuestro hogar, ¡nos vamos para él! Esta oración también nos indica que la mejor forma de atisbar lo que es el cielo es cuando hacemos la voluntad de Dios. Dice: «Hágase tu voluntad en la tierra como en el cielo». Le pedimos a nuestro Padre que se haga su voluntad en toda la tierra y en todo momento, y cuando eso sucede en un determinado lugar y hora, ahí mismo se está viviendo una experiencia que es la misma que experimentaremos en el cielo cuando lleguemos a él.

Aun en nuestra limitada capacidad de adivinar lo grandioso y hermoso que es el cielo, lo cierto es que podemos decir que es la máxima expresión de felicidad permanente que podemos llegar a experimentar, y que aquel que lo ha habitado desde antes del principio de nuestro universo decidió renunciar a toda esa paz, belleza y comodidad para hacerse un hombre de carne y hueso y habitar la tierra. Se hizo igual a nosotros, criaturas hechas por Él, limitados por las consecuencias que nos trajo el pecado, para vivir treinta y tres años entre nosotros.

¿Estaría dispuesto por su voluntad a renunciar a toda su riqueza, comodidades, prebendas, apartarse de sus seres queridos, claudicar al poder y respeto que se haya ganado, no volver a ver lo que le resulta conocido y agradable, para exiliarse en un lugar hostil que adolece de todo lo que está acostumbrado a tener y someterse a la plena voluntad de sus habitantes, no solo viviendo ahí, sino sirviéndoles? Es evidente que la renuncia que tuvo que hacer Jesús fue de una magnitud que no somos capaces de dimensionar.

El que todo lo creó se sometió a su Creación y a sus criaturas. El todopoderoso se hizo un recién nacido para depender ciento por ciento de sus padres. El atemporal se sometió a las lentas leyes del tiempo. El que ostenta la máxima autoridad se sujetó a los caprichos de la potestad humana. El omnisciente se volvió analfabeta para que le enseñaran a hablar, leer y escribir. El que era la Palabra tuvo que soportar los conocimientos erróneos y tergiversados de los letrados terrestres. El que es el Amor tuvo que soportar el repudio, el látigo y la puntilla de los que se jactaban conocerlo mejor. El Rey de reyes no objetó ser coronado con espinas que le atravesaron la piel. San Pablo lo dice de esta forma: «Porque ya saben ustedes que nuestro Señor Jesucristo, en su bondad, siendo rico se hizo pobre por causa de ustedes, para que por su pobreza ustedes se hicieran ricos» (2 Corintios 8, 9) y «Aunque existía con el mismo ser de Dios, no se aferró a su igualdad con él, sino que renunció a lo que era suyo y tomó naturaleza de siervo. Haciéndose como todos los hombres y presentándose como un hombre cualquiera, se humilló a sí mismo, haciéndose obediente hasta la muerte, hasta la muerte en la cruz» (Filipenses 2, 6-8).

La pregunta que surge es ¿qué motivó a Jesús a renunciar a lo que era suyo para tomar nuestra naturaleza y someterse a la brutal (cuando se compara con la de Él) forma de ser del hombre? La mejor respuesta la encontramos en el Evangelio del discípulo amado: «Pues Dios amó tanto al mundo, que dio a su Hijo único, para que todo aquel que cree en él no muera, sino que tenga vida eterna» (Juan 3,16). Quiero de nuevo reforzar el uso del singular en nuestras oraciones, pues Jesús hizo todo esto por el amor que me tiene. Por salvarme a mí. Para llevarme al cielo a gozar eternamente de su reino y de su compañía. En palabras de san Pablo: «Y la vida que ahora vivo en el cuerpo, la vivo por mi fe en el Hijo de Dios, que me amó y se entregó a la muerte por mí» (Gálatas 2,20).

Y POR OBRA DEL ESPÍRITU SANTO

María preguntó al ángel: —¿Cómo podrá suceder esto, si no vivo con ningún hombre? El ángel le contestó: —El Espíritu Santo vendrá sobre ti, y el poder del Dios altísimo se posará sobre ti. Por eso, el niño que va a nacer será llamado Santo e Hijo de Dios.

Lucas 1, 34-35

Recordemos una vez más que el Espíritu Santo es Dios y Dios es el Espíritu Santo; sin embargo, quiso Dios revelarnos que, en el caso particular de la encarnación de su hijo de la Santísima Virgen, fue obra de la tercera Persona de la Trinidad.

No es la primera vez que se nos revela que algo es obra del Espíritu Santo. Al comienzo del Génesis lo encontramos paseándose sobre las aguas en el caos y la oscuridad, como quien hace una última revisión de los materiales que se van a emplear en una construcción antes de dar comienzo a la tarea. Ahora se prepara a iniciar su obra, que dividirá el tiempo en un antes y un después. Sin lugar a equivocaciones, se puede afirmar que estas han sido las dos acciones más apoteósicas de su intervención en nuestra historia, por la importancia y trascendencia que tuvieron, pero ciertamente no son las únicas dignas de mencionar.

Desde cuando Dios se reveló a Abraham para dar comienzo a nuestra historia de salvación, pasando por ese inolvidable y trascendente Pentecostés, cuando se manifestó en lenguas de fuego, el Espíritu Santo ha estado acompañando al pueblo elegido de Dios en todo su peregrinar hasta el día de hoy. Sin embargo, de las tres personas de la Trinidad, es el que nos resulta menos familiar. Tal vez sea porque, de una u otra manera, las figuras del Padre y del Hijo las podemos dimensionar y darles un «rostro» y una «personalidad», no así con el Espíritu Santo. Por lo que quiero proponer que lo identifiquemos por sus diferentes formas de actuar (ayudar) en nosotros permitiéndonos que demos «frutos» que evidencian la imagen y semejanza que tenemos con Dios. La Iglesia ha llamado dones a estas «ayudas». El *Diccionario de la lengua de la Real Academia Española* define «don» como:

- Dádiva, presente o regalo.
- Gracia especial o habilidad para hacer algo.
- Bien natural o sobrenatural que tiene el cristiano, respecto a Dios, de quien lo recibe.

El Espíritu Santo brinda siete clases de dones para quien se quiera beneficiar de ellos y así poder contar con la preparación adecuada que necesitamos para contribuir con la obra que estaba planeada desde el principio y que con nuestra insistente desobediencia hemos obstruido y desviado. En palabras del papa León XIII:

> El justo que vive de la vida de la gracia y que opera mediante las virtudes, como otras tantas facultades, tiene absoluta necesidad de los siete dones, que más comúnmente son llamados dones del Espíritu Santo. Mediante estos dones, el espíritu del hombre queda elevado y apto para obedecer con más facilidad y presteza a las inspiraciones e impulsos del Espíritu Santo. Igualmente, estos dones son de tal eficacia, que conducen al hombre al más alto grado de santidad; son tan excelentes, que permanecerán íntegramente en el cielo, aunque en grado más perfecto. Gracias a ellos es movida el alma y conducida a la consecución de las bienaventuranzas evangélicas, esas flores que ve abrirse la primavera como señales precursoras de la eterna beatitud (Encíclica *Divinum illud munus*, publicada en 1897).

Los siete dones del Espíritu Santo son:

- **El don de la sabiduría**[59]**:** es entender lo que favorece y lo que perjudica al proyecto de Dios. Vemos todo a través de Dios y nos motiva a buscarlo por sobre todas las cosas. Nos despierta la capacidad de indagar y gozar del desarrollo espiritual y familiarizarnos con la divinidad. El verdadero sabio no es simplemente el que sabe las cosas de Dios, sino el que las experimenta y las vive.
- **El don del entendimiento**[60]**:** nos ilumina para comprender las verdades reveladas por Dios y profundizar en ellas. Nos hace comprender y asimilar la Palabra de Dios y los misterios de la fe. Se renueva entonces la experiencia de los discípulos de Emaús, los cuales, tras haber reconocido al Resucitado en la fracción del pan, se decían uno a otro: «¿No ardía nuestro corazón mientras hablaba con nosotros en el camino, explicándonos las Escrituras?» (Lucas 24, 32).
- **El don del consejo**[61]**:** es comprender los caminos y las opciones correctas que una situación nos brinda. Es saber orientar y escuchar. Ilumina la conciencia en las elecciones que la vida diaria nos impone, sugiriendo lo que es lícito, lo que corresponde y lo que nos conviene para alcanzar el cielo. Nos anima siempre a buscar las soluciones que más concuerdan con la voluntad de Dios y el bienestar de los demás.
- **El don de ciencia**[62]**:** nos permite conocer y usar de forma correcta la creación de Dios y reconocerlo como autor de todo lo creado. Como decía Albert Einstein: «El hombre encuentra a Dios detrás de cada puerta que la ciencia logra abrir». Nos da a conocer el verdadero valor de las criaturas en su relación con el Creador, no se trata del conocimiento científico desarrollado por nosotros.

---

[59] 1 Corintios 1,22-24; Mateo 10,19-20.

[60] Salmo 31,8; Jeremías 24,7.

[61] Isaías 9,6; Isaías 11,3-4.

[62] Efesios 3,19; 1 Corintios 2,11.

- **El don de la piedad[63]:** nos mantiene atentos para estar abiertos a la voluntad de Dios, buscando siempre actuar como Jesús actuaría. La pregunta que siempre nos deberíamos formular en cada situación en la que podamos afectar a un ser humano: ¿qué haría Jesús en este caso? Nos motiva a relacionarnos con Dios con el mismo nivel de confianza que trata un hijo a su Padre. Sana nuestro corazón de todo tipo de dureza y lo abre a la ternura para con Dios y para con el prójimo.
- **El don de la fortaleza[64]:** nos vuelve valientes para enfrentar y superar las dificultades del día a día que conlleva el vivir la vida a la manera propuesta por Jesús. Fortalece la resistencia a las instigaciones de nuestras pasiones y presiones de las costumbres contrarias al Evangelio que promulga la sociedad, para mantenernos firmes con los principios cristianos y actuar en coherencia con ellos.
- **El don del temor a Dios[65]:** nos mantiene en el debido respeto frente a Dios (el mismo respeto que debemos mostrar a nuestros padres terrenales) y en sumisión a su voluntad, motivándonos a huir de las ocasiones de pecado para elegir agradar a Dios. Este es el don más malinterpretado de todos, ya que la gente lo entiende como tenerle «miedo» a Dios. Si buscamos el pasaje de Deuteronomio 10,12 en diferentes traducciones vamos a encontrar que algunas dicen: «Ahora, Israel, advierte bien lo que el Señor te pide: *que temas al Señor*, tu Dios, que cumplas su voluntad y lo ames; que sirvas al Señor, tu Dios, con todo el corazón y toda el alma...», pero otras lo traducen: «Y ahora, israelitas, ¿qué pide de ustedes el Señor su Dios? Solamente *que lo honren* y sigan todos sus caminos; que lo amen y lo adoren con todo su corazón y con toda su alma…», y algunas lo traducen: «Y ahora, Israel, ¿qué es lo que demanda de ti el Señor tu Dios? Solamente *que lo respetes* y sigas todos sus caminos; que lo ames

---

[63] Juan 14,6; 1 Corintios 12,1-3.

[64] 1 Corintios 1,24; Apocalipsis 2,10.

[65] Isaías 11,2; Salmo 110,10.

y rindas culto al Señor tu Dios, con todo tu corazón y con toda tu alma...» (el énfasis es mío). Así que este don se trata de «temer» presentarse con las manos vacías o sucias ante su banquete celestial reconociendo en ese momento el amor tan infinito que nos ha brindado nuestro Padre creador en cada instante de nuestra vida. ¿Cómo se sentiría si lo invitaran a una fiesta muy elegante, teniendo al ser más bondadoso, generoso y amoroso como anfitrión, y se presentara con las manos vacías o completamente desarreglado: sin peinarse, ni bañarse, con ropa sucia y rota, despidiendo mal olor? Cuando llegue a la reunión y lo reciba en persona su anfitrión, feliz de verlo, impecablemente arreglado y perfumado, sentiría la más grande de las vergüenzas, ¿cierto? «Temer» estar en una situación tan embarazosa como esta es el «temor» al que hace referencia este don.

Cada uno de estos dones puede ser otorgado en diferentes grados de intensidad, según sea nuestro deseo de recibirlos y usarlos bien, de tal forma que generan nuevos hábitos que van perfilando nuestro carácter y personalidad a asemejarse a la de Jesús. En la primera de las intervenciones del Espíritu Santo, ordenó el caos, iluminó la oscuridad y llenó el vacío que había en la tierra, ahora con estos dones podemos hacernos criaturas nuevas y ordenadas, llenas de vida y luz, orientadas a Dios: «El que está en Cristo es una nueva creación; pasó lo viejo, todo es nuevo» (2 Corintios 5,17).

Esta obra del Espíritu Santo en nosotros arrojará una serie de frutos; doce, a saber:

- **Amor:** fundamento y raíz de todos los demás frutos. Nos conduce a amar a Dios sobre todas las cosas y a nuestro prójimo como a nosotros mismos, aun a los enemigos de una manera efectiva[66] y no necesariamente afectiva, que es como amamos a nuestros seres queridos.

---

[66] Amor efectivo quiere decir que siempre desearemos lo mejor para esa persona y, cuando esté a nuestro alcance, actuar en concordancia con este deseo.

- **Alegría:** gozo profundo (como cuando hacemos el bien) que no se debilita con el tiempo ni las circunstancias, en especial las adversas.
- **Paz:** el resultado de una conciencia tranquila, fruto de nuestro amor a Dios.
- **Paciencia:** capacidad de esperar por la respuesta de Dios y de buscar la convivencia armónica con los que nos rodean.
- **Longanimidad:** estrictos cuando debemos serlo, pero siempre amables y bondadosos en nuestra interacción con otros.
- **Benignidad:** disposición constante a la comprensión y a la afabilidad en el hablar, el responder y el actuar, a pesar de la rudeza y aspereza de los demás.
- **Generosidad:** reconocer que todo lo que tenemos es un don de Dios y debemos compartirlo. Somos administradores de las cosas que poseemos, no dueños de ellas.
- **Mansedumbre:** como es Dios con nosotros a pesar de nuestras fallas, así debemos ser con los demás.
- **Fidelidad:** mantener la palabra dada, ya sea llegar a una cita a la hora que dijimos que llegaríamos o el honrar los votos dados a la pareja.
- **Modestia:** regula la manera apropiada y conveniente en el vestir, hablar, caminar, reír, etc., rechazando lo vulgar e indecoroso.
- **Continencia:** el llamado a la moderación de nuestros instintos y deseos, incluyendo la comida, la bebida, el dormir, la diversión, etc.
- **Castidad:** una integración sana de nuestra espiritualidad con la sexualidad, tanto en la persona soltera como en la casada (castidad conyugal). No es sinónima de la abstinencia sexual.

Y por obra del Espíritu Santo, tenemos la oportunidad de nacer de nuevo a una vida de abundancia que refleja a Cristo. Por obra del Espíritu Santo tenemos la Palabra de Dios a nuestro alcance y conocemos el amor del Padre por nosotros, pues nos envió a su único Hijo para que creyendo en Él tengamos vida eterna: «Pues Dios amó tanto al mundo, que dio a su Hijo único para que todo aquel que cree en él no muera, sino que tenga vida eterna. Porque Dios no envió a su Hijo al mundo para condenar al mundo, sino para salvarlo por medio de Él» (Juan 3,16-17). Y por obra del Espíritu Santo nos sabemos hijos de Dios y se mantiene una Iglesia capacitada para cumplir la misión que le fue encomendada: proclamar el Evangelio y la palabra de Dios: «Por tanto, id, y haced discípulos a todas las naciones, bautizándolos en el nombre del Padre, y del Hijo, y del Espíritu Santo; enseñándoles que guarden todas las cosas que os he mandado» (Mateo 28,19-20). El Padre planeó la salvación, el Hijo la ejecutó en la cruz y por obra del Espíritu Santo se construye un camino al que podemos acceder para disfrutar de esa salvación.

SE ENCARNÓ DE MARÍA, LA VIRGEN

El origen de Jesucristo fue este: María, su madre, estaba comprometida para casarse con José; pero antes que vivieran juntos, se encontró encinta por el poder del Espíritu Santo.

Mateo 1,18

Este es uno de esos misterios difíciles de razonar, que la mayoría de los cristianos aceptan sumisamente como un acto de fe en el que no cabe para nada la razón. Pero una cuidadosa lectura de la Palabra nos permite encontrar algunos datos que nos pueden ayudar a comprender mejor uno de los acontecimientos más importantes en la historia de nuestra salvación.

Los Evangelios de Mateo y Lucas nos cuentan este grandioso suceso. De ambos, este último lo hace con más detalles:

> Al sexto mes, el ángel Gabriel fue enviado por Dios a una ciudad de Galilea llamada Nazaret, a una virgen desposada con un varón que se llamaba José, de la casa de David; y el nombre de la virgen era María. Entrando el ángel a donde ella estaba, dijo:
> —¡Salve, llena de gracia! El Señor es contigo; bendita tú entre las mujeres.
> Pero ella, cuando lo vio, se turbó por sus palabras, y pensaba qué salutación sería esta. Entonces el ángel le dijo:

> —María, no temas, porque has hallado gracia delante de Dios. Concebirás en tu vientre y darás a luz un hijo, y llamarás su nombre Jesús. Este será grande, y será llamado Hijo del Altísimo. El Señor Dios le dará el trono de David, su padre; reinará sobre la casa de Jacob para siempre y su Reino no tendrá fin.
> Entonces María preguntó al ángel:
> —¿Cómo será esto?, pues no conozco varón.
> Respondiendo el ángel, le dijo:
> —El Espíritu Santo vendrá sobre ti y el poder del Altísimo te cubrirá con su sombra; por lo cual también el Santo Ser que va a nacer será llamado Hijo de Dios. Y he aquí también tu parienta Elizabeth, la que llamaban estéril, ha concebido hijo en su vejez y este es el sexto mes para ella, pues nada hay imposible para Dios.
> Entonces María dijo:
> —Aquí está la sierva del Señor; hágase conmigo conforme a tu palabra.
> Y el ángel se fue de su presencia (Lucas 1,26-38).

En este texto, el evangelista utiliza una palabra clave y es preciso explicar su significado, en especial en el contexto histórico del autor. En el libro *Usos y costumbres de las tierras bíblicas*, de Fred H. Wight, en el capítulo concerniente a las costumbres matrimoniales, se aclara el significado de estar «desposado»:

> Los desposorios o esponsales se celebraban de la siguiente manera: el padre del novio y el padre y los hermanos varones de la novia se reunían con algunas otras familias que servían de testigos. El joven daba a la joven ya un anillo de oro o algún otro artículo de valor, o simplemente un documento en el que le prometía casarse con ella. Entonces él le decía: «Veis por este anillo (o esta señal) que tú estás reservada para mí, de acuerdo con la ley de Moisés y de Israel». Este contrato se consideraba tan firme como el matrimonio, y no podía ser disuelto excepto por divorcio (repudio).

Este mismo libro esclarece la diferencia entre desposorio y matrimonio:

> Los desposorios no eran lo mismo que el matrimonio (cohabitación de hecho). Por lo menos pasaba entre seis meses a un año entre uno y otro. Estos dos eventos no deben confundirse. La ley dice: «Y si alguien está comprometido en matrimonio y todavía no se ha casado, que se vaya a su casa, no sea que muera en la lucha y otro se case con su prometida» (Deuteronomio 20,7). Estos dos eventos se diferencian: desposar (mediante el contrato) a una esposa, y tomarla, es decir, en matrimonio efectivo. Era durante este período —seguramente de un año—, entre el desposorio y el matrimonio, que María se halló haber concebido un hijo por el Espíritu Santo (Mateo 1,18).

Hasta ahora, tenemos claro que José y María eran lo que hoy día llamamos «novios» y se encontraban bajo un contrato llamado desposorio (lo que hoy se conoce como «estar comprometido»). Por eso los evangelistas dicen que María estaba «desposada con un varón que se llamaba José» (Lucas 1,26). El desposorio los obligaba a casarse en una fecha no mayor al año siguiente de haber celebrado dicho contrato. Si bien es cierto que en aquella época la escogencia de la esposa era prerrogativa de los padres del futuro esposo, también es cierto que en algunos casos era el hombre quien escogía a su esposa, aun en contra de la voluntad de sus padres (Génesis 26,34-35).

En su libro, *La sombra del padre*, Jan Dobraczynski recrea de manera exquisita la forma en que José y María se conocieron y enamoraron. Esta relación, fruto del amor, que contaba con la aprobación de los padres, fue un poco fuera de lo común. No fue, sin embargo, extraña del todo a la costumbre de la época y no podría haber sido de otra manera. En la primera carta de Juan (4,28), leemos: «… Dios es amor». Sería entonces inconcebible que el hijo de Dios hubiera nacido en un hogar que no fuera fruto del amor entre los esposos.

Asumamos por un momento que una familia tiene una hija bastante joven que no está en edad de casarse. Yo les digo a sus padres que voy a predecir el futuro: «¡Pronto su hija quedará embarazada!». Seguramente ellos responderán algo así: «Imposible, ella está muy joven y ni siquiera tiene novio». Otra familia tiene una hija mucho mayor, que después de un largo noviazgo ha decidido contraer nupcias en una fecha determinada. Ya sus familiares y amigos han recibido las invitaciones para la boda. Haciendo la misma predicción a sus padres, les digo: «¡Pronto su hija quedará embarazada!». Lo más probable es que ellos dirán algo así: «Claro que sí, con el favor de Dios. Eso es lo que todos esperamos que pase».

La situación de María era la misma que la de esta segunda pareja. Podríamos hacernos las siguientes preguntas: ¿por qué María se sorprendió con el anuncio que le hizo el ángel Gabriel de que quedaría embarazada? ¿Por qué María no encontró natural esta profecía si ya estaba desposada con José y en poco menos de un año estarían casados? Siguiendo esta misma línea, ¿por qué María no contestó: «¡Claro!, eso es lo que esperamos que pase, ya que estoy próxima a casarme con mi novio José»? Por el contrario, ella dio a entender que eso no era posible.

Las Escrituras no nos dan en forma directa la respuesta a estos interrogantes, pero es válido concluir que, por alguna razón desconocida, María habría pactado con José un matrimonio célibe, un matrimonio sin relaciones sexuales. Ya en sus corazones y en sus mentes había una firme decisión de no consumar esa unión.

La palabra «conocer» no traduce lo que la mayoría de las personas podría pensar, como cuando se dice «no conozco un buen restaurante cercano» o «no conozco a esa persona». Génesis (4,1) nos ayuda a entender el significado apropiado: «Conoció Adán a su mujer Eva, la cual concibió y dio a luz a Caín». En la Biblia, «conocer» alude al máximo conocimiento sobre una persona: el íntimo. Equivale a esa relación íntima de pareja. Este es el «no conozco» de María. Ella sí conocía a un varón llamado José, pero no lo conocía en esta interpretación de relación íntima que la condujera a recibir la noticia del ángel de forma natural y esperada.

De esta forma, las palabras de María («no conozco varón») se refieren a un presente que traspasa el futuro; es decir, que expresa un hábito, un modo de vivir. Comienza en el pasado, pero se tiene la voluntad de conservarlo en el presente y de extenderlo hasta el futuro. Es como cuando yo digo «no fumo», «no bebo», «no uso drogas». Estas frases expresan un hábito movido por mi decisión de que así sea y transmiten mi estilo de vida.

Es por esa firme decisión que había en su corazón que ella se atreve a decirle al ángel que ese embarazo no es posible. Él le responde: «... El Espíritu Santo vendrá sobre ti y el poder del Altísimo te cubrirá con su sombra ...» (Lucas 1,35).

¿Qué podemos concluir de este razonamiento? El más importante es que la narración se sostiene como verdadera por sí misma, sin arreglos ni añadiduras. La certeza de María, que sabe perfectamente cómo se conciben los hijos, de la imposibilidad de lo que le está afirmando el ángel demuestra la transparencia de la narración y resalta el misterio de esta obra del Espíritu Santo.

Si bien es cierto que no era muy común la decisión de José y María de llevar a cabo un matrimonio célibe, tampoco era una total novedad para el pueblo judío. Los esenios fueron un movimiento judío que existió desde mediados del siglo II a. C., tras la guerra de los macabeos contra los griegos, hasta el siglo I d. C. El movimiento se concentró principalmente en la región de Judea. Varios historiadores antiguos escribieron sobre este pueblo: Filón de Alejandría (45 d. C.), Flavio Josefo (finales del siglo I d. C.) y Plinio el Viejo (77 d. C.). Este último escribió una enciclopedia de treinta y siete libros titulada *Naturalis Historia*. En el quinto volumen se puede leer una de las características de los esenios:

> Es un pueblo único en su género y admirable en el mundo entero más que ningún otro: no tiene mujeres, ha renunciado enteramente al amor, carece de dinero, es amigo de las palmeras. Día tras día renace en número igual, gracias a la multitud de los recién llegados. En efecto, afluyen en gran número los que, cansados de las vicisitudes de la fortuna, orientan su vida a la adopción de sus costumbres. Y así, durante miles de siglos, hay un pueblo eterno en el cual no nace nadie:

> tan fecundo es para ellos el arrepentimiento que tienen los otros de la vida pasada... (Numeral 15,73).

A partir de los esenios se conformó otro movimiento llamado los terapeutas. En la obra *Vida contemplativa*, Filón de Alejandría habla sobre las mujeres que se unían al grupo:

> ... son vírgenes de edad avanzada, que no han observado la castidad por imposición, como cierto número de sacerdotisas griegas, sino por libre elección, atraídas por un deseo vehemente de la sabiduría, según la cual intentan modelar su vida. Han renunciado a los placeres del cuerpo, han perseguido no el deseo de una descendencia mortal, sino el de otra inmortal, que solamente el alma amada por Dios puede engendrar (Numeral 68).

Así, muy bien pudo María, «llena de gracia», imitar alguno de los estilos de vida de estas comunidades al encontrarlos ajustados a las Sagradas Escrituras.

Y SE HIZO HOMBRE

María llegó a donde estaba Jesús y, al verlo, se postró a sus pies y le dijo: «Señor, si hubieras estado aquí, mi hermano no habría muerto». Jesús, al verla llorar a ella, y también a los judíos que la acompañaban, conmovido y turbado, preguntó: «¿Dónde lo pusieron?». Le respondieron: «Ven, Señor, y lo verás». Y Jesús lloró. Los judíos dijeron: «¡Cómo lo amaba!».

Juan 11,32-36

Aunque lo he mencionado en artículos anteriores, quiero reiterar la doble naturaleza de Jesús, el hijo de María y Salvador nuestro, citando las palabras que se registraron en el cuarto Concilio Ecuménico en Calcedonia, efectuado en el año 451:

> Siguiendo, pues, a los santos Padres, enseñamos unánimemente que hay que confesar a un solo y mismo Hijo y Señor nuestro Jesucristo: perfecto en la divinidad, y perfecto en la humanidad; verdaderamente Dios y verdaderamente hombre compuesto de alma racional y cuerpo; consubstancial con el Padre según la divinidad, y consubstancial con nosotros según la humanidad, «en todo semejante a nosotros, excepto en el pecado» (Hebreos 4,15); nacido del Padre antes de todos los siglos según la divinidad; y por nosotros y por nuestra salvación, nacido en los últimos tiempos de la Virgen María, la Madre de Dios, según la humanidad.

> Se ha de reconocer a un solo y mismo Cristo Señor, Hijo único en dos naturalezas, sin confusión, sin cambio, sin división, sin separación. La diferencia de naturalezas de ningún modo queda suprimida por su unión, sino que quedan a salvo las propiedades de cada una de las naturalezas y confluyen en un solo sujeto y en una sola persona (Concilio de Calcedonia; DS, 301-302).

Es claro que, como lo dice la Carta a los Hebreos, Jesús fue «totalmente» hombre en cuerpo y alma; es decir, como usted y como yo, excepto que jamás pecó. Entonces es válido indicar que si Jesús comía algo descompuesto le iba a doler el estómago y se enfermaría, si se caía se iba a raspar la rodilla y se lastimaría (ver Isaías 53,3-5), si no comía le daba hambre (ver Marcos 11,12), si no bebía le daba sed (ver Juan 19,28-30), si no dormía le daba sueño (ver Mateo 8,24), si caminaba por largo rato sentía cansancio (ver Juan 4,6-7), sentía enojo (ver Marcos 3,5), tristeza (ver Juan 11,35), compasión (ver Lucas 7,11-17) y alegría (ver Lucas 10, 21-24), como todos nosotros. Totalmente hombre y totalmente Dios.

El dolor que sintió cuando le atravesaron sus manos y pies con los clavos es exactamente el mismo dolor que usted o yo sentiríamos ante una agresión igual. El hecho de que Él fuera Dios no atenuaba, disminuía ni mucho menos desaparecía el dolor tan grande de semejante atrocidad. El sufrimiento que tuvo que haberle causado saberse traicionado por uno de sus más cercanos amigos, haberse sentido abandonado por sus discípulos, ver a su madre sufrir al contemplarlo en semejantes circunstancias, todo este dolor fue tan real e intenso como si nos pasara a usted o a mí.

Como la inmensa mayoría de hombres de su época, tuvo que aprender un oficio para ganar un dinero y poder subsistir (ver Marcos 6,3), llevó una vida religiosa judía sometida a la ley de Dios (ver Gálatas 4,4) y creció en medio de una comunidad compuesta por familiares (ver Marcos 3,21), amigos (ver Juan 11,11) y semejantes. De su infancia solo sabemos lo que nos revela el evangelista Lucas, cuando nos narra su desaparición y hallazgo en el templo y nos dice que Él estaba «sujeto» a la autoridad de sus padres y que «progresaba en sabiduría, en estatura y en gracia ante Dios y los hombres» (Lucas 2,51-52).

Ver a Jesús verdadero hombre es tan importante como verlo verdadero Dios. Sin embargo, a lo largo de la historia de la cristiandad, ha habido una gran cantidad de desviaciones de esta realidad, transformándose en herejías que la Iglesia ha combatido con firmeza. Casi todas ellas han mirado a Jesús desde un ángulo de vista y han despreciado o desdeñado, consciente o inconscientemente, el otro. Unos, por querer valorar la divinidad, distorsionan la humanidad. Otros, por el contrario, por querer valorar la humanidad, menoscaban la divinidad o, de plano, la niegan. Estas son las principales herejías o errores doctrinales que se han producido a lo largo de nuestra historia cristiana sobre la persona de Jesús, Hijo de Dios:

- **Docetismo:** herejía difundida en el siglo I, que reduce la carne de Cristo a una apariencia: «Parece que come, parece que camina, parece que está cansado...».
- **Ebionismo:** herejía difundida en el siglo II en ambientes judeocristianos que afirmaban que Jesús era el Mesías, pero rechazaban su preexistencia —esto es, que tuviera naturaleza divina y que su nacimiento hubiera sido virginal— e insistían en la necesidad de seguir los ritos y leyes judías cumpliendo preceptos como la circuncisión, la observancia del sábado y las prohibiciones alimentarias.
- **Adopcionismo:** herejía difundida en el siglo II por Teodoro el viejo y Pablo de Samosata que dice que Cristo es un simple hombre, adoptado por Dios como portador de una gracia divina excepcional. Niega, por tanto, la Trinidad y la divinidad de Cristo y la encarnación del Verbo.
- **Gnosis cristiana:** herejía difundida en el siglo II por Marción, Valentín, Epifanio y Simón el mago, según la cual Jesús no es Dios sino un «ser especial eterno» en medio de los demás que ha venido para dar el conocimiento al hombre engañado por sus sentidos. Cristo desciende sobre Jesús en el momento del bautismo.

- **Arrianismo:** herejía difundida en el siglo III por Arrio que niega la divinidad de Cristo. Jesús, dice, es hijo adoptivo de Dios, no consusbstancial al Padre. Y el Espíritu Santo es la primera criatura del Hijo; por tanto, inferior a Él.
- **Apolinarismo:** herejía difundida en el siglo IV por Apolinar de Laodicea que niega el alma humana de Cristo.
- **Nestorianismo:** herejía difundida en el siglo V por Nestorio, obispo de Constantinopla, que sostenía la existencia de dos personas en Cristo: una divina y otra humana, como si tuviera dos personalidades.
- **Monofisismo:** herejía difundida en el siglo V por Eutiques, archimandrita (abad superior) de Constantinopla, que sostenía la existencia de una sola naturaleza en Cristo: la divina.
- **Monotelismo:** herejía difundida en el siglo VII por Sergio, patriarca de Constantinopla, que sostenía la existencia de una sola voluntad en Cristo: la divina.

Como se puede apreciar después de recorrer esta breve e incompleta lista, la doble naturaleza de Jesús[67] es todo un misterio y quienes han salido a explicarla algunas veces terminan cometiendo graves errores que la Iglesia ha tenido que ir remediando con postulados teológicos, no siempre fáciles de explicar. Desde el primer Concilio Ecuménico (primer Concilio de Nicea, realizado en el 325) hasta el séptimo (segundo Concilio de Nicea, realizado en el 787) la Iglesia fue madurando y ampliando diferentes aspectos de la persona de Jesús, tales como su inteligencia, su voluntad, su alma y su cuerpo, entre otros aspectos, para llegar a las explicaciones que hoy recoge nuestro *Catecismo* desde los numerales 456 hasta el 478. En uno de sus artículos resume la enseñanza de la Iglesia de la siguiente manera:

---

[67] Poseyendo Cristo dos naturalezas y, por lo tanto, dos inteligencias: la humana y la divina, el problema sobre el conocimiento encontrado en su inteligencia divina es idéntico al dilema acerca del conocimiento de Dios y escapa al propósito de este libro. Sin embargo, para profundizar un poco en este tema, puede leer un artículo de la *Enciclopedia católica* en línea titulado «Conocimiento de Jesucristo» en https://ec.aciprensa.com/wiki/Conocimiento_de_Jesucristo.

> La Iglesia confiesa así que Jesús es inseparablemente verdadero Dios y verdadero Hombre. Él es verdaderamente el Hijo de Dios que se ha hecho hombre, nuestro hermano, y eso sin dejar de ser Dios, nuestro Señor (Numeral 469).

Los tres atributos por excelencia de la Divinidad son la omnipotencia[68] (todo lo puede), la omnisciencia[69] (todo lo sabe) y la omnipresencia[70] (estar presente en todas partes al mismo tiempo). ¿Poseía Jesús estos atributos? La respuesta es sí y no.

Cuando Abraham tenía noventa y nueve años, el Señor se le presentó y le dijo que era el «Dios todopoderoso» (Génesis 17,1). La omnipotencia de Dios no se discute, es clara y manifiesta; toda la creación es tan solo una muestra de ello. Ahora, Jesús dijo: «Todo lo que hace el Padre también lo hace el Hijo» (Juan 5,19), lo que nos permite afirmar que Jesús es todopoderoso, pero, como lo mencioné, el Maestro se cansaba, le daba hambre y sed, le daba sueño; condiciones propias de las limitaciones de nuestro cuerpo terreno, y no del «todopoderoso». Jesús en su naturaleza humana no era todopoderoso, pero sí lo es en su naturaleza divina.

Siguiendo con la omnisciencia de Dios, dice el salmista: «Señor, tú me has examinado y me conoces; tú conoces todas mis acciones; aun de lejos te das cuenta de lo que pienso. Sabes todas mis andanzas, ¡sabes todo lo que hago! Aún no tengo la palabra en la lengua, y tú, Señor, ya la conoces» (Salmo 139,1-4), claramente, Dios lo sabe todo. En lo que se conoce como el Discurso de Despedida (capítulos 14-17

---

[68] Omnipotencia es el poder de Dios para realizar cualquier cosa que no sea intrínsecamente imposible. Lo intrínsecamente imposible se refiere a dos clases de imposibles: 1) cualquier acción de parte de Dios que pudiese estar fuera de armonía con su naturaleza y atributos, como por ejemplo pecar: para Dios es imposible pecar. 2) Elementos mutuamente repelentes, como por ejemplo Dios no puede crear un triángulo de cuatro ángulos.

[69] Atributo por el cual Dios, en forma perfecta y eterna, conoce todo lo que puede ser conocido: pasado, presente y futuro. Posee el conocimiento más perfecto de todas las cosas.

[70] Atributo de Dios en virtud del cual Él llena el universo en todas sus partes y está presente en todos los lugares al mismo tiempo. No una parte, sino la totalidad de Dios está presente en todo lugar.

del Evangelio de Juan) dado por Jesús a once de sus discípulos inmediatamente después de la celebración de la última cena, los discípulos declaran: «Ahora vemos que sabes todas las cosas y que no hay necesidad de que nadie te haga preguntas. Por esto creemos que has venido de Dios» (Juan 16,30) lo que nos permite afirmar que Jesús es omnisciente; no obstante, no sabe quién le tocó el manto cuando, apretujado por una gran cantidad de gente, se dirigía a sanar a la hija de Jairo, uno de los jefes de la sinagoga (ver Marcos 5,21-30), debido a las limitaciones que tenemos todos los humanos. Jesús en su naturaleza humana no era omnisciente —aunque, debido a su unión con la sabiduría divina, gozaba «en plenitud de la ciencia de los designios eternos que había venido a revelar»[71]—, pero sí lo es en su naturaleza divina.

Finalmente, con respecto a la omnipresencia de Dios y citando las palabras del salmista, podemos leer: «¿A dónde podría ir, lejos de tu espíritu? ¿A dónde huiría, lejos de tu presencia? Si yo subiera a las alturas de los cielos, allí estás tú; y si bajara a las profundidades de la tierra, también estás allí; si levantara el vuelo hacia el oriente, o habitara en los límites del mar occidental, aun allí me alcanzaría tu mano; ¡tu mano derecha no me soltaría!» (Salmo 139,7-10), claramente, Dios está en todas partes al mismo tiempo. Ahora, con respecto a Jesús, en múltiples oportunidades lo vemos desplazándose a pie o en una barca o en un burro de un lugar a otro, muchas veces acompañado por sus apóstoles o seguidores y en otras ocasiones solo, así que es clara su limitación humana sujeta al espacio y tiempo, que no le permitía estar en varios lugares en un mismo momento. Sin embargo, también le dijo a Nicodemo: «Nadie ha subido al cielo, sino el que bajó del cielo; es decir, el Hijo del Hombre que está en el cielo» (Juan 3,13). Nótese el tiempo presente de la frase «...que está en el cielo» no dice que «estuvo» ni que «estará» sino que «está». O cuando afirmó: «Porque donde dos o tres se reúnen en mi nombre, allí estoy yo en medio de ellos» (Mateo 18,20), así que podemos decir que sí puede estar en más de un lugar al mismo

---

[71] *Catecismo de la Iglesia católica*, numeral 474.

tiempo. Jesús en su naturaleza humana no era omnipresente, pero sí lo es en su naturaleza divina.

Las dos naturalezas de Jesús se dieron desde su concepción y se han mantenido hasta el presente en la Eucaristía, lo que nos obliga a tratar de comprender e interiorizar esta hermosa realidad de nuestra fe católica. La enseñanza de la Iglesia es que el pan y el vino, una vez consagrados, se transforman en el cuerpo y la sangre real, verdadera, efectiva y substancial del cuerpo, la sangre, el alma y la divinidad de Cristo. Es decir que las dos naturalezas de Cristo están presentes en ese pan y vino consagrados: la humana y la divina. En su artículo 1375, el *Catecismo de la Iglesia católica* dice: «Mediante la conversión del pan y del vino en su Cuerpo y Sangre, Cristo se hace presente en este sacramento». Sin embargo, cuando comenzó la pandemia del coronavirus covid-19 algunos obispos tomaron la decisión de suspender las misas en sus respectivas diócesis, para prevenir la propagación del virus entre los asistentes, desatando con ello un gran revuelo entre algunos de los feligreses, quienes sostenían que el virus no podía «contaminar» el vino ni el pan consagrados, y consideraban incluso signo de poca fe pensar que el virus pudiera propagarse a través de la Eucaristía, porque esas especies eran Cristo vivo y verdadero, presente en cuerpo, sangre, alma y divinidad, tal como nos lo enseña la Iglesia. Dicha afirmación suena muy devota y llena de fervor, pero en realidad demuestra un desconocimiento de las más elementales doctrinas católicas.

Cuando la hostia se consagra, sus propiedades materiales (accidentes) se mantienen, ya que lo que cambia es su substancia o esencia. Si guardamos dos hostias en un mismo lugar, una consagrada y otra sin consagrar, eventualmente las dos se van a descomponer por igual y si esto no sucede, estaríamos hablando de un milagro eucarístico como muchos de los que tenemos registros, pero sería un milagro. ¿Y si se descompone la hostia consagrada, continúa en ella la presencia eucarística de Cristo? La respuesta es no. Dice nuestro catecismo en su numeral 1377:

> La presencia eucarística de Cristo comienza en el momento de la consagración y *dura todo el tiempo que subsistan las especies eucarísticas*. Cristo está todo entero presente en cada una de las especies y todo entero en cada una de sus partes, de modo que la fracción del pan no divide a Cristo (el énfasis es mío).

Al descomponerse la hostia consagrada, deja de ser pan y por lo tanto desaparece la presencia eucarística de Cristo. Igual sucedería con el vino consagrado. ¿Puede una hostia sin consagrar adquirir un agente patógeno, como el virus del coronavirus? Si la respuesta es sí, entonces igual aplica a una que esté consagrada. En analogía podemos preguntarnos ¿un hombre puede enfermarse? La respuesta es sí, entonces Jesús también puede enfermarse porque Él asumió nuestra naturaleza humana igual en todo menos en el pecado. Dice el padre Thomas Michelet, eminente teólogo miembro de la facultad de la italiana Pontificia Universidad Santo Tomas de Aquino:

> El sacramento es la gracia en la forma sensible de un signo. Mientras el signo físico permanece, mientras no se corrompe, sigue siendo signo sacramental. Una hostia envenenada puede ser al mismo tiempo una verdadera hostia consagrada –procura la gracia al alma– y una hostia envenenada capaz de matar el cuerpo. Lo sabemos por experiencia. La fe no enseña que la materia del signo escape a las leyes físicas: simplemente, que la gracia usa esta materia para comunicarse de manera sensible.

Pensar que una hostia consagrada no pueda adquirir una bacteria o un virus, por el hecho de estar consagrada, sería como darle una propiedad «milagrosa», casi de amuleto, a la materia física que componen el pan y el vino. El milagro que se renueva en cada misa, cuando el sacerdote eleva la hostia ante los fieles y consagra el pan y el vino, no altera las propiedades físicas sino su substancia, que deja de ser de pan y de vino para transformarse[72] en el cuerpo, la sangre, el alma y la divinidad de Jesucristo nuestro Señor.

---

[72] En mi libro *Lo que quiso saber de nuestra iglesia católica y no se atrevió a preguntar*, dedico todo un capítulo a tratar el tema de la transubstanciación.

Y POR NUESTRA CAUSA

Pues cuando nosotros éramos incapaces de salvarnos, Cristo, a su debido tiempo, murió por los pecadores. No es fácil que alguien se deje matar en lugar de otra persona. Ni siquiera en lugar de una persona justa; aunque quizás alguien estaría dispuesto a morir por la persona que le haya hecho un gran bien. Pero Dios prueba que nos ama, en que, cuando todavía éramos pecadores, Cristo murió por nosotros.

Carta a los Romanos 5,6-8

Les he preguntado a varios cristianos: ¿a qué vino Jesús a este mundo? Y la mayoría me responde: «A morir por nosotros». Esa respuesta se queda corta, ya que si solo se tratara de morir, hubiera podido haberlo hecho al nacer o ahogarse en el mar de Galilea y así haber cumplido su propósito de «haber muerto por nosotros», pero ocurrió de otra forma, como todos sabemos.

Otros cristianos cuando escuchan decir que fue «por nuestra causa», de manera un poco infantil, reniegan y alegan que ni siquiera habían nacido cuando ocurrió la muerte de Jesús, así que argumentan que a ellos no les vayan a echar la culpa, asociando la palabra «causa» con «culpa». Lo que ellos escuchan es: «Y por nuestra culpa» evocando un aparte del acto penitencial que rezamos al comenzar cada celebración eucarística: «... Por mi culpa, por mi culpa, por mi gran culpa...».

En el artículo «Y por nuestra salvación» traté extensamente el tema del pecado y explicaba que esta es la razón por la que necesitamos un salvador y cuando este vino, no todos lo reconocieron: «Aquel que es la Palabra estaba en el mundo; y, aunque Dios hizo el mundo por medio de Él, los que son del mundo no lo reconocieron. Vino a su propio mundo, pero los suyos no lo recibieron. Pero a quienes lo recibieron y creyeron en él, les concedió el privilegio de llegar a ser hijos de Dios» (Juan 1,10-12). Y por aquellos que no lo reconocieron, los que eligieron seguir en la oscuridad y no en la luz «cuando la luz vino al mundo prefirieron la oscuridad a la luz» (Juan 3,19), fue que Jesús murió como murió. Pero lo importante de tener en cuenta en este relato es que la «causa» de esa muerte no fue solamente por los que en aquellos tiempos prefirieron la oscuridad, sino también fue por los que hoy la prefieren, e incluso, por los que antes de Jesús, la prefirieron. Dice el *Catecismo romano*[73]:

> Debemos considerar como culpables de esta horrible falta a los que continúan recayendo en sus pecados. Ya que son nuestras malas acciones las que han hecho sufrir a Nuestro Señor Jesucristo el suplicio de la cruz, sin ninguna duda los que se sumergen en los desórdenes y en el mal «crucifican por su parte de nuevo al Hijo de Dios y le exponen a pública infamia» (Hebreos 6,6). Y es necesario reconocer que nuestro crimen en este caso es mayor que el de los judíos. Porque según el testimonio del apóstol, «de haberlo conocido ellos no habrían crucificado jamás al Señor de la Gloria» (1 Corintios 2,8). Nosotros, en cambio, hacemos profesión de conocerle. Y cuando renegamos de Él con nuestras acciones, ponemos de algún modo sobre Él nuestras manos criminales (1,5,11).

[73] El *Catecismo romano*, más conocido como *Catecismo del Concilio de Trento* (publicado en 1566), fue elaborado para exponer la doctrina y mejorar la comprensión teológica de los párrocos. En dicho concilio, realizado en febrero de 1562, los obispos expresaron la razón que tuvieron para elaborar dicho material: «Para aplicar un remedio saludable al gran y pernicioso mal y pensando que la definición de las principales doctrinas católicas no ha sido suficiente para este propósito, resuelve, entonces publicar un formulario y un método para enseñar los elementos de la fe y para ser usados legítimamente por los pastores y enseñantes».

Es entonces una realidad que fue a «causa» de nuestros pecados que el Mesías fue brutalmente crucificado. El Pregón pascual[74] o *Exultet*, que se canta la noche de la vigilia pascual, es uno de los himnos más hermosos y emotivos de toda la liturgia romana, pues canta la victoria definitiva de Cristo sobre el pecado y la muerte, el triunfo de la luz del salvador sobre las tinieblas que parecían haber vencido al rey de la vida. Dice en uno de sus apartes: «¡Feliz la culpa que mereció tal Redentor!».

Somos entonces pecadores rescatados o, mejor aún, pecadores inmensamente amados, porque el único motivo detrás de semejante sacrificio es el amor. La palabra «causa» señala una razón, pero también una motivación. Nuevamente citando el Pregón pascual:

¡Qué asombroso beneficio de tu amor por nosotros!
¡Qué incomparable ternura y caridad!
¡Para rescatar al esclavo, entregaste al Hijo!

Es el inconmensurable amor de nuestro Padre por nosotros, sus hijos, por el que Jesús, libremente, se dejó clavar en la cruz. En palabras de san Pablo: «La prueba de que Dios nos ama es que Cristo, siendo nosotros todavía pecadores, murió por nosotros» (Romanos 5,8), otras traducciones dicen: «Pero Dios muestra su amor para con nosotros en que, siendo aún pecadores, Cristo murió por nosotros».

Durante toda la historia de salvación del hombre, el amor del Padre ha estado siempre manifiesto, al igual que nuestra incapacidad de reconocer, valorar y corresponder a ese sentimiento. «En esto consiste el amor: no en que nosotros hayamos amado a Dios, sino en que Él nos amó y nos envió a su Hijo como propiciación por nuestros pecados» (1 Juan 4,10). «Y por nuestra causa» abarca a toda la humanidad; como lo dijera el Concilio de Quierzy[75], celebrado en el año 853: «No hay, ni hubo ni habrá hombre alguno por quien no haya padecido Cristo».

---

[74] https://www.aciprensa.com/recursos/pregon-pascual-2095

[75] Se celebraron varios concilios en Quierzy, una residencia real bajo los carolingios, pero ahora una villa insignificante sobre el Oise en el departamento francés de Aisne.

Así que todos los hombres que han existido, existen y existirán, todos nosotros: sus hijos, somos la causa de que Jesús fuera crucificado, porque Él hizo suya nuestra causa, nos ama a tal extremo, le importamos tanto, que consideró esta «causa» como una «buena causa», la mejor de todas y ello cambió para siempre nuestras vidas. Por eso el Maestro les dijo a sus discípulos la noche en que iba a ser entregado a su pasión: «Nadie tiene mayor amor que el que da su vida por sus amigos» (Juan 15,13). Ahora entendemos mejor a qué clase de amor se refería Jesús cuando nos dijo: «Les doy este mandamiento nuevo: que se amen los unos a los otros. Así como yo los amo a ustedes, así deben amarse ustedes los unos a los otros» (Juan 13,34). En realidad, no era la primera vez que los apóstoles escuchaban el mandamiento de «amarse los unos a los otros», ya que era una de las leyes mosaicas: «No te vengarás, ni guardarás rencor a los hijos de tu pueblo, sino que amarás a tu prójimo como a ti mismo» (Levítico 19,18). ¿Entonces por qué Jesús dice que es un mandamiento nuevo? Porque enseñó que la manera en que debíamos amar al prójimo no era de cualquier forma, sino como Él lo hizo con nosotros, que no se guardó nada, ni siquiera su vida, para demostrarnos su amor; esta fue la novedad en ese mandamiento.

Fue crucificado

Aunque existía con el mismo ser de Dios, no se aferró a su igualdad con Él, sino que renunció a lo que era suyo y tomó naturaleza de siervo. Haciéndose como todos los hombres y presentándose como un hombre cualquiera, se humilló a sí mismo, haciéndose obediente hasta la muerte, hasta la muerte en la cruz.

Filipenses 2,6-8

Para el verano del 312 d. C., el poderoso Imperio romano era gobernado por dos emperadores[76]: los augustos Constantino I el Grande —gobernador de la porción oriental (Asia)— y Majencio —gobernador de la porción occidental (Europa)—. Buscando reunificar la gobernabilidad del Impero, se fueron a la guerra en lo que se conocería como la batalla del Puente Milvio el 28 de octubre de dicho año. Cuenta el obispo e historiador Eusebio de Cesarea [77] en su obra *Vita Constantini*[78], que el día anterior a la batalla el emperador Constantino tuvo una visión de una cruz de luz en los cielos con la inscripción «*In hoc*

[76] Fruto del sistema jerárquico instaurado por el emperador romano Diocleciano en 293, que consistía en una división del Imperio romano dirigido por dos emperadores mayores, los augustos y sus subalternos y sucesores designados: los césares.

[77] Eusebio de Cesarea (circa 263 - 30 de mayo de 339, probablemente en Cesarea de Palestina), fue obispo de Cesarea, exégeta y se le conoce como el padre de la historia de la Iglesia, porque sus escritos están entre los primeros relatos de la historia del cristianismo primitivo.

[78] *Vida de Constantino*, Libro I, capítulo 28.

signo vinces» («con este signo vencerás»). Habiendo derrotado a Majencio, Constantino se convirtió al cristianismo y pasó a la historia como el primer emperador en detener la persecución contra los cristianos y permitir la libertad de culto, con el Edicto de Milán en el año 313.

Con la aprobación del emperador de poder practicar abiertamente el cristianismo, el pez —símbolo que hasta ese momento identificaba a los seguidores de Cristo— fue remplazado por la cruz, aunque inicialmente sin el cuerpo de Jesús colgando de ella. La cruz nunca representó muerte sino salvación.

Durante los primeros siglos del cristianismo, sus seguidores prefirieron conservar la imagen de Cristo resucitado, o en su rol de buen Pastor, o celebrando la última cena e incluso como bebé en brazos de su madre, pero no crucificado. Solo en la Edad Media, más de mil años después de su muerte, aparecieron las primeras representaciones de los crucifijos con el cuerpo colgante y un taparrabos agregado para dignificar en algo su vergonzante muerte, ya que murió totalmente desnudo.

Desde la época de los apóstoles, todo acto religioso se comenzaba con la señal de la cruz. Al entrar al templo, los cristianos se persignaban. Hacían lo mismo al comenzar y al finalizar las oraciones. El sacerdote lo hacía al comenzar el sermón. Tertuliano[79] nos cuenta que los cristianos se persignaban durante todas sus labores: cuando salían o volvían a su casa, cuando se vestían y se calzaban, al sentarse a la mesa, al encender las lámparas, al comenzar una conversación, al acostarse, etc. Se signaban siempre con la mano derecha, aunque de distinta manera: al principio lo hacían con un dedo signando la frente, la boca y el pecho. Con el transcurrir del tiempo se fue popularizando más la forma de tocarse primero la frente, el pecho y los hombros izquierdo y derecho, en ese orden. Cada cruz que nos estampamos en nuestro cuerpo es una gloria al Padre celestial, ya que como lo dijo san Pablo despidiéndose de

[79] Quinto Septimio Florente Tertuliano (160-220) fue un padre de la Iglesia y un prolífico escritor durante la segunda parte del siglo II y primera del siglo III.

los Gálatas: «En cuanto a mí, de nada quiero gloriarme sino de la cruz de nuestro Señor Jesucristo. Pues por medio de la cruz de Cristo, el mundo ha muerto para mí y yo he muerto para el mundo» (6,14) y por ello constituye el signo por excelencia del auténtico discípulo cristiano, pues sin excepción todos los cristianos estamos llamados a seguir a Cristo en su camino de la cruz. El Señor Jesucristo dijo: «El que quiera seguirme, niéguese a sí mismo, tome su cruz y sígame» (Marcos 8,34). Y esa cruz ha de representar lo mismo que significó para el que la cargó por nosotros primero: nuestro dolor y sufrimiento.

La muerte es una figura a la cual nunca nos acostumbraremos, tal vez sea porque es la que imprime el sello de caducidad a la esperanza, y ella es como el oxígeno que necesitamos para vivir. Pero la muerte, culmen de todos los dolores, cuando nos golpea, nos hace mirar a lo alto y preguntar ¿por qué? ¿Por qué Dios permite que el dolor exista en nuestras vidas? ¿Por qué su Hijo no estuvo exento de él?

Cuando expliqué el artículo del Credo «Padre todopoderoso», expresé algunas ideas que nos pueden ayudar a responder a esa pregunta que es todo un misterio, pero ahora, con la cruz al frente de nosotros, el tema vuelve a tener relevancia. La cruz de Cristo representa el castigo y sufrimiento de un hombre inocente que se hizo uno de nosotros para enseñarnos con su ejemplo el significado del amor y que sin embargo fue sentenciado a la más cruel de las muertes. Fue tal la ignominia del castigo que cuando Jesús expiró, la tierra «gimió» con un devastador terremoto y reinó la oscuridad en plena luz del día[80]. ¿Cuál es la respuesta cristiana a semejante final de aquel que encarnó el amor del Padre por nosotros? Tal vez sea el profeta Isaías quien mejor nos puede orientar en esta cuestión tan complicada: «Pero fue traspasado a causa de nuestra rebeldía, fue atormentado a causa de nuestras maldades; el castigo que sufrió nos trajo la paz, por sus heridas alcanzamos la salud» (Isaías 53,5).

---

[80] En mi libro *Las tres preguntas*, en la tesis titulada: Soporte histórico de la Biblia, aporto la evidencia científica de dicho acontecimiento.

Fue en esa cruz, desafiando toda lógica, donde la derrota se transformó en victoria, la muerte en vida eterna, el dolor en gloria, la oscuridad en luz. Todo por amor y con amor. Así entendemos las palabras del Maestro cuando dijo: «El amor más grande que uno puede tener es dar la vida por sus amigos» (Juan 15,13) y tal vez por eso Él estaba tan deseoso de que ese momento llegara (ver Lucas 22,15). Al misterio de la muerte del Hijo de Dios en la cruz se antepone uno tal vez aun mayor: el de la infinita misericordia de Dios, que, con ese acto de amor extremo, nos dio la salvación. Cuesta mucho trabajo a nuestras limitadas mentes comprender este suceso carente de toda lógica, que muchos tildan de locura y otros de estupidez, por lo que se me viene a la mente aquella oración que le dirigió el Maestro a su Padre: «Oh Padre, Señor del cielo y de la tierra, gracias por esconder estas cosas de los que se creen sabios e inteligentes, y por revelárselas a los que son como niños» (Mateo 11,25).

Para terminar de tratar de entender la cruz, debemos devolver el reloj de los acontecimientos a la noche anterior, antes de su arresto. Jesús se encontraba celebrando con sus discípulos la cena de Pascua, que sería la última que realizaría en la tierra como se los hizo saber: «Porque les digo que no la celebraré de nuevo hasta que se cumpla en el reino de Dios» (Lucas 22,16). Durante la velada tomó un trozo de pan y se los dio diciendo: «Tomen y coman todos de él, porque esto es mi cuerpo que será entregado por ustedes» y al finalizar la cena tomó una copa de vino y se lo dio a sus discípulos diciendo: «Tomen y beban todos de él, porque este es el cáliz de mi sangre, sangre de la alianza nueva y eterna, que será derramada por ustedes y por muchos para el perdón de los pecados. Hagan esto en conmemoración mía»[81]. Claramente, les está hablando de su pasión, que estaba a solo horas de comenzar. Este es el corazón de cada una de las misas (sagrado misterio) que se celebran a diario en todo el mundo. En cada celebración eucarística participamos de esa última cena. No es, como equivocadamente piensan algunos, que se repite el sacrificio en la cruz, sino que es como si

[81] Plegaria eucarística n.° 1 del canon romano.

viajáramos en una máquina del tiempo y nos sentáramos al lado de los apóstoles para comer de ese pan que es el cuerpo de Cristo y bebiéramos ese vino que es su sangre. Dice el *Catecismo de la Iglesia católica*: «En la Eucaristía, el sacrificio de Cristo se hace también el sacrificio de los miembros de su cuerpo. La vida de los fieles, su alabanza, su sufrimiento, su oración y su trabajo se unen a los de Cristo y a su total ofrenda, y adquieren así un valor nuevo» (1368).

Finalmente, haré una breve mención de la cruz física de la crucifixión. Muchos monasterios e iglesias alrededor del mundo reclaman tener un fragmento de la llamada «vera cruz» (la cruz verdadera) para que los fieles le puedan rendir culto. Incluso se ha llegado a decir que si se juntaran todos esos trozos que se dicen fueron parte de la cruz en la que murió nuestro salvador, se podría llegar a tener un bosque entero.

Hacia el año 326, la emperatriz Helena de Constantinopla (madre del emperador Constantino I el Grande y declarada santa) viajó a tierra santa, a petición de Macario, obispo de Jerusalén, con el propósito de buscar la santa cruz en la que murió Cristo. Su búsqueda se centró en un templo que el emperador Publio Elio Adriano había mandado construir en honor a la diosa Afrodita (la Venus romana) en el año 135, en el terreno donde la tradición señalaba como el lugar de muerte y sepultura del Maestro. Santa Helena, con el beneplácito de su hijo, ordenó la demolición del templo y de otro adyacente que se había erigido en honor al dios Júpiter. Al poco tiempo se anunció la localización del sepulcro de Cristo y el hallazgo del Gólgota, el montículo rocoso con forma de cráneo (el Calvario) donde fue crucificado Jesucristo. También se hallaron tres cruces. Dice la leyenda que, para determinar cuál de ellas era la de Jesús, santa Helena hizo traer a un hombre enfermo[82] para que tocara las cruces. Al entrar en contacto con una de ellas su salud se restableció por completo, lo que determinó que aquella era la «verdadera cruz» o «vera cruz».

[82] En algunas versiones, era un difunto que resucitó cuando lo tocaron con la cruz de Cristo.

La emperatriz y su hijo Constantino hicieron edificar en el lugar del descubrimiento un bello templo: la Basílica del Santo Sepulcro, en la que depositaron la reliquia, no sin antes haberle cortado unos fragmentos para llevarlos a Europa. Hasta acá la mayoría de los historiadores concuerdan con esta narrativa, lo que sucedió a continuación es motivo de diferentes versiones, pero muchos aceptan que siglos después, en 613 y 614, Damasco y Jerusalén fueron tomadas por el general Sharvaraz[83] y la reliquia de la «vera cruz» fue robada como trofeo por el rey persa Cosroes II. Se dice que este rey la puso bajo los pies de su trono, como símbolo de su desprecio al cristianismo. Tras quince años de luchas, el emperador bizantino Heraclio[84] venció al ejército persa en la Batalla de Nínive en 627. Poco después, en una ceremonia celebrada el 14 de septiembre del siguiente año, la «vera cruz» regresó a Jerusalén[85]. En los siglos posteriores, cuando la ciudad santa estuvo repetidas veces y en alternancia bajo control musulmán y cristiano, la historia de esta reliquia se perdió hasta nuestros días y surgieron gran cantidad de leyendas sobre su paradero.

Lo cierto es que resulta imposible establecer la autenticidad de los diferentes trozos, aunque los más importantes —ya que cuentan con un detallado registro de su origen y posesión desde el siglo III al IV de nuestra era— están en la Basílica de la Santa Cruz de Jerusalén[86], en Roma, donde la misma santa Helena depositó uno de los fragmentos que trajo de tierra santa, en el Monasterio de Santo Toribio de Liébana, en

---

[83] Sharvaraz, cuyo nombre real era Farrokhan (falleció el 9 de junio de 630), fue general y vigésimo quinto monarca sasánida (segundo Imperio persa y el cuarto y último Estado iraní previo a la conquista musulmana).

[84] Flavio Heraclio Augusto (Capadocia, 575 - Constantinopla, 11 de febrero del 641) fue emperador romano de Oriente desde el 5 de octubre del 610 hasta su muerte. Fue responsable de la introducción del idioma griego como lengua oficial del Imperio romano de oriente, abandonando definitivamente el latín.

[85] Cada 14 de septiembre se celebra la fiesta de la Exaltación de la Santa Cruz, día en que recordamos y honramos la cruz en la que murió nuestro Señor Jesucristo.

[86] En esta basílica también se encuentra uno de los clavos que se emplearon para crucificar a Jesús, unas espinas de la corona y una tabla con una inscripción en latín que reza: «Jesús de Nazaret, rey de los judíos».

España, las catedrales de Cosenza, Nápoles, Amalfi y Génova, en Italia, y en la Abadía de Heiligenkreuz, en Austria, entre otros.

Santa Elena también mandó a llevar a Roma la escalera santa del palacio de Poncio Pilato, que estaba en Jerusalén. Dice la tradición que Jesús subió por estos peldaños de mármol el viernes de su pasión para ser juzgado y que derramó allí gotas de sangre. En la actualidad, la escalera santa se conserva frente a la Basílica de San Juan de Letrán, en Roma. En 1723 fue protegida con madera de nogal para preservarla del desgaste, ya que todos los días miles de peregrinos subían por ella de rodillas. En algunos peldaños se pueden apreciar, a través de un cristal, gotas de sangre que la tradición sostiene que provenían de Cristo.

EN TIEMPOS DE PONCIO PILATO

Lo llevaron atado y se lo entregaron a Pilato, el gobernador romano.

Mateo 27,2

Nuestro Credo incluye solo tres nombres propios: Jesucristo, el de su madre María y el del gobernador romano Poncio Pilato. ¿Por qué habrían querido los padres de la Iglesia, autores de este Credo, mencionar con nombre propio al que dio la orden de ejecutar al maestro, junto al de Jesucristo y al de su santísima madre? Porque quisieron hacernos recordar, cada vez que lo recitamos, que los acontecimientos que dieron origen al cristianismo ocurrieron dentro de un contexto histórico real y verificable. No es una leyenda o fábula, ni un cuento que se ha venido transmitiendo de generación en generación sin saber nada sobre su procedencia. Fue un evento real que tuvo lugar en un momento especifico de nuestra historia, y eso es sumamente importante que lo recordemos, ya que muchas personas tienen la idea equivocada de que Jesús solo existe en la Biblia, pero no, él también es un personaje de nuestra historia, como lo fue Poncio Pilato.

Lucas el evangelista fue médico de profesión (ver Colosenses 4,14), la carrera más exigente, lo que nos permite deducir que era una persona muy consagrada y estudiada. Pero también se revela como un gran historiador [87]. De hecho, comienza su Evangelio diciéndole al excelentísimo Teófilo[88] que él ha investigado todo con cuidado y luego sitúa su narración en un lugar y en una fecha. Para que algo se considere como un hecho histórico debemos poder determinar un cuándo y un dónde, y Lucas lo hace diciendo: «En el tiempo en que Herodes era rey del país de los judíos». Este evangelista parece estar particularmente interesado en poner una referencia histórica-geográfica al curso de los eventos que relata, por lo que, combinando su Evangelio y el libro de Hechos de los Apóstoles, señala 32 países, 44 ciudades y nueve islas del Mediterráneo. También menciona a 95 personajes en Hechos, 72 de los cuales no son citados en ningún otro lugar del Nuevo Testamento.

Más adelante, cuando nos explica la razón por la que José, padre putativo de Jesús, tuvo que salir de Nazaret para ir a Belén nos dice: «Por aquel tiempo, el emperador Augusto ordenó que se hiciera un censo de todo el mundo. Este primer censo fue hecho siendo Quirinio[89] gobernador de Siria» (Lucas 2,1-2). Cuando presenta el comienzo de la predicación del Bautista nos da aún más detalles históricos: «Era el año quince del gobierno del emperador Tiberio, y Poncio Pilato era gobernador de Judea. Herodes gobernaba en Galilea, su hermano Filipo gobernaba en Iturea y Traconítide, y Lisanias gobernaba en Abilene. Anás y Caifás eran los sumos sacerdotes» (Lucas 3,1-2). Es claro su afán de dejar un legado verificable por futuras generaciones, estando seguro de que estos personajes tan importantes trascenderían en el tiempo, como en efecto ocurrió.

Lucas expone un marco histórico en sus escritos, ya sea al referirse a personajes ilustres como emperadores y gobernadores, o a países, ciudades o distritos particulares. En el caso específico de Poncio Pilato,

---

[87] La Historia propiamente definida es «la disciplina que trata de investigar y establecer todo lo concerniente al pasado de los hombres».

[88] Al parecer, se trata de Teófilo ben Anás, sumo sacerdote del Templo de Jerusalén del año 37 al 41.

[89] Algunas traducciones mencionan a Cirenio, pero existe un consenso entre los historiadores de que se trata del mismo personaje.

este evangelista lo menciona doce veces en su Evangelio y tres más en Hechos de los Apóstoles.

No hay duda de que los acontecimientos narrados por este Evangelio en particular se encuadran en un contexto histórico, ya que, como mencioné, tienen un cuándo y un dónde, a diferencia de los cuentos de hadas, que siempre comienzan con un «había una vez...» y nunca mencionan un tiempo ni lugar («... en tierras lejanas...»), quedando así estampado el sello de fábula, cuento, leyenda, mito o invención.

Pero este médico con pretensiones de historiador no es la única fuente que nos habla de aquel quinto prefecto de la provincia romana de Judea. También lo hacen algunos autores judíos como Filón de Alejandría[90] y Josefo Flavio[91], romanos como Cornelio Tácito[92] y hasta existen testimonios arqueológicos epigráficos. Veamos algunas de estas referencias de voz del historiador judío Josefo Flavio, nacido en Jerusalén cuatro años después de la crucifixión de Jesús:

> Cuando Pilato fue enviado por Tiberio como procurador de Judea, llevó de noche a escondidas a Jerusalén las efigies de César, que se conocen por el nombre de estandartes. Este hecho produjo al día siguiente un gran tumulto entre los judíos. Cuando lo vieron los que se encontraban allí, se quedaron atónitos porque habían sido profanadas sus leyes, que prohíben la presencia de estatuas en la ciudad. Además, un gran número de gente del campo acudió también allí ante la indignación que esta situación había provocado entre los habitantes de la ciudad. Se dirigieron a Cesarea y pidieron a Pilato que sacara de Jerusalén los estandartes y que observara las leyes tradicionales

---

[90] Filón de Alejandría fue un filósofo judío helenístico nacido alrededor del año 20 a. C. en Alejandría, donde murió hacia el 45 d. C. Contemporáneo al inicio de la era cristiana, vivió en Alejandría, entonces el gran centro intelectual del Mediterráneo.

[91] Tito Flavio Josefo (Jerusalén, 37 - Roma, 100), nacido como Yosef ben Matityahu, fue un historiador judeorromano del siglo I, que nació en Jerusalén (entonces parte de Judea romana) de un padre de ascendencia sacerdotal y una madre de ascendencia real.

[92] Gayo o Publio Cornelio Tácito (55 - 120) fue un político e historiador romano de época flavia y antonina. Escribió varias obras históricas, biográficas y etnográficas, entre las que destacan los *Anales* y las *Historias*.

judías. Pero como Pilato se negó a ello, los judíos se tendieron en el suelo, boca abajo, alrededor de su casa y se quedaron allí sin moverse durante cinco días y sus correspondientes noches.

Al día siguiente Pilato tomó asiento en la tribuna del gran estadio y convocó al pueblo como si realmente desease darles una respuesta. Entonces hizo a los soldados la señal acordada para que rodearan con sus armas a los judíos. Estos se quedaron estupefactos al ver inesperadamente la tropa romana formada en tres filas a su alrededor. Mientras, Pilato les dijo que les degollaría si no aceptaban las imágenes del césar y dio a los soldados la señal de desenvainar sus espadas. Pero los judíos, como si se hubiesen puesto de acuerdo, se echaron al suelo todos a la vez con el cuello inclinado y dijeron a gritos que estaban dispuestos a morir antes que no cumplir sus leyes. Pilato, que se quedó totalmente maravillado de aquella religiosidad tan desmedida, mandó retirar enseguida los estandartes de Jerusalén (*Guerra de los judíos* L. II, 169-174).

Sobre un incidente similar al narrado por Josefo Flavio, el gran filósofo judío Filón de Alejandría escribió:

Uno de sus lugartenientes [de Tiberio César] fue Pilato, a quien se designó para gobernador de Judea. Este, no tanto por honrar a Tiberio cuanto por apesadumbrar a la multitud, dedicó en los palacios de Herodes, dentro de la ciudad santa, unos escudos chapados en oro, que no llevaban dibujo alguno ni ninguna otra cosa de las prohibidas por nuestras leyes, excepto cierta lamentable inscripción que expresaba dos cosas: el nombre del autor de la dedicatoria y el de aquel a quien estaba dedicada.

Pero, cuando la multitud tuvo noticias del asunto (...), rogaron a Pilato que rectificase la violación de las tradiciones que suponían esos escudos; y que no innovase en las ancestrales costumbres, conservadas sin alteración por reyes y emperadores durante todas las precedentes edades.

Habiéndose opuesto él firmemente, pues era inflexible por naturaleza y de una terca arrogancia, le gritaron: «No provoques una sedición (...). No tomes a Tiberio como pretexto para ultrajar a nuestra nación, que él no desea anular ninguna de nuestras costumbres. Si sostienes lo contrario, muestra una orden suya, una carta o algo análogo, para que cesemos de importunarte y elijamos delegados que eleven nuestra petición a nuestro soberano».

Esto último lo exasperó de un modo especial, pues temía que, si la embajada se concretaba, expondrían también el resto de su conducta en el gobierno, describiendo su banalidad, sus insolencias, sus pillajes, sus ultrajes, sus atropellos, sus constantes ejecuciones sin juicio previo, su incesante y penosísima crueldad.
(...) Viendo esto, los dignatarios de los judíos (...), escribieron a Tiberio una carta con muy vehementes súplicas.

Cuando este la hubo leído, ¡vaya cosas que dijo sobre Pilato, vaya amenazas que profirió contra él! Hasta qué grado se puso furioso, aunque no era hombre de irritarse fácilmente, no hay por qué referirlo, pues los hechos hablan por sí solos.

En efecto, enseguida, sin aplazarlo para el día siguiente, le escribió una carta en la que lo censuraba duramente innumerables veces por la osadía de violar lo establecido, y le mandaba descolgar los escudos inmediatamente y transportarlos desde la ciudad capital a Cesarea, la situada sobre el mar, llamada Augusta en memoria de su abuelo, para que fueran colocados en el templo de Augusto; cosa que se hizo. De ese modo se salvaguardaron ambas cosas: el honor debido al emperador y la norma seguida desde antiguo con respecto a nuestra ciudad —*Sobre la embajada ante Cayo* (*De legatione ad Gaium*) XXXVIII, 299-305—.

En el año 1961, entre los restos del teatro de Cesarea[93], se encontró una inscripción fragmentaria oficial —hoy expuesta en el museo de Israel—, en la que Pilato dedica un templo de culto al emperador Tiberio, donde se puede leer el nombre mutilado de Poncio Pilato (*..ntius Pilatus*) junto al término *Tiberieum*, acreditando su presencia como funcionario romano en Judea. También existen monedas de bronce que fueron acuñadas en Galilea entre el año 26 y 36 d. C. para conmemorar el inusual largo período de su gobierno, que cubre por completo la actividad ministerial de Juan el Bautista y la de Jesús.

---

[93] Importante puerto antiguo a medio camino de Tel-Aviv y Haifa.

Por las Sagradas Escrituras, sabemos que Poncio Pilato fue quien dio la orden final para la ejecución de Jesús, no sin antes haberlo mandado a azotar, por petición de Caifás y los sumos sacerdotes de Jerusalén, aunque quiso lavarse las manos con el asunto después de haberles ofrecido a cambio la ejecución de otro reo de muerte. También las Escrituras nos cuentan que Pilato era en extremo supersticioso, como la mayoría de los romanos, así que las advertencias de su esposa de que no se metiera con ese carpintero, por los sueños que había tenido con Él, más la gran obscuridad que cubrió Jerusalén cuando los condenados a muerte colgaban del madero y el posterior terremoto que sacudió la tierra hasta rasgar las cortinas del templo cuando Jesús finalmente expiró, lo tuvieron que haber llenado de un profundo temor que quizá lo perseguiría por el resto de sus días. De ahí que hubiera cedido fácilmente a la petición del sanedrín de disponer de una guardia romana para custodiar la tumba del Maestro.

Existe la creencia de que Pilato se convirtió al cristianismo y es considerado santo (al igual que su esposa Claudia Prócula) en la Iglesia abisinia (Iglesia autocéfala ortodoxa de Etiopía), designando el 25 de junio como su fecha en el santoral de dicha comunidad.

PADECIÓ

> Así como muchos se asombraron de él, al ver su semblante, tan desfigurado que había perdido toda apariencia humana (...) Pero fue traspasado a causa de nuestra rebeldía, fue atormentado a causa de nuestras maldades; el castigo que sufrió nos trajo la paz, por sus heridas alcanzamos la salud (...) Fue maltratado, pero se sometió humildemente, y ni siquiera abrió la boca; lo llevaron como cordero al matadero, y él se quedó callado, sin abrir la boca, como una oveja cuando la trasquilan. Se lo llevaron injustamente, y no hubo quien lo defendiera; nadie se preocupó de su destino. Lo arrancaron de esta tierra, le dieron muerte por los pecados de mi pueblo.
>
> Isaías 52-53

La pasión de Cristo constituye uno de los temas más desarrollados en la historia del arte occidental, por lo que su iconografía nos resulta muy familiar. Y de todos los eventos que en ella se sucedieron, la crucifixión domina de lejos a los demás. Los críticos de arte coinciden en destacar la obra maestra *Cristo crucificado* del pintor español Diego Velásquez[94] como uno de los más importantes cuadros de nuestro Señor Jesucristo colgado del madero.

---

[94] Diego Rodríguez de Silva y Velázquez (Sevilla, bautizado el 6 de junio de 1599 - Madrid, 6 de agosto de 1660), conocido como Diego Velázquez, fue un pintor barroco español considerado uno de los máximos exponentes de la pintura española y maestro de la pintura universal.

Pintado en el año 1632 por encargo del rey Felipe IV para el convento de las monjas benedictinas de San Plácido y que ahora se exhibe en el Museo Nacional del Prado, de Madrid, plasma a un hombre joven de tez blanca que reposa serenamente anclado a una cruz. La figura de Cristo se retrata de frente con la cabeza ligeramente inclinada a la derecha, coronado con espinas y con una aureola apastelada, que denota su santidad, apuntalado al madero con cuatro clavos. Su figura se destaca sobre un fondo verde oscuro, donde se advierte la sombra que proyecta el cuerpo, sin alusión alguna al paisaje del Gólgota, como si se tratase más bien de una escultura, que paradójicamente produce la impresión de un cuerpo real, vivo o recién muerto, sereno y de una delicada belleza. Velázquez rehuyó la figura musculosa, que gustaba tanto a Miguel Ángel y a otros de su época, como de las sangrientas cortadas infligidas por el látigo y la corona de espinas, y se limitó a registrar unos disimulados hilos de sangre, que emanan de manos y pies y resbalan por la madera, la del costado apenas sugerida y la de la corona de espinas que salpica de toques muy ligeros la frente, la boca y la parte superior del pecho.

Respetando los diferentes estilos de arte con los que se han retratado la crucifixión de nuestro Señor durante siglos, llama la atención que, con muy contadas excepciones, todos plasman un rostro sereno que parece más dormido que vilmente asesinado, sin señales de maltrato alguno, que transmite más el fallecimiento durante el descanso nocturno, que la muerte por agonía y martirio a la que fue sometido el Hijo de Dios.

Igual ocurre con los enormes crucifijos que penden por encima de los altares de nuestras iglesias, que transmiten la misma paz y serenidad que sus representaciones de dos dimensiones. Desconozco la razón detrás de esta decisión artística que por siglos ha generado la idea equivocada, tergiversando por completo el aquelarre de sangre y sufrimiento que ocurrió aquel fatídico viernes de Pascua. Ha de ser por haber ignorado esta norma que el *Retablo de Isenheim*, del pintor alemán Matthias Grünewald[95], exhibido en el Museo de Unterlinden de Colmar, en Alsacia, Francia, que le ha merecido el título de ser una de las mejores obras de su época. Fue elaborado entre los años 1512 y 1516. Está formado por nueve paneles, siendo el más conocido su tabla central, con una escena de la crucifixión, que mide 269 cm de alto y 307 cm de ancho. La pintura está sobre un fondo de tinieblas en que se alza la cruz con su cuerpo gravemente torturado por el suplicio atroz. Representa el momento preciso en el que Cristo expira y se hace de noche en pleno día. Es notable el dramatismo que plasmó el artista al detallar cientos de heridas en todo su cuerpo y la sangre que brota de su cabeza, extremidades y costado, junto con los dramáticos miembros dislocados que expresan por sí solos el dolor que causa la entrada de cada clavo atravesando manos y pies. No tiene un centímetro cuadrado de piel que no muestre una profunda laceración. Es una representación del todo opuesta a las serenas a las que nos tienen acostumbrados las iglesias y los museos de arte.

En tiempos más modernos, la mejor representación de lo que aconteció aquel viernes, según reconocidos historiadores, estuvo en la película *La Pasión de Cristo,* de Mel Gibson. Estrenada el 25 de febrero de 2004, constituyó un éxito de taquilla pocas veces antes visto. El cardenal colombiano Darío Castrillón, prefecto de la Congregación para el Clero, recomendó ver la película a todos los sacerdotes del mundo y comentó que «gustosamente cambiaría algunas de las homilías que he dado sobre la Pasión de Cristo por unas pocas escenas de la película». En una entrevista con Zenit[96], Gibson explicó:

> No hay nada de violencia gratuita en esta película. Creo que un menor de doce años no debería verla, a no ser que sea muy maduro. Es bastante fuerte. Nos hemos acostumbrado a ver

---

[95] Matthias Grünewald, también llamado Mathias Gothardt Neithartdt (Wurzburgo, Alemania, 1470, Halle - 1528), fue un pintor renacentista alemán. Pintó principalmente obras religiosas, en especial escenas de crucifixión sombrías y llenas de dolor. El carácter visionario de su obra, con sus expresivos color y línea, contrasta con la obra de su contemporáneo Alberto Durero. Sus pinturas son conocidas por sus formas dramáticas, colores vívidos y el tratamiento de la luz.

[96] Zenit es una agencia de información católica basada en la web.

> crucifijos bonitos colgados de la pared. Decimos: «¡Oh, sí! Jesús fue azotado, llevó su cruz a cuestas y le clavaron a un madero», pero ¿quién se detiene a pensar lo que estas palabras significan en verdad? En mi niñez, no me daba cuenta de lo que esto implicaba. No comprendía lo duro que era. El profundo horror de lo que Él sufrió por nuestra redención realmente no me impactaba. Entender lo que sufrió, incluso a un nivel humano, me hace sentir no solo compasión, sino también me hace sentirme en deuda: yo quiero compensarle por la inmensidad de su sacrificio.

Crucificar a la gente fue un castigo inventado en Medio Oriente. Primero fue utilizado por el Imperio persa, así como los asirios y caldeos. Luego lo adoptaron los griegos, egipcios y romanos —quienes lo perfeccionaron como instrumento de tortura—. Pero, por supuesto, cada cultura tenía su manera particular de crucificar a los condenados. Los romanos, por ejemplo, utilizaban tres tipos de cruces: la *crux decusata* (en forma de X), la *crux commissata* (en forma de «T» mayúscula) y la *crux immisa* (en forma de «t» minúscula, la más conocida).

Jesús murió en la cruz después de una larga agonía, con su cabeza perforada por la corona de espinas, sus manos y pies fueron atravesados por rústicos clavos de 18 cm de largo y uno de diámetro, y todo su cuerpo, en especial la espalda, desgarrada por los azotes infligidos por el *flagrum*, látigo con mango corto y varias cadenas finas de hierro que terminaban en pequeñas piezas de hueso y metal, con el que se producían terribles daños al reo.

Algunos detractores de la resurrección aseguran que el Maestro sobrevivió al martirio y que lo bajaron vivo del madero. Los doctores William Edwards, Wesley Gabel y Floyd Hosner, patólogos de la Clínica Mayo, de Rochester, Minnesota, publicaron en la revista médica *Journal of the American Medical Association*, en su edición del 21 de marzo de 1986, el siguiente informe:

> Veamos, en primer lugar, la salud de Jesús, pues los rigores de sus caminatas por toda la tierra de Israel hubieran sido imposibles si Él no hubiera gozado de una buena salud. Se

asume, pues, que Jesús estaba en perfectas condiciones físicas antes de su arresto en el huerto de Getsemaní.

Posteriormente, el estrés emocional, la falta de sueño y comida, los golpes que sufrió de manos de los soldados romanos y la larga caminata hacia el monte Calvario le hicieron vulnerable a los efectos fisiológicos adversos de la flagelación.

En seguida, la Biblia nos revela que en el huerto de Getsemaní «sudó grandes gotas de sangre», fenómeno que a la luz de la ciencia es conocido como hematidrosis (sudor sanguinolento: ver Mateo 26,36-38; Lucas 22,44). Esto suele ocurrir en estados altamente emocionales, cuando la hemorragia de las glándulas sudoríparas ocasiona que la piel quede excesivamente frágil.

Durante la flagelación que experimentó por parte de los soldados romanos, sufrió laceraciones profundas, pues estos látigos estaban formados por cinco colas con puntas de plomo y huesos en sus puntas (ver Mateo 27,24-26). Estos látigos se enrollaban en el pecho y la espalda de la víctima, desgarrándole la mayor parte de los tejidos subcutáneos, y por medio de este castigo los soldados pretendían debilitar a la víctima y llevarla a un estado muy cercano al colapso o a la misma muerte.

El grado de pérdida sanguínea determinaba, generalmente, el tiempo que la víctima sobrevivía en la cruz. La pérdida de sangre de Jesús preparó el terreno para un estado de *shock* hipovolémico (estado en el que existe una discrepancia entre la capacidad de los vasos sanguíneos y su contenido). La hipovolemia significa una disminución del volumen sanguíneo, ya sea por pérdida de sangre o por deshidratación, la cual reduce también la presión circulatoria de la sangre que regresa al corazón. A esto es a lo que se le llama estado de *shock*.

Las heridas de los látigos en la espalda de Jesús fueron cubiertas con un manto púrpura, el cual, al llegar al lugar de su crucifixión, le fue arrancado, lo que reabrió de esta manera sus heridas y arrancó su piel por toda la sangre que tenía coagulada (ver Mateo 27,27-31).

Durante la crucifixión, los brazos y las piernas de Jesús fueron totalmente estirados y colocados sobre la cruz juntamente con su espalda ensangrentada, pues los clavos eran colocados entre el hueso radio y los huesos del carpo. Aunque no producían

> fracturas, el daño al periostio (membrana que cubre los huesos) era dolorosísimo.
>
> Seguramente los clavos también le cortaron el nervio mediano, lo cual debió haberle ocasionado espasmos intensísimos de dolor en ambos brazos y piernas durante el procedimiento. Todo esto debió haberle producido una parálisis en parte de sus manos, pues los ligamentos son atrapados en el trayecto de los clavos, lo que ocasiona lo que se llama una «mano de garra». Los clavos de los pies se los atravesaron entre los huesos del tarso y, seguramente, también le ocasionaron lesiones profundas en los nervios.
>
> El mayor efecto fisiológico de la crucifixión fue la interferencia con la respiración normal, especialmente durante la exhalación, ya que el cuerpo tiende a fijar el tórax en estado de inhalación. Esto, junto con la fatiga muscular, debió haberle ocasionado calambres musculares y contracciones intermitentes.
>
> En el Evangelio de Juan se enfatiza la salida repentina de sangre y agua cuando uno de los soldados le atravesó el costado con una lanza (ver Juan 19,34), lo cual, de acuerdo con la cardiología moderna, correspondió al líquido pericárdico que sale del pericardio (capa que envuelve al corazón). Indicaciones de que no solo perforó el pulmón derecho sino también el pericardio y el corazón, asegurando por lo tanto su muerte.
>
> De acuerdo con esto, las interpretaciones basadas en la presunción de que Jesús realmente no murió en la cruz están en desacuerdo con el conocimiento médico moderno.

La pasión comenzó con los azotes que Pilato ordenó. El evangelista Juan estaría tan acostumbrado a presenciar este tipo de castigo, que lo resumió en una frase: «Pilato tomó entonces a Jesús y mandó azotarlo» (Juan 19,1). El total de latigazos dados al Mesías no está registrado, pero el número de azotes en la ley judía era de 39 (40 menos uno) requerido por la Torá para, según ellos, prevenir un error de cuenta (ver 2 Corintios 11,24). Durante la flagelación, la piel era extirpada de la espalda, dejando ver una masa sanguinolenta de músculo y hueso. La enorme pérdida de sangre causaba a menudo la muerte, o al menos el desmayo. Irónicamente, en el caso del Maestro, este castigo tenía su lado caritativo: aceleraba la muerte en la cruz —ellos reconocían lo terrible que resultaba la crucifixión, así que la flagelación era su forma «compasiva» de aliviar el dolor del condenado—. Además de los azotes, Jesús soportó un gran suplicio y duros golpes por parte de los soldados romanos, incluyendo el arrancarle la barba y perforarle la cabeza con un trenzado de espinas en forma de corona.

Jesús fue crucificado en la *crux immisa* —la cual consiste en un *stipes* (la parte vertical) y un *patibulum* (la parte horizontal)—. Así que, durante su trayecto al Gólgota, solo cargó el *patibulum* (ver Juan 19,17) —que se cree debía pesar de 34 a 57 kilos— hasta el lugar final de la ejecución, contando con la ayuda de Simón de Cirene en una parte del recorrido. Cuando llegó al «Lugar de la Calavera» el horizontal fue colocado sobre el suelo y Jesús fue obligado a acostarse en él para poderlo clavar de sus muñecas, atravesando con los clavos el área del nervio mediano, causando que corrientes de dolor fulgurantes, agudos, contusivos y pulsátiles subieran por los brazos a los hombros y al cuello. Los clavos que se utilizaban en la época eran de punta roma, lo cual da lugar a lesiones contusivas no de corte limpio, sino que van «rasgando la carne». Son como un serrucho que, al ir atravesando la mano, van quebrando huesos, desgarrando arterias, tendones, nervios y músculo, provocando intenso dolor y hemorragia. El sufrimiento ha debido superar fácilmente el límite que el cuerpo podía resistir.

En el lugar de la ejecución ya estaba colocado un poste vertical (*estipe*) de poco más de dos metros. El *patibulum* fue entonces levantado y apuntalado sobre el vertical y le clavaron los pies. En este punto, las muñecas, los brazos y los hombros soportaban una presión tremenda, resultando en la dislocación del omóplato y de las articulaciones de los codos. La posición del cuerpo hacía muy difícil el exhalar y casi imposible inhalar. De nuevo el evangelista resume, infortunadamente, todo este evento en una sola palabra: «Allí lo crucificaron...» (Juan 19,18). A veces pienso que si los evangelistas hubieran sabido que hoy en día subestimaríamos la pasión de nuestro Señor, de la manera en que lo hacemos, hubieran ahondado más en detalles y no haberlo descrito como una acción más... lo bañaron, lo acostaron, lo peinaron... lo crucificaron.

Finalmente, el mecanismo de muerte por crucifixión era la sofocación. Para respirar, Jesús debía empujarse sobre sus pies para permitir que los pulmones se expandieran. A medida que el cuerpo se debilitaba y el dolor en los pies y piernas se hacía insoportable, el Maestro tuvo que escoger entre respirar y sentir el dolor que ello causaba. Debido a la poca respiración, los pulmones se empezaron a colapsar por áreas, posiblemente causando hipoxia[97]. Debido a la pérdida de sangre ocasionada por los azotes, Jesús seguramente desarrolló una acidosis respiratoria[98], resultando en un aumento de presión sobre el corazón, el cual latía más rápido para compensar la falta de sangre. Los pulmones también se llenaban de líquido. Bajo el estrés de la hipoxia y la acidosis, el corazón eventualmente dejó de latir. Existen diferentes teorías sobre la causa final de la muerte de Jesús. Una de ellas es que el pericardio se llenó de líquido, lo que ejerció una presión fatal en la habilidad del corazón para bombear sangre. Otra teoría establece que murió de una ruptura cardíaca. Otra sostiene que la muerte fue «multifactorial» y relacionada principalmente con un *shock* hipovolémico[99], agotamiento, asfixia y, tal vez, insuficiencia cardíaca aguda que terminaron por provocar una arritmia cardiaca fatal ocasionando un paro. Sin importar la verdadera causa médica de la muerte, el registro histórico es muy claro: Jesús sufrió muchas horas de espantosa y sostenida tortura en la cruz del Calvario... «por nuestra causa».

En varias oportunidades el Maestro les dijo a sus discípulos que tendría que padecer «mucho», que lo escupirían, lo golpearían, que sería

---

[97] Ausencia de suficiente oxígeno en los tejidos para mantener las funciones del cuerpo.

[98] La acidosis respiratoria es uno de los trastornos del equilibrio ácido-base en la que la disminución en la frecuencia de las respiraciones o hipoventilación provoca una concentración creciente del dióxido de carbono en el plasma sanguíneo y la consecuente disminución del pH de la sangre.

[99] El choque hipovolémico, a menudo llamado *shock* hemorrágico, es un síndrome complejo que se desarrolla cuando el volumen sanguíneo circulante baja a tal punto que el corazón se vuelve incapaz de bombear suficiente sangre al cuerpo.

rechazado por los ancianos[100] (llamados así no por su edad, sino por ser las familias más ricas e influyentes de Jerusalén), por los jefes de los sacerdotes y por los maestros de la ley y que al final lo matarían (ver Marcos 8,31; 9,31; 10,33-34; Lucas 9,22; Mateo 16,21; Juan 12,32-33). Jesús no logró que ellos, tan siquiera, imaginaran lo terribles, dolorosos y degradantes que resultarían ser los acontecimientos que les contaba (ver Lucas 18,34). ¿Qué habrán entendido cuando Él les dijo que los maestros de la ley lo harían sufrir «mucho»? o ¿que lo matarían? Ni siquiera hicieron la más común de las preguntas: ¿por qué? Todavía hoy muchos no se preguntan ¿por qué tuvo que padecer tanto?

No tenemos una respuesta exacta a ese «por qué», ya que pertenece al misterio del designio de Dios, aunque los teólogos de todos los tiempos han propuesto respuestas, pero sí podemos arrojar luces repasando algunas palabras pronunciadas por los profetas del Antiguo Testamento y por el mismo Jesús. La clave para tratar de entender este misterioso evento es el ¡amor! Y amor extremo: «Habiendo amado a los suyos, los amó hasta el extremo» (Juan 13,1). Bueno, esto no nos debe sorprender ya que, como afirma el evangelista Juan en su primera carta: «Dios es Amor»[101], por lo tanto, todo lo de Él tiene que ver con el amor. Podemos hacer las siguientes afirmaciones:

1) Lo hizo porque nos ama: «Nadie tiene mayor amor que el que da su vida por sus amigos» (Juan 15,13) y «En esto consiste el amor: no en que nosotros hayamos amado a Dios, sino en que él nos amó y nos envió a su Hijo como propiciación por nuestros pecados» (1 Juan 4,10)

---

[100] La palabra «anciano» no se refiere a una persona de más edad, sino que en sentido estricto los «ancianos» son el grupo del sanedrín distinto de los sacerdotes-jefes y de los escribas fariseos. Está compuesto por los jefes de las familias más ricas e influyentes de Jerusalén. En algún momento Lucas los llama «los notables del pueblo» (19,47), son la aristocracia seglar, los poderosos; esto por el dinero, ya que eran los propietarios de grandes haciendas y los comerciantes más ricos.

[101] 1 Juan 4,7-8.

2) Lo hizo por nuestra redención: «Porque, del mismo modo, el Hijo del hombre no vino para que le sirvan, sino para servir y para dar su vida en rescate por muchos» (Mateo 20,28).
3) Lo hizo voluntariamente: «Nadie me quita [la vida]; yo la doy voluntariamente» (Juan 10,18).
4) Lo hizo porque se sentiría satisfecho de hacerlo: «Después de tanta aflicción verá la luz, y quedará satisfecho al saberlo; el justo siervo del Señor liberará a muchos, pues cargará con la maldad de ellos» (Isaías 53,11). En el hermoso lenguaje de las parábolas que tanto gustaban a Jesús, el evangelista dijo aludiendo a estas palabras: «Cuando la mujer está para dar a luz, tiene aflicción, porque ha llegado su hora; pero cuando da a luz al niño, ya no se acuerda de la angustia, por la alegría de que un niño haya nacido en el mundo» (Juan 16,21).
5) Lo hizo por todos los hombres que existieron, existen y existirán: «Jesucristo se ofreció en sacrificio para que nuestros pecados sean perdonados; y no solo los nuestros, sino los de todo el mundo» (1 Juan 2,2).

Es necesario aclarar que todo el sufrimiento que padeció el Hijo de Dios no es el que redimió nuestros pecados, sino el amor extremo con que lo aceptó y vivió. En palabras del *Catecismo de la Iglesia católica*: «El "amor hasta el extremo" (Juan 13, 1) es el que confiere su valor de redención y de reparación, de expiación y de satisfacción al sacrificio de Cristo» (616).

Jesucristo en su naturaleza humana compartió los mismos sufrimientos que han soportado muchas personas: el hambre, la sed, el martirio, la humillación, la injusticia, la tortura, la calumnia, el abandono, el despellejamiento, el agotamiento extremo, la burla, la traición, la crucifixión y la muerte. No existe la posibilidad de que en nuestras horas más oscuras, cuando nos dirigimos al Padre en oración, podamos decir «... cuánto me gustaría que entendieras el dolor que estoy padeciendo para que supieras lo que siento en este momento...». Sin duda, hizo suyos todos nuestros sufrimientos pasados, presentes y futuros.

Esta acción de propiciación de nuestros dolores puede sernos de ayuda, cuando en la vivencia del sufrimiento humano, esa terrible sensación de sentirnos inútiles e impotentes, siempre buscando en el otro una forma de consuelo, podemos unir ese dolor a los que vivió Jesús y de esta manera complementar a los de nuestro Salvador: «La fe en la participación en los sufrimientos de Cristo lleva consigo la certeza interior de que el hombre que sufre "completa lo que falta a los padecimientos de Cristo"; que en la dimensión espiritual de la obra de la redención sirve, como Cristo, para la salvación de sus hermanos y hermanas. Por lo tanto, no solo es útil a los demás, sino que realiza incluso un servicio insustituible» (Carta apostólica *Salvifici Doloris* de Juan Pablo II, Numeral 27).

Y FUE SEPULTADO

Después de bajarlo de la cruz, lo envolvió en una sábana de lino y lo puso en un sepulcro excavado en una peña, donde todavía no habían sepultado a nadie. Era el día de la preparación para el sábado, que ya estaba a punto de comenzar.

Lucas 23,53-54

Una de las paradas obligadas para todo turista que visite Egipto es, sin lugar a duda, el Valle de los Reyes y el de las Reinas, a pocos kilómetros al noroeste de la ciudad de Luxor, donde se puede visitar una gran cantidad de tumbas de los faraones, y de algunas de sus esposas e hijos más importantes del Imperio Nuevo[102]. El grado de conservación de algunas de ellas es absolutamente increíble. Cavadas en la roca de los cerros del valle, todas poseen enormes corredores de varios cientos de metros a manera de túnel de entrada que penetran la profundidad de la montaña. El turista se maravilla no solo de la construcción en sí, que es todo un reto a la ingeniería, sino que toda ella se encuentra tapizada de jeroglíficos que cuentan la vida del morador de la tumba. Millones y millones de esos enigmáticos símbolos decoran hasta el último rincón de estos enormes panteones; sin embargo, nada se dice de los detalles que giran en torno a la sepultura ni de quienes tuvieron algún rol que desempeñar para acompañar al muerto hasta su morada final. Igual

[102] Comprendido entre los años 1551 y 1080 a. C.

ocurre con otras tumbas de personajes famosos de la antigüedad (reyes, emperadores, generales y hasta filósofos). No así con la sepultura de nuestro Señor.

Sabemos quién tomó el cuerpo después de haberse certificado su muerte, conocemos el nombre de la persona que donó los materiales para su embalsamamiento y la cantidad de la donación, al igual que su oficio e intereses personales. Están documentados los nombres de las personas que participaron en todos los preparativos que la costumbre dictaba para depositar el cadáver en su destino final. Se sabe quién era el dueño de la tumba, su lugar de nacimiento, adscripción religiosa, posición económica y ocupación. Conocemos la ubicación de la tumba y que no había sido usada previamente. También sabemos de qué estaba hecha. Quedaron registrados el día y la hora aproximados en que se depositó el cuerpo dentro del sepulcro. Sabemos cómo fue cerrada la tumba, quién la custodió por tres días y quién dio la orden de hacerlo. Tenemos registros de las personas que influyeron para que se vigilara la tumba y el temor que los movía a hacerlo.

Las palabras «tumba» y «sepulcro» aparecen treinta y dos veces en los relatos bíblicos de la resurrección, lo que demuestra la importancia que le dieron los apóstoles a este lugar. Eusebio de Cesarea —padre de la historia de la Iglesia— nos cuenta en su obra *Teofanía* la descripción del lugar que le hizo la emperatriz Helena[103], primera protectora del santo sepulcro[104].

> La tumba misma era una cueva que había sido labrada; una cueva que había sido cortada en la roca y no había sido usada por ninguna otra persona. Era necesario que la tumba, que en sí misma era una maravilla, cuidara solo de un cadáver.

---

[103] Santa de la Iglesia católica y madre del emperador Constantino, quien, en el 313 d. C., autorizó la práctica del cristianismo.

[104] En 1883 se identificó un lugar alternativo conocido como «tumba del jardín» adyacente al «calvario de Gordon», en honor el mayor general Charles Gordon, quien afirmó que una loma rocosa que hay a las afueras de la Puerta de Damasco era el Gólgota bíblico.

Estaba ubicada en un huerto cerca del lugar donde fue crucificado (ver Juan 19,41), fuera de los muros de la ciudad de Jerusalén (ver Juan 19,20). Era un «sepulcro sin estrenar» que había sido «cavado en la roca» por orden de José de Arimatea (ver Mateo 27,60) para uso y goce de su familia. Era lo suficientemente grande como para que una persona se sentara adentro (ver Marcos 16,5), pero no para permanecer de pie (ver Juan 20,5-6).

Las tumbas cavadas en la roca, exclusivas de los adinerados por el alto costo que implicaba la excavación, a veces eran utilizadas como sepulcro múltiple con cámaras separadas, para albergar a varios miembros de la familia y llegado el momento los huesos se depositaban en una pequeña caja llamada «osario», que en ocasiones podía contener la osamenta de varias personas. De ahí la importancia de tener una puerta de acceso.

La entrada a la tumba fue bloqueada por una enorme piedra redonda, grande y sumamente pesada. Por ello la preocupación de las mujeres, cuando se dirigían al sepulcro, de quién la movería. Como dije antes, a la tumba se podía entrar inclinándose, lo que implica que la piedra tenía un diámetro aproximado de un metro y medio, o quizás un poco más. De acuerdo con este tamaño, su grosor debía ser mínimo de treinta centímetros. Según estas dimensiones, la piedra podía pesar más de dos toneladas. En resumen, era muy pesada. Estos datos coinciden con la descripción que dan dos de los evangelistas: «Una piedra grande» (Mateo 27,60) y: «Que la piedra, aunque era sumamente grande» (Marcos 16,4).

Una vez movida la piedra para bloquear el acceso, se selló atravesándola con una cuerda o cinta que se adhirió a los extremos de la cueva con arcilla fresca para luego estampar el anillo real de Poncio Pilato (ver Daniel 6,17). Esto implicaba que para mover la roca había que romper el sello. Quien lo hiciese sin una autorización de Pilato estaría violando una orden del emperador romano. El problema, pues, no sería con el sanedrín ni con ninguna autoridad judía, sino con Roma.

Como si esto no fuera suficiente para asegurar que el muerto permanecería eternamente en su morada final, la tumba fue protegida por una guardia romana. Debido a que en múltiples ocasiones Jesús había anunciado que al tercer día resucitaría de entre los muertos, el sanedrín temía que sus discípulos intentaran robar el cadáver. Una vez desaparecido el cuerpo, ellos podrían clamar como cierta la tan anunciada resurrección del que aseguraba ser el Hijo de Dios. Por esa razón, las autoridades del sanedrín convencieron a Pilato de que dispusiera una tropa de guardia para su vigilancia; es decir, soldados romanos. El sanedrín pensaba que los doce apóstoles, o por lo menos once, intentarían realizar el hurto. Así que el número de soldados debía ser proporcional a la amenaza. Cuando el rey Herodes tuvo bajo arresto a Pedro, lo vigiló con dieciséis soldados (ver Hechos de los Apostoles12,1-5). Cabe pensar entonces que el número de guardias destinados a cuidar la tumba fue similar.

Toda la escena del lugar del entierro de Jesús tiene un enorme soporte histórico. Nunca un «delincuente» produjo tanta preocupación después de su ejecución. Sobre todo, jamás un condenado a morir en la cruz había tenido el honor de ser custodiado por una escuadra de soldados. Todas las medidas judiciales y policivas del momento, adicionales a las que la prudencia dictaba, fueron tomadas para evitar que el cadáver de Jesús se moviera siquiera un centímetro del lugar donde había sido depositado ese viernes. Aun así, tres días después, el cuerpo ya no estaba.

Hoy podemos palpar con nuestras manos la roca del lugar donde Jesús fue amortajado y en épocas recientes algunos han podido tocar la piedra sobre la que reposó su cuerpo en esa tumba, que permanece vacía.

¿Por qué el gobernador Pilato se tomó la molestia de proteger con tanto celo esta tumba? Para contestar la pregunta, debemos retroceder unas horas el reloj de los acontecimientos y ubicarnos en el interrogatorio que Pilato le hizo a Jesús. Dice el Evangelio de Juan que, en medio del proceso, la muchedumbre le pidió al gobernador que lo crucificara porque se había «hecho pasar por Hijo de Dios» (Juan 19,7), y que cuando el prefecto escuchó esta declaración «tuvo más miedo» (Juan 19,8). Como la mayoría de los romanos, Pilato era supersticioso en extremo. Pensar que Jesús fuera un hombre con poderes divinos —tal vez un dios que había descendido en forma humana (Hechos 14,11)— embargó de miedo a quien fungía de juez. Si ese fuera el caso, acababa de mandar a azotar, golpear y asesinar a alguien que habría podido usar sus poderes sobrenaturales para vengarse. El sueño de su esposa sobre este carpintero y la advertencia que oportunamente le hizo (ver Mateo 27,19) no hicieron más que alimentar el miedo supersticioso de una posible venganza contra él.

Pilato quiso despejar sus dudas en privado. El temor lo estaba consumiendo. A solas, en el pretorio, Pilato le preguntó: «¿De dónde eres tú?» (Juan 19,9). Él no quería saber el lugar de nacimiento de Jesús, ya que sabía que era galileo (ver Lucas 23,5-7). Lo que quería conocer era su «naturaleza», ahondar más en esas palabras que Jesús le había dicho antes: «Mi reino no es de este mundo» (Juan 18,36). ¿Pertenecía al «reino» de los humanos o al de más allá? Las pocas palabras del Maestro no apaciguaron los temores del gobernante y optó por correr el riesgo de ordenar la muerte de un ser sobrenatural y complacer de esta manera a los judíos, en vez de tener que lidiar con la furia de quienes lo acusaban y pedían la muerte de ese extraño ser. No era el mejor fin de semana para molestar a la gente, ya que toda la ciudad estaba llena de fieles que celebraban la Pascua.

Si a Pilato lo asustaron profundamente las palabras del Mesías, eso no fue nada en comparación con lo que estaba a punto de suceder. Los Evangelios sinópticos dicen: «Desde el mediodía y hasta la media tarde toda la tierra quedó en oscuridad» (Mateo 27,45; Lucas 23,44, y Marcos 15,33). ¿Fue esta oscuridad producto de un eclipse solar como algunos sugieren? La realidad es que un eclipse no puede explicar una oscuridad de esta duración, aunque algunas traducciones bíblicas, como la versión de *El libro del pueblo de Dios*[105], sugieren que se trató de un eclipse. Desde el punto de vista astronómico, la máxima duración de un fenómeno de estos es siete minutos y treinta y un segundos. La explicación que dieron los historiadores antiguos —como Sexto Julio Africano[106] y Tertuliano[107], entre otros— fue que se trató de un *chamsin* —una tormenta de arena— o de pesadas nubes negras que presagiaban un fuerte aguacero. Sea como fuere, esta oscuridad aumentó los temores supersticiosos de Pilato. Sin duda, no hallaba la hora de que el día terminara para dejar atrás toda esta inquietante cadena de sucesos.

Mientras que esperaba el final de aquella jornada tan extraña, cerca de las tres de la tarde —justo cuando Jesús expiró—, Pilato fue testigo de un fuerte terremoto. «En ese momento, la cortina del santuario del templo se rasgó en dos, de arriba abajo. La tierra tembló y se partieron las rocas» (Mateo 27,51; Lucas 23,45 y Marcos 15,38). Así, el representante del Imperio romano en aquella región despejó cualquier duda que hubiera podido tener y supo que había ordenado la muerte no solo de un inocente, sino de alguien muy especial.

Sexto Julio Africano también escribió sobre estos fenómenos naturales. En el libro tercero de su obra *Crónica*, compuesta por cinco tomos, escribió:

> Se echó sobre todo el universo una oscuridad espantosa; un terremoto quebró las rocas; la mayor parte [de las casas] de Judea y del resto de la tierra quedaron arrasadas hasta los cimientos. Esta oscuridad, Thallus[108], en el tercer libro de sus

---

[105] «Era alrededor del mediodía. El sol se eclipsó y la oscuridad cubrió toda la tierra hasta las tres de la tarde. El velo del templo se rasgó por el medio» (Lucas 23,44-45).

[106] Sexto Julio Africano (alrededor de 160 d. C. - hacia 240 d. C.) fue un historiador y apologista helenista de influencia cristiana-africana. Se le considera el padre de la cronología cristiana.

[107] Quinto Septimio Florente Tertuliano (alrededor de 160 d. C. - hacia 220 d. C.) fue un padre de la Iglesia y un prolífico escritor durante la segunda parte del siglo II y la primera del siglo III.

[108] Thallus fue un historiador temprano que escribió en griego *koiné* una historia de tres volúmenes sobre el mundo mediterráneo, desde antes de la guerra de Troya hasta la 167.ª olimpiada.

> *Historias*, la considera un eclipse de sol, pero, a mi parecer, sin razón.

Los geólogos Jefferson B. Williams, Markus J. Schwab y A. Brauer examinaron las perturbaciones de los depósitos de sedimentos en la región de Galilea, cerca de la orilla del mar Muerto. En su examen identificaron dos terremotos: uno muy fuerte, ocurrido alrededor del 31 a. C., y otro, menos intenso, entre el 26 y el 36 d. C. El estudio completo fue publicado en la revista *Geology Review*, volumen 54, del 2012. Aunque ellos no parecen estar plenamente convencidos de que este segundo terremoto pudiera explicar que la cortina del santuario del templo se haya partido en dos, sí dejan abierta la posibilidad de que lo fuera, por los márgenes de error típicos en este tipo de análisis.

Después de todas las cosas tan extrañas que habían acontecido ese día, lo último que Pilato quería era que el cuerpo de Jesús desapareciera, como se lo habían insinuado los judíos:

> Señor —le dijeron—, nosotros recordamos que mientras ese engañador aún vivía, dijo: «A los tres días resucitaré». Por eso, ordene usted que se selle el sepulcro hasta el tercer día, no sea que vengan sus discípulos, se roben el cuerpo y le digan al pueblo que ha resucitado. Ese último engaño sería peor que el primero (Mateo 27,63-64).

Por esta razón, se tomaron todas las medidas policivas y judiciales para custodiar la tumba y garantizar que nadie se atreviera a tocar el cuerpo inerte durante esos largos tres días.

Y RESUCITÓ AL TERCER DÍA

El ángel dijo a las mujeres: —No tengan miedo. Yo sé que están buscando a Jesús, el que fue crucificado. No está aquí, sino que ha resucitado, como dijo. Vengan a ver el lugar donde lo pusieron.

Mateo 28,5-6

El libro de los Hechos de los Apóstoles, escrito por Lucas —el mismo autor del Evangelio que lleva su nombre—, narra la fundación de la Iglesia católica y la expansión del cristianismo en el Imperio romano. Después de que los apóstoles recibieron al Espíritu Santo aquel día de Pentecostés, organizaron en diversas casas la celebración diaria de la conmemoración de la última cena del Señor: «Todos los días se reunían en el templo, y en las casas partían el pan y comían juntos con alegría y sencillez de corazón» (Hechos 2,46). La última cena nos debería transportar a un evento definitivo y melancólico, como de triste despedida. En el caso de la del Señor, fue el principio del fin, ya que con ella se dio comienzo a los eventos que llevaron a su muerte. ¿Por qué no se reunieron a conmemorar esa última cena vestidos de luto, tristes, entre llantos y lamentos? ¿Cómo así que se reunían a celebrar, y con ¡alegría!? Si no hubiera habido resurrección, ciertamente no habría nada que festejar. Jesús lo había profetizado:

> Están confundidos porque les he dicho: «Dentro de poco tiempo ya no me verán y dentro de otro poco me volverán a ver». Les aseguro que ustedes llorarán y se entristecerán, mientras el mundo se alegrará. Ustedes estarán tristes, pero su tristeza se transformará en alegría (Juan 16,19-20).

Para muchos cristianos, la resurrección del Señor es uno más de esos actos de fe en el que se cree más por costumbre que por convencimiento. En el fondo del corazón, se preguntan cómo se puede probar que Jesucristo resucitó de entre los muertos, si eso pasó hace tanto tiempo. También se preguntan cómo se podría probar eso, si los apóstoles no habrían escrito en los Evangelios algo que «no les conviniera». En otras palabras, tal vez ellos nos contaron lo que necesitábamos creer. Como con dicho pensamiento se cuestiona su honestidad, entonces cierran ojos y oídos, y prefieren evitar las preguntas.

Pero la Biblia no es la única fuente que corrobora que Cristo fue crucificado, muerto y sepultado, que después del tercer día muchas personas reportaron haberlo visto vivo, y que, hasta donde sabemos, varios de ellos interactuaron con Él. Los Evangelios, por supuesto, aportan una gran cantidad de detalles que nos ayudan a probar la honestidad, espontaneidad y hasta ingenuidad de sus autores, pero, repito, esa no es la única fuente. Así que nuestra fe en la resurrección del Señor no es un salto al vacío, sino que, por el contrario, podemos caminar por el terreno firme de la prueba con sólidas evidencias. En mi libro *Las tres preguntas* presento trece tesis (evidencias) ampliamente detalladas y soportadas por la ciencia, la historia y la lógica, que me permiten concluir sin lugar a duda que la única explicación razonable a ese sepulcro vacío, que satisface todo el cúmulo de hechos que tenemos, es que Jesucristo resucitó de entre los muertos.

Los cuatro evangelistas nos cuentan que el sepulcro donde fue puesto el cadáver de Jesús estaba vacío al tercer día. ¿Qué pasó con el cuerpo de Jesús? Tenemos tres posibilidades: los enemigos de Jesús se lo robaron y lo escondieron, sus amigos lo hicieron o Jesús resucitó.

Que los enemigos de Jesús se hubieran robado su cuerpo no tiene mucho sentido porque precisamente la ausencia de su cuerpo era una evidencia de la resurrección que tanto proclamaban sus discípulos. En las primeras conversiones en masa, como la descrita en el capítulo 2 del libro de los Hechos de los Apóstoles, muy seguramente los que tuvieran el cuerpo lo habrían exhibido para así acabar con ese nuevo movimiento que tanto les molestaba.

Que los amigos de Jesús se lo hubieran robado tampoco tiene mucho sentido. Los evangelistas nos cuentan cómo los discípulos huyeron del lado de Jesús cuando fue apresado y crucificado, por temor a correr la misma suerte. También nos cuentan que los apóstoles se encerraron y permanecieron escondidos por miedo a los judíos que los buscaban para matarlos. Así que ¿de dónde habrían sacado la valentía para robar su cuerpo y salir a predicar el Evangelio? ¿Cómo habrían evitado que, donde quiera que lo hubieran escondido, el lugar no se convirtiera en el mayor centro de peregrinación y veneración de su época?

¿Qué hizo que este grupo de temerosos y asustados apóstoles, escondidos y tristes, empezaran a predicar con valor y alegría las enseñanzas de su Maestro? No cabe explicación diferente a la de saberlo vivo de nuevo. Haber visto en persona a Jesús con las heridas de sus manos, pies y costado todavía frescas los convenció, sin lugar a duda, de que en verdad Jesús era el Mesías, el Emanuel, el Dios con nosotros.

¿Por qué Pablo dice que, si Jesucristo no resucitó, vana es nuestra fe? Lo que nos está diciendo el apóstol es que, sin la resurrección de Cristo, no existiría el cristianismo. En ese caso, quizás usted no habría escuchado palabra alguna de los apóstoles ni existiría la Iglesia ni ninguna esperanza de vida después de la muerte. Seguiríamos esperando angustiosamente al que nos puede redimir de nuestros pecados para gozar, en la eternidad, de las bondades y bellezas de vivir en la casa del Padre. ¿Por qué es la resurrección del Señor un evento tan decisivo?

Abraham fue el primer hombre en la historia al que Dios se le reveló. Según las creencias que él había aprendido, existían múltiples dioses representados por objetos creados por el hombre o por elementos de la naturaleza. Sin embargo, cuando Dios le habló, Abraham lo escuchó y el Señor le hizo una promesa:

> Deja tu tierra, tus parientes y la casa de tu padre, para ir a la tierra que yo te voy a mostrar. Con tus descendientes voy a formar una gran nación; voy a bendecirte y hacerte famoso, y serás una bendición para otros. Bendeciré a los que te bendigan y maldeciré a los que te maldigan; por medio de ti bendeciré a todas las familias del mundo (Génesis 12,1-3).

Esta fue la promesa que Dios hizo a una nación que luego se conocería como Israel. Según la promesa, a pesar de que la bendición llegaría a «todas» las familias del mundo, los descendientes de Abraham se destacarían, ya que serían una «gran» nación. Lo único que Dios pidió a cambio fue fidelidad. Cada vez que los israelitas de las siguientes generaciones escuchaban sobre la promesa que Dios les había hecho (en especial aquello de que serían una gran nación), a sus mentes venía la imagen de la potencia militar y económica del momento: los egipcios, los babilonios, los griegos, los romanos o los sirios, dependiendo de la época. Dios siempre se mantenía firme y cumplía su parte de la promesa, pero el pueblo no. Por eso continuaban añorando el día en que serían una gran nación.

Históricamente, aparecieron una serie de profetas que anunciaban la llegada de un «hombre» que le devolvería la dignidad al pueblo de Israel, les llevaría la buena noticia a los pobres, anunciaría la liberación de los presos, les restauraría la vista a los ciegos y daría la libertad a los oprimidos. Este no sería cualquier hombre, sería Dios, quien se haría carne como nosotros y a quien llamaríamos Emanuel (el Mesías).

Los profetas habían vaticinado eventos que ayudarían a identificar al tan anhelado Mesías. En mi libro *Las tres preguntas* enumeré 41 de ellas, y con un estudio probabilístico determiné que la probabilidad de que todas esas profecías se cumplieran en una sola persona es de 1 entre

10^{181}. Un uno seguido de 181 ceros. Por cierto, no sé leer ese número, pero es una probabilidad extremadamente pequeña. Para los matemáticos, una probabilidad menor de 1 entre 10^{50} puede ser asumida como imposible. ¿Qué decir entonces de 1 entre 10^{181}? Sin embargo, todas esas profecías vieron su cumplimiento en la persona de Jesucristo. Lo que para la razón humana es un imposible, Dios lo hizo posible. En el siguiente artículo me extenderé más en esto de las profecías.

A primera vista, se podría pensar que eso habría sido suficiente para que el pueblo lo identificara, reconociera y, por consiguiente, estallara de júbilo al saber que Dios estaba entre ellos. Pero la ceguera fue tal que no lo reconocieron. Le tocó al mismo Jesús decirles que Él era a quien ellos esperaban. ¿Cómo tomó este anuncio el estamento más culto y educado en la Ley; es decir, los que sabían de memoria los escritos de los profetas? ¿Cómo reaccionaron ellos ante la autoproclamación de ser el Mesías? Tomaron a Jesús como a un loco, un impostor, un blasfemo.

Los judíos pensaban que ese Mesías habría de ser, al menos, una réplica del rey David (nombre que en hebreo significa «el amado» o «el elegido de Dios»). David nació en Belén —la misma ciudad donde nació Jesús— en el 1040 a. C. y murió en Jerusalén —la misma ciudad donde murió Jesús— en el 966 a. C. Fue hijo de Jesé y Nitzevet. Como el menor de siete hermanos, estaba destinado a ejercer el menos glamuroso de los oficios: pastor de ovejas (como se autodefine Jesús en más de una ocasión). Sin embargo, pasó a la historia como «un rey justo, valiente, apasionado, guerrero, músico, poeta, rubio, de hermosos ojos, prudente, de muy bella presencia..., aunque no exento de pecado», según coinciden los libros sagrados de las tres religiones monoteístas. Fue un gran guerrero y conquistador. La fama que lo ha precedido, incluso hasta nuestros días, no ha sido la de conquistador, sino la de haber matado al gigante Goliat de una sola pedrada. Concluyó la tarea de unificar en un solo territorio a las doce tribus de Israel (Jacob), labor iniciada por su antecesor Saúl. La sociedad culta de Israel esperaba que el Mesías tuviera una hoja de vida similar a esta.

Un pobre carpintero, sin dinero en los bolsillos ni soldados a su disposición, no podía ser ni tan siquiera imaginado como el esperado Mesías. Sin embargo, los múltiples y grandiosos milagros que hacía causaban una enorme confusión e intriga entre los miembros del sanedrín. Lo vieron restaurarle la vista al ciego, el habla al mudo, la audición al sordo, el caminar al paralitico, la vida al muerto... En definitiva, no era un hombre común, ya que esas sanaciones sobrepasaban de lejos el umbral de lo humano, de lo natural. Pero, si sus milagros los intrigaban, lo que Él decía los encolerizaba.

La relación de Jesús con la más alta esfera religiosa de todo Israel se movía entre esas dos bandas: la intriga y la cólera. Por momentos, se ignoraban mutuamente. Pero cuando los encuentros se hacían inevitables —ya que el Maestro visitaba el templo cada vez que estaba en Jerusalén y se encontraba allí con ellos—, Jesús no ahorraba palabras para reprocharles el asesinato del espíritu de la Ley promulgada por Dios a través de los profetas. También les reprochaba que la hubieran convertido en una pesada carga que ni ellos mismos estaban dispuestos a llevar. Los llamaba «hipócritas», «malvados», «infieles», «insensatos», «raza de víboras», «guías ciegos» e incluso llegó a compararlos con los sepulcros blanqueados: hermosos por fuera, pero podridos por dentro.

Un buen día, los fariseos y los maestros de la Ley decidieron retar a Jesús. Le pidieron un milagro «más» para demostrar que era cierto que era el Mesías. Él les dijo:

> Esta gente malvada e infiel pide una señal milagrosa; pero no va a dársele más señal que la del profeta Jonás. Pues, así como Jonás estuvo tres días y tres noches dentro del gran pez, así también el Hijo del Hombre estará tres días y tres noches dentro de la tierra (Mateo 12,38-40).

El Maestro mismo les dijo que la única prueba que les iba a dar era su resurrección, no sus milagros. Si resucitaba, significaba que no estaba loco ni mintiendo, sino que era quien decía ser; que todo lo que hablaba era la más pura de todas las verdades; que no citaría continuamente las Escrituras si estas no fueran las palabras que Dios Padre había infundido en los profetas; que la Ley volvía a nacer con un nuevo espíritu; que la espera de aquel que nos redimiría de nuestros pecados había terminado; que nacería la esperanza de la vida eterna junto al Padre; que la Iglesia, que estaba profetizada como puente entre la tierra y el cielo, era ya una realidad; que podíamos tener por seguro todo lo que prometió y también que podíamos llamar a Jesús nuestro hermano, a María, nuestra Madre y a Dios nuestro Padre. Es por esta razón que Pablo dijo que de nada valdría nuestra fe si Cristo no hubiera resucitado. Y así lo hizo.

Durante los casi dos mil años que han transcurrido desde la resurrección de Cristo se han tejido toda clase de teorías para desvirtuar ese evento. Han tratado de hacerlo parecer una historia producto del deseo de unos discípulos que buscaban iniciar, a como diera lugar, una nueva religión a partir del judaísmo. Pero quienes afirman esto lo hacen desconociendo el cúmulo de evidencias que existe de fuentes cristianas y no cristianas.

Como dije, la puerta de la tumba de Jesús tuvo el privilegio de ser estampada con el anillo de la máxima autoridad romana para prevenir que alguien, sin la debida autorización, entrara. Además, una guardia del ejército mejor preparado para la guerra y con las más estrictas reglas de conducta estuvo vigilando día y noche el único acceso al sepulcro. Tres días después tuvieron que ir adonde los altos sacerdotes para que los ayudaran con una coartada y así evitar el castigo por haber dejado escapar el cadáver de su tumba.

Ciertamente, no podemos decir que la única explicación para la desaparición del cuerpo de una persona de su lugar de descanso sea la resurrección. ¡De ninguna manera! Esta razón no debe ni tan siquiera considerarse, a menos que hubiera sido profetizado, y a menos que el difunto hubiera proclamado ser Dios y tener el poder y la autoridad para vencer la muerte y levantarse por sus propios medios de la tumba.

En las obras literarias de los historiadores contemporáneos a Jesús como Josefo Flavio, Cornelio Tácito y Cayo Plinio Cecilio Segundo, entre otros, podemos leer lo que atestiguaron con respecto a la resurrección del Señor en su propio contexto. Ellos no ofrecen el lujo de detalles que sí nos brindan los testigos cristianos, pero corroboran lo fundamental, el corazón del asunto: que Cristo fue crucificado por orden de Poncio Pilato, que fue sepultado a las afueras de la ciudad de Jerusalén, cerca del lugar de su muerte, y que días después mucha gente lo vio vivo.

Jesús tuvo la mayor de todas las osadías que la historia haya registrado: dijo que Él era Dios. No dijo que era el rey David, Isaías, Moisés o Abraham… Dijo que era Dios. Como era de esperarse, la gente lo tomó como a un loco. Pero, después de verlo hacer tantos milagros, le pidieron una prueba contundente, que no dejara duda alguna de que Él sí era quien decía ser, les dijo que la resurrección era la prueba. Jesús probó ser Dios, demostró con su resurrección ser el Mesías que los profetas habían anunciado.

Según las Escrituras

Entonces Jesús les dijo: —¡Qué faltos de comprensión son ustedes y qué lentos para creer todo lo que dijeron los profetas! ¿Acaso no tenía que sufrir el Mesías estas cosas antes de ser glorificado? Luego se puso a explicarles todos los pasajes de las Escrituras que hablaban de él, comenzando por los libros de Moisés y siguiendo por todos los libros de los profetas.

Lucas 24,25-27

Si escuchamos decir: «Según me han contado, los índices de empleo y asistencia a la escuela aumentaron de forma notable este año», quizá nuestro cerebro lo procesaría así: «Tengo que verificarlo con una fuente confiable, pero he escuchado que los índices de empleo y asistencia a la escuela aumentaron de forma notable este año». He preguntado a varias personas qué es lo que entienden cuando escuchan esto de «según las Escrituras» y me dicen que lo que piensan es que las Sagradas Escrituras nos cuentan que Jesucristo resucitó al tercer día. Y tienen razón, pero con esa sola abstracción se pierden de mucho, ya que conlleva un sabor de «a nadie le consta, pero lo creemos porque está en las Escrituras».

El hermoso pasaje de los caminantes de Emaús (Lucas 24,13-35), que nos narra en exclusiva san Lucas, tiene una connotación muy especial para mí, ya que es el que inspiró a la señora Myrna Gallagher[109] para darle vida en 1978 al retiro de Emaús[110]. Yo lo hice en junio del 2003 y tuve la oportunidad de reencontrarme con el Señor cambiando mi vida para siempre. Aún continúo colaborando en calidad de servidor en varias parroquias, lo que me ha permitido revivir muchas veces la experiencia y reflexionar intensamente sobre este pasaje bíblico. Recuerdo que cuando hice el retiro la primera vez en calidad de caminante, el versículo treinta y dos me quedó retumbando en mi cabeza: «Y se dijeron el uno al otro: —¿No es verdad que el corazón nos ardía en el pecho cuando nos venía hablando por el camino y nos explicaba las Escrituras?». ¿Qué fue lo que les explicó de las Escrituras a esos dos discípulos que les disipó por completo la tristeza que los embargaba y se las convirtió en una alegría tal que les hizo arder el corazón?

Cuando los caminantes le cuentan al peregrino, que parece ignorar lo que había acontecido en esos días, el motivo de su tristeza, Él los reprende diciéndoles: «¡Qué faltos de comprensión son ustedes y qué lentos para creer todo lo que dijeron los profetas!» Acto seguido «se puso a explicarles todos los pasajes de las Escrituras que hablaban de él, comenzando por los libros de Moisés y siguiendo por todos los libros de los profetas».

Cabe imaginar que la conversación que sostuvieron durante esos once kilómetros que los separaba del pueblo de Emaús —en voz de maestro a alumno— se pudo haber desarrollado de esta manera:

—El profeta Jeremías dijo: «El Señor afirma: "Vendrá un día en que haré que David tenga un descendiente legítimo, un rey que reine con sabiduría y que actúe con justicia y rectitud en el país"»[111] —cita de memoria el extraño caminante—. Luego les pregunta: "¿De quién era descendiente Jesús de Nazaret?".

---

[109] Murió el 15 de octubre de 2020, a la edad de 83 años.

[110] Se llevó a cabo por vez primera en la parroquia de San Luis en la ciudad de Pinecrest, sur de Florida.

[111] Jeremías 23,5.

—Del rey David —contestan al unisonó los tristes viajeros.

—Han respondido muy bien.

—El profeta Miqueas dijo: «Pero tú, oh Belén Efrata, aunque eres pequeña entre las familias de Judá, de ti me saldrá el que será el gobernante de Israel, cuyo origen es antiguo desde los días de la eternidad»[112].

—¿Dónde nació Jesús?

—En Belén de Judea.

—¡Correcto!

—El gran profeta Isaías escribió: «Entonces serán abiertos los ojos de los ciegos, y los oídos de los sordos se destaparán. Entonces el cojo saltará como un venado, y cantará la lengua del mudo»[113].

—¿Y no es cierto que Jesús de Nazaret recorría todas las ciudades y las aldeas, enseñando en las sinagogas, predicando el Evangelio del reino y sanando toda enfermedad y dolencia?

—Así es —mientras movían sus cabezas de arriba abajo.

—Y el salmista había escrito: «Abriré mi boca en parábolas; evocaré las cosas escondidas del pasado, las cuales hemos oído y entendido, porque nos las contaron nuestros padres»[114].

—¿Y la manera de enseñar de su Maestro no era acaso en parábolas?

—Sí, así era su manera de enseñar.

—El profeta Zacarías dijo: «¡Alégrate mucho, oh hija de Sion! ¡Da voces de júbilo, oh hija de Jerusalén! He aquí tu rey, viene a ti, justo y

[112] Miqueas 5,2.

[113] Isaías 35,5-6.

[114] Salmo 78,2-3.

victorioso, humilde y montado sobre un asno, sobre un borriquillo, hijo de asna»[115].

—Cuándo Jesús fue proclamado por la multitud como rey hace unos días entrando a Jerusalén, ¿en qué iba montado?

—En un borriquillo, contestaron con voz un poco excitada porque estaban empezando a entender lo que pretendía el extraño con ese juego de preguntas y respuestas.

—¡Exactamente!

—El salmista dijo: «Aun mi amigo íntimo, en quien yo confiaba y quien comía de mi pan, ha levantado contra mí el talón»[116], y el profeta Zacarías también dijo: «Le preguntarán: "¿Qué heridas son estas en tus manos?". Y él responderá: "Con ellas fui herido en la casa de mis amigos"»[117].

—¿Quién fue el que entregó a muerte a su Maestro?

—Judas, uno de nosotros... Su gran amigo, dijeron sin poder ocultar la vergüenza ajena que sentían por semejante traición.

—¿Están entendiendo?

—También el profeta Zacarías escribió: «En aquel día fue anulado, y los que comerciaban con ovejas y que me observaban reconocieron que era Palabra del Señor. Y les dije: "Si les parece bien, denme mi salario, y si no, déjenlo". Y pesaron por salario mío treinta piezas de plata»[118].

—¿Cuánto dinero recibió el traidor por su trabajo?

—Treinta piezas de plata —contestaron sin ocultar la alegría que empezaba a emanar del fondo de sus corazones. Ya era evidente que estaban entendiendo. Y uno de ellos agregó:

---

[115] Zacarías 9,9.

[116] Salmo 41,9.

[117] Zacarías 13,6.

[118] Zacarías 11,11-12.

—Incluso me he enterado de que esas monedas él las arrojó dentro del santuario tal y como lo había profetizado Zacarías cuando dijo: «Entonces el Señor me dijo: "Échalo al tesoro. ¡Magnífico precio con que me han apreciado!". Yo tomé las treinta piezas de plata y las eché en el tesoro, en la casa del Señor»[119].

El peregrino se detiene y parándose al frente de ellos les dice:

—Y no fue el profeta Isaías el que dijo: «Él fue oprimido y afligido, pero no abrió su boca. Como un cordero, fue llevado al matadero; y como una oveja que enmudece delante de sus esquiladores, tampoco él abrió su boca»[120], y en otro pasaje dijo: «Entregué mis espaldas a los que me golpeaban, y mis mejillas a los que me arrancaban la barba. No escondí mi cara de las afrentas ni de los escupitajos»[121], y en otro: «Pero él fue herido por nuestras transgresiones, molido por nuestros pecados. El castigo que nos trajo paz fue sobre él, y por sus heridas fuimos nosotros sanados»[122], y en otro pasaje también dijo: «Fue despreciado y desechado por los hombres, varón de dolores y experimentado en el sufrimiento. Y como escondimos de él el rostro, lo menospreciamos y no lo estimamos»[123]. Y el salmista también dijo: «Los perros me han rodeado; me ha cercado una pandilla de malhechores, y horadaron mis manos y mis pies»[124], y en otro salmo escribió: «Reparten entre sí mis vestidos, y sobre mi ropa echan suertes»[125], y en otro dijo: «Además, me dieron hiel en lugar de alimento, y para mi sed me dieron de beber vinagre»[126], y en otro: «Él guardará todos sus huesos; ni uno de ellos será quebrantado»[127].

---

[119] Zacarías 11,13.

[120] Isaías 53,7.

[121] Isaías 50,6.

[122] Isaías 53,5.

[123] Isaías 53,3.

[124] Salmo 22,16.

[125] Salmo 22,18.

[126] Salmo 69,21.

[127] Salmo 34,20.

El palpitar de los corazones de aquellos dos se podía ya escuchar en la distancia y el ardor en el pecho parecía una fogata en su máximo esplendor. Sus mentes volaban a buscar todos aquellos pasajes que los profetas habían escrito indicando las señales que identificarían al tan anhelado Mesías. Revivieron en fracciones de segundo las varias veces que el Maestro les había dicho que tendría que ir a Jerusalén, donde sufriría mucho por parte de los ancianos, los sacerdotes y los escribas y que moriría, pero que resucitaría al tercer día.

—¿Si entienden por qué les dije hace un rato que el Mesías tenía que sufrir todas esas cosas antes de ser glorificado? —preguntó el extraño sin esperar una respuesta—.

Y continuaron su largo camino hacia Emaús escuchando de parte de aquel hombre las profecías que se habían anunciado cientos de años antes de boca de los profetas que señalaban al ungido de Dios y como todas y cada una de ellas se cumplían en aquel hombre que ellos consideraban, antes de ese fatídico viernes, el Hijo de Dios, pero que después de haberse enterado de todos los acontecimientos que siguieron, lo rebajaron a la calidad de «profeta» (ver Lucas 24,19).

Jesucristo se encarnó de María, la Virgen, se hizo hombre, fue crucificado, murió, fue sepultado y resucitó al tercer día, tal como estaba profetizado..., según las Escrituras. Por eso cuando el Maestro les explicó las profecías, su tristeza desapareció y se transformó en una enorme alegría que les hacía arder el corazón, ya que renació en ellos la esperanza porque ahora tenían la certeza de que aquel hombre con el que habían compartido los últimos tres años de sus vidas era sin lugar a duda el salvador prometido.

En mi libro *Las tres preguntas* desarrollo en gran detalle cuarenta y una de esas profecías (las más fáciles de identificar) confrontadas con su cumplimiento. En las Sagradas Escrituras podemos encontrar más de trescientas de estas profecías; sin embargo, solo me detuve en explicar la mecánica de asignarle un valor probabilístico a ocho de ellas siguiendo el trabajo realizado por el profesor Peter W. Stoner[128] en la década de los 60, cuando era el director del Departamento de Matemáticas y Astronomía del Pasadena City College, que consignó en su obra *Science Speaks, an Evaluation of Certain Christian Evidences*. Después de asignarle una probabilidad numérica individual a cada una de esas ocho profecías, apliqué la fórmula de calcular la probabilidad de que una serie de eventos independientes tales como lugar de nacimiento, que un mensajero (Juan el Bautista) hubiera nacido antes que él y anunciara su llegada, que al entrar en un asno a la ciudad de Jerusalén las multitudes lo proclamarían rey, que uno de sus discípulos (Judas Iscariote) lo traicionara, que el pago por esa traición fuera de treinta monedas de plata, que ese pago fuera después arrojado en el suelo del templo, que durante el falso juicio que lo llevo a la ejecución mortal el acusado no se defendiera y finalmente que la sentencia fuera la crucifixión. El resultado final del cálculo matemático, repito: de solo ocho de más de trescientas, fue el increíble número de 1 entre $2{,}8 \times 10^{32}$. Esto quiere decir que solo una de cada $2{,}8 \times 10^{32}$ personas podría haber cumplido esas ocho profecías.

Para poner este número en perspectiva, imagine que tenemos esa misma cantidad ($2{,}8 \times 10^{32}$) de monedas de un dólar. Ahora, suponga que marcamos una sola de ellas. Vamos a tratar de cubrir la superficie de nuestro planeta con esas monedas. Nos van a alcanzar para envolver la totalidad de la superficie y podremos agregar más capas, que alcanzarán un grosor de treinta y seis metros. ¿Qué tan probable sería que una persona con los ojos vendados caminara por donde quisiera, se detuviera en algún lugar, excavara y tomara una moneda al azar, y que esa resultara ser la marcada? Sería igual de probable a que solo esas ocho profecías se hubieran cumplido en un hombre cualquiera por pura casualidad y no se tratara del señalado por los profetas.

---

[128] Peter W. Stoner (junio 16 de 1888 - marzo 21 de 1980) fue un escritor cristiano y director del Departamento de Matemáticas y Astronomía del Pasadena City College y director de la división científica de Westmont College.

El profesor Stoner continuó el cálculo probabilístico a cuarenta y ocho profecías y el numero creció a uno entre 10^{181}. Cuando ejemplifiqué el cálculo hecho con ocho profecías, dije que se podría cubrir todo el planeta con capas de monedas de un dólar hasta alcanzar un grosor de treinta y seis metros. Si hubiera ejemplificado el cálculo de las cuarenta y ocho, el espesor de las capas de monedas llegaría más allá del Sol.

Al analizar cada una de esas profecías que permitirían identificar al Mesías se puede decir, sin lugar a equivocación, que todas ellas se cumplían en Jesús de Nazaret. Y si lo quiere ver desde el punto de vista más racional posible, empleando matemáticas, vemos que el margen de equivocación es prácticamente cero. ¿Compraría usted un billete de lotería si su probabilidad de ganársela es de una entre 10^{181}? Piense en esa enorme bola de monedas que envuelve por completo nuestro planeta y que su superficie llega hasta el Sol sin olvidar que solo hay ¡una marcada! ¿Cierto que no la compraría? ¿Y por qué no lo haría? Porque sabe que la probabilidad de ganársela es casi ¡cero! Así que pensar que fue pura coincidencia que se cumplieran en el hijo de José y María y decir que Él no era el prometido Mesías sería como afirmar que usted cree totalmente posible que una persona saque al azar de esa enorme bola de monedas de más de ciento cuarenta y nueve millones de kilómetros de diámetro la única moneda marcada al primer intento por pura suerte.

Y SUBIÓ AL CIELO

Luego Jesús los llevó fuera de la ciudad, hasta Betania, y alzando las manos los bendijo. Y mientras los bendecía, se apartó de ellos y fue llevado al cielo.

Lucas 24,50-51

Once artículos antes, el Credo nos dijo: «Bajó del cielo» y ahora nos dice que su misión en la tierra, en su doble naturaleza humana y divina, ha concluido y que vuelve al Padre: «Sube al cielo» (ver Juan 16,28).

Cuarenta días después de su resurrección, Jesús se reunió con sus discípulos en lo alto del Monte de los Olivos y, tras haber pronunciado una breve despedida, se empezó a elevar hacia las nubes y desde entonces esperamos su segunda venida. La escena me recuerda un poco mi niñez, cuando en época decembrina elevábamos globos de petróleo y papel casi que de nuestra misma altura. Si conseguíamos que no se incendiara a los pocos segundos, nos quedábamos con el cuello doblado persiguiendo aquella resplandeciente luz en el firmamento que se encogía lentamente hasta desaparecer, despertando en nosotros la inmensa satisfacción de haber enviado un globo al cielo cargado de peticiones escritas en pequeños papeles que pegábamos en los alambres de la base.

Cuando fuimos con mi esposa a Jerusalén en peregrinación, la primera visita fue a la Capilla de la Ascensión, controlada por los musulmanes, donde la tradición ha situado el lugar exacto del que Jesús partió ya que, al parecer, dejó estampados sus pies en una piedra. El del pie derecho está en el centro de la pequeña construcción octogonal con cúpula esférica y el del izquierdo fue trasladado a la Mezquita de Al-Aqsa en la Explanada de las Mezquitas[129], en la misma ciudad. En efecto, se aprecia la huella de un pie, pero no tiene relevancia que sea la de Jesús o no; lo cierto es que, como nos lo dicen las Escrituras, la ascensión fue desde el Monte de los Olivos (ver Hechos de los Apóstoles 1,12).

En el artículo anterior decía cómo Jesús tuvo que explicarles las profecías a sus discípulos que lo señalaban a Él como el Mesías y entendieron no solo a los profetas del Antiguo Testamento, sino muchas de las cosas que el Maestro les había hablado de lo que estaría por ocurrir, como la de su ascensión al cielo:

> No se angustien ustedes. Crean en Dios y crean también en mí. En la casa de mi Padre hay muchos lugares donde vivir; si no fuera así, yo no les hubiera dicho que voy a prepararles un lugar. Y después de irme y de prepararles un lugar, vendré otra vez para llevarlos conmigo, para que ustedes estén en el mismo lugar en donde yo voy a estar. Ustedes saben el camino que lleva a donde yo voy (...) No los voy a dejar huérfanos; volveré para estar con ustedes. Dentro de poco, los que son del mundo ya no me verán; pero ustedes me verán, y vivirán porque yo vivo. En aquel día, ustedes se darán cuenta de que yo estoy en mi Padre, y ustedes están en mí, y yo en ustedes. El que recibe mis mandamientos y los obedece, demuestra que de veras me ama. Y mi Padre amará al que me ama, y yo también lo amaré y me mostraré a él (Juan 14,1-21).

Estas palabras fueron pronunciadas durante la última cena y, como se puede apreciar, fueron recogidas por el discípulo amado

---

[129] El Monte del Templo o Explanada de las Mezquitas es un lugar religioso considerado sagrado de unas 15 hectáreas ubicado en la ciudad vieja de Jerusalén. Los judíos y cristianos lo conocen como «Monte de la Casa» o «Monte del Templo», en alusión al antiguo templo, mientras que los musulmanes lo denominan el «Noble Santuario» o el «Noble Santuario de Jerusalén». La explanada es uno de los lugares sagrados más disputados del mundo. Es considerado el tercer lugar más santo en el islam (tras La Meca y Medina), y también es el lugar más sagrado del judaísmo, ya que en el monte Moriá se sitúa la historia bíblica del sacrificio de Isaac.

consignándolas en los capítulos 13 al 17 de su Evangelio. En aquella larga noche, Jesús les anticipó varias veces que volvería adonde el Padre (subir al cielo), pero les insistió que no deberían sentirse abandonados, ya que Él seguiría acompañándolos de una manera que no podían concebir en esos momentos. Diez días después de su ascensión, en la festividad de Pentecostés, entendieron esto y muchas otras cosas más.

El Evangelio de Mateo recoge la última promesa del Maestro a sus discípulos, y a través de ellos a todos nosotros: «Por mi parte, yo estaré con ustedes todos los días, hasta el fin del mundo» (Mateo 28,20), así que el que haya abandonado esta tierra en su cuerpo glorificado no nos debe hacer sentir «huérfanos», sino confiados en sus palabras y promesas de que sigue con nosotros. Es solo el comienzo de una nueva forma de acompañarnos. Ya no son nuestros ojos los que lo verán, sino los del corazón.

El buen pastor, el que da la vida por sus ovejas, está ahora en el cielo preparando un lugar para ti y para mí. Nos precedió en abrir ese camino, que debía hacerse, para que todos nosotros tengamos la esperanza de unirnos a Él cuando nos llegue ese momento tan anhelado, porque ese día no abandonamos nuestro hogar; todo lo contrario, esperamos entrar en él.

Casi dos terceras partes del total de palabras contenidas en el Evangelio de Juan están dedicadas a la última semana del Mesías y de ellas, dos tercios corresponden a las palabras que pronunció durante la última cena. Esto demuestra la importancia y trascendencia que dichos eventos tuvieron a los ojos del evangelista. Y entre las cosas que dijo el Maestro está la promesa de enviarnos a otro defensor: El Espíritu Santo o Paráclito, así que seguiríamos gozando de su compañía de diferente manera, pero no quedaríamos solos. Y además de seguir con nosotros en esta nueva realidad se quedó en cuerpo, sangre, alma y divinidad en la Eucaristía.

La presencia real, verdadera, efectiva y substancial de Cristo en las especies consagradas es uno más de esos grandes misterios de Dios, pero eso no impide que podamos aplicarle la lógica racional para fortalecer con la razón nuestras creencias estipuladas en este Credo. Digo «real» porque su existencia no está sujeta a mi creencia; «verdadera» porque su presencia no es figurativa, como la de una foto; «efectiva» porque produce lo que significa; es decir, carne y sangre, y «substancial» porque no se trata de una presencia virtual.

Los Evangelios fueron escritos en griego. En este idioma existen dos palabras que significan «comer». La primera es *fágo*, que significa literal y figurativamente la acción de comer. La segunda es *trógo*, que significa «masticar» y se asocia con el sonido crujiente que se produce al efectuar esta acción. Es correcto decir que yo *fágo* o *trógo* un delicioso postre. También es correcto decir que yo *fágo* un libro para indicar que lo leí muy rápido porque me gustó mucho, pues *fágo* tiene ese significado figurativo, pero es incorrecto decir que yo *trógo* un libro, porque esta palabra no tiene un significado figurativo, sino únicamente literal.

Es en el Evangelio de Juan donde encontramos la mejor narrativa para entender que Cristo decidió quedarse físicamente con nosotros en esa forma tan loca y sencilla, como es un trozo de pan y un poco de vino, por mucho que nos cueste entenderlo. Veamos el siguiente aparte del capítulo sexto:

> El que come [*trógo*] mi carne y bebe mi sangre tiene vida eterna, y yo le resucitaré en el día postrero. Porque mi carne es verdadera comida, y mi sangre es verdadera bebida. El que come [*trógo*] mi carne y bebe mi sangre, en mí permanece, y yo en él. Como me envió el Padre viviente, y yo vivo por el Padre, asimismo el que me come [*trógo*], él también vivirá por mí. Este es el pan que descendió del cielo; no como vuestros padres comieron [*fágo*] el maná y murieron; el que come [*trógo*] de este pan vivirá eternamente. Estas cosas dijo en la sinagoga, enseñando en Cafarnaúm. (Juan 6,54-65)

El evangelista quiso dejar claro a qué se refería con esa acción de comer su carne y eliminar cualquier posibilidad de un sentido figurativo. En el versículo 51, Jesús dice: «Yo soy ese pan vivo que ha bajado del cielo; el que come de este pan vivirá para siempre. El pan que yo daré es mi propia carne. Lo daré por la vida del mundo».

¿En qué momento nos dio Él su carne para darle vida al mundo? Cuando estaba en la cruz. Su entrega en ese madero no fue simbólica. Así que sus palabras: «El pan que yo daré es mi propia carne» no se pueden tomar como simbólicas.

Después de que Jesús le dijo varias veces a la multitud que debería masticar su carne para alcanzar la vida eterna, ellos empezaron a murmurar, aterrados por lo que habían escuchado. No era para menos: las palabras de Jesús les debieron sonar ciertamente repugnantes, aptas solo para caníbales. Recordemos que la Ley les impedía tomar la sangre de cualquier animal (Génesis 9,4).

Esto explica sus palabras: «Al oír estas enseñanzas, muchos de los que seguían a Jesús dijeron: "Esto que dice es muy difícil de aceptar; ¿quién puede hacerle caso?"» (Juan 6,60). Además, nos confirma que ellos entendieron literalmente las palabras de Jesús. En el siguiente versículo encontramos su respuesta: «Jesús, dándose cuenta de lo que estaban murmurando, les preguntó: "¿Esto les ofende?"» (Juan 6,61). Él no aclara nada. Él no les dice que lo entendieron mal, que lo tomaron literalmente y que por eso les parece tan difícil entender lo que querían decir estas palabras. ¡No!, y no solo no les aclara, sino que, encima, les pregunta si eso los ofendió.

Debido a que Jesús, el maestro de las parábolas, el experto en contar historias figuradas para transmitir un mensaje, no hizo ninguna aclaración ni corrección a un posible malentendido, los que lo escucharon se fueron. ¡Lo abandonaron!; y lo hicieron porque sí entendieron exactamente lo que Él les quería decir y eso les pareció repugnante. «Desde entonces, muchos de los que habían seguido a Jesús lo dejaron, y ya no andaban con él» (Juan 6,66).

Él no intentó detenerlos; no les dijo que lo habían entendido mal, que lo dijo en sentido figurado y que ellos lo entendieron literal. No les aclaró que era una parábola y que la habían interpretado al pie de la letra. ¡No!, Él los dejó ir. Luego se volteó y les preguntó a los doce discípulos:

«¿También ustedes quieren irse?» (Juan 6,67). Tiempo después, en la última cena, Jesús pronunció unas palabras que cerraron el círculo que comenzó con el discurso en Cafarnaúm:

Mientras comían, Jesús tomó en sus manos el pan y, habiendo dado gracias a Dios, lo partió y se lo dio a los discípulos, diciendo: «Tomen y coman, esto *es* mi cuerpo» (Mateo 26,26) —el énfasis es mío—.

Fijémonos en estas palabras. Primero, Él toma el pan, que sabía a pan, olía a pan, tenía el color del pan y se había preparado como pan; luego, dice que ese pan «es» su cuerpo. No dice que simboliza o que contiene su cuerpo; ¡dice «es»! La palabra griega que usaron los evangelistas Mateo, Marcos, Lucas y Pablo fue *estin*. Tanto los católicos como los ortodoxos y protestantes tradujeron esta palabra como «es».

¿Por qué puede ocurrir esa transformación? Veamos este ejemplo: si yo, que no soy policía, le digo a una persona que está arrestada, ella se va a reír y nada va a pasar. Pero si el que pronuncia esas palabras es un verdadero policía, una persona que posee la autoridad para hacerlo, la realidad cambia: el individuo queda arrestado. Ahora, en su primer capítulo, el Evangelio de Juan nos dice: «En el principio ya existía la Palabra; y aquel que es la Palabra estaba con Dios y era Dios (...) Aquel que es la Palabra se hizo hombre y vivió entre nosotros». La palabra de Dios es creadora. La palabra de Dios transforma la realidad. El primer capítulo del Génesis dice: «Entonces Dios dijo: "¡Que haya luz!", y hubo luz». Así que cuando Él dijo «esto es mi cuerpo», el pan que Él sostenía en sus manos fue su cuerpo. Él posee la autoridad que crea, que transforma. Él puede transformar el pan y el vino en su cuerpo y su sangre, al igual que el policía al poseer la autoridad puede arrestar a la persona y yo no.

Y ¿cómo ocurre esta transformación? Existen realidades que distan muchísimo de su apariencia. Cuando miramos el firmamento y vemos las estrellas, ellas aparentan estar ahí. La realidad es que la inmensa mayoría de ellas ya no existen: existieron hace millones de años, pero, como estaban tan distantes, su luz sigue, aún hoy, viajando hasta nosotros. En síntesis, solo vemos su luz. La apariencia es muy diferente a la realidad.

Desde su institución, la Iglesia tenía claro lo que le ocurría al pan y al vino durante la consagración, aunque no había articulado claramente una explicación del cómo era que ocurría. No fue sino hasta que santo Tomás de Aquino, en el siglo XIII, presentara la elegante explicación de la «transubstanciación».

El filósofo Aristóteles, nacido en el 384 a. C. y quien fuera alumno de Platón, fue el padre de la teoría filosófica de la substancia. Aristóteles creía que la realidad se podía conocer tal cual como era a través de la razón y los sentidos. Él sostenía que, si una persona observaba un caballo, mediante su razón podía hallar lo que lo caracterizaba como caballo, y a eso lo llamó la «substancia»; esto es, aquello que define a un ser, lo que realmente el ser es. Siguiendo con el ejemplo, es lo que nos permite identificar a un caballo y distinguirlo de millones de animales. Sin embargo, esta substancia puede sufrir accidentes que son perceptibles a través de nuestros sentidos; por ejemplo, que el animal sea negro o blanco (en realidad, da igual de qué color sea, porque es un accidente, no es algo que lo defina como un caballo).

El prefijo «trans» denota un cambio. En el caso de la transubstanciación, ¿qué es lo que cambia? La substancia. Esta deja de ser la substancia del pan y la del vino y se transforma en la substancia de la carne y la sangre de Cristo. Los accidentes del pan y del vino se mantienen iguales; es decir, su color, sabor, textura, peso, olor, forma, estado, etc. El *Catecismo tridentino*, en su artículo 2360, es tal vez el que mejor describe lo que pasa después de la consagración:

> Y procedamos ya a declarar y desentrañar los divinos misterios ocultos en la Eucaristía, que en modo alguno debe ignorar ningún cristiano.
>
> San Pablo dijo que cometen grave delito quienes no distinguen el cuerpo del Señor. Esforcémonos, pues, en elevar nuestro espíritu sobre las percepciones de los sentidos, porque, si llegáramos a creer que no hay otra cosa en la Eucaristía más

> que lo que sensiblemente se percibe, cometeríamos un gravísimo pecado.
>
> En realidad, los ojos, el tacto, el olfato y el gusto, que solo perciben la apariencia del pan y del vino, juzgarán que solo a esto se reduce la Eucaristía. Los creyentes, superando estos datos de los sentidos, hemos de penetrar en la visión de la inmensa virtud y poder de Dios, que ha obrado en este sacramento tres admirables misterios, cuya grandeza profesa la fe católica.
>
> El primero es que en la Eucaristía se contiene el verdadero cuerpo de Nuestro Señor, el mismo cuerpo que nació de la Virgen y que está sentado en los cielos a la diestra de Dios Padre.
>
> El segundo, que en la Eucaristía no se conserva absolutamente nada de la substancia del pan y del vino, aunque el testimonio de los sentidos parezca asegurarnos lo contrario.
>
> Por último —y esto es consecuencia de los dos anteriores, y lo expresa claramente la fórmula misma de la consagración—, que, por acción prodigiosa de Dios, los accidentes del pan y del vino, percibidos por los sentidos, quedan sin sujeto natural. Es cierto que vemos íntegras todas las apariencias del pan y del vino, pero subsisten por sí mismas, sin apoyarse en ninguna substancia. Su propia substancia de tal modo se convierte en el cuerpo y la sangre de Cristo, que deja de ser definitivamente substancia de pan y de vino.

Jesucristo subió al cielo en cuerpo y alma, pero también se quedó en la tierra para acompañarnos físicamente en la Eucaristía. Otra prueba de su inmenso amor por nosotros.

Y ESTÁ SENTADO A LA DERECHA DEL PADRE

Cuando oyeron estas cosas, se enfurecieron y rechinaron los dientes contra Esteban. Pero él, lleno del Espíritu Santo, miró al cielo y vio la gloria de Dios, y a Jesús de pie a la derecha de Dios. Entonces dijo: —¡Miren! Veo los cielos abiertos, y al Hijo del hombre a la derecha de Dios. Pero ellos se taparon los oídos, y dando fuertes gritos se lanzaron todos contra él.

Hechos de los Apóstoles 7,54-57

A manera de profecía, el salmista dijo: «Siéntate a mi derecha, hasta que yo haga de tus enemigos el estrado de tus pies» (Salmo 110,1)[130] y Jesús, a sabiendas de que dicha profecía apuntaba a Él, expresó el día de su infame juicio: «El sumo sacerdote le dijo: —En el nombre del Dios viviente, te ordeno que digas la verdad. Dinos si tú eres el Mesías, el Hijo de Dios. Jesús le contestó: —Tú lo has dicho. Y yo les digo también que ustedes van a ver al Hijo del hombre sentado a la derecha del todopoderoso, y viniendo en las nubes del cielo» (Mateo 26,63-65), despertando la furia de Caifás al punto que se rasgó sus vestiduras, símbolo de su profundo dolor por escuchar lo que para él era blasfemia.

El evangelista Marcos resumió todo el evento de la subida al cielo del Maestro en una simple frase al final de su libro: «Después de hablarles, el Señor Jesús fue levantado al cielo y se sentó a la derecha

---

130 Confrontar con Hechos de los Apóstoles 2,34.

de Dios» (16,19). Después, cuando Pedro estaba dando su famoso discurso donde convirtió a tres mil personas repitió esas mismas palabras: «Pues bien, Dios ha resucitado a ese mismo Jesús, y de ello todos nosotros somos testigos. Después de haber sido enaltecido y colocado por Dios a su derecha y de haber recibido del Padre el Espíritu Santo que nos había prometido, Él a su vez lo derramó sobre nosotros» (Hechos 2,32-33).

Tiempo después los apóstoles escogieron a siete diáconos, para que les ayudaran con las necesidades básicas de los más pobres de la naciente Iglesia, y entre ellos estaba Esteban (ver Hechos 6,1-7), hombre lleno de fe y del Espíritu Santo. Un buen día se enfrascó en una discusión con varios miembros de una sinagoga, lo que le costó su libertad y posterior sentencia a morir lapidado. Minutos antes de recibir la primera pedrada dijo: «Pero Esteban, lleno del Espíritu Santo, puestos los ojos en el cielo, vio la gloria de Dios, y a Jesús que estaba a la diestra de Dios, y dijo: He aquí, veo los cielos abiertos, y al Hijo del Hombre que está a la diestra de Dios» (Hechos 7,55-56).

Luego, San Pablo en su saludo y oración por los habitantes de Éfeso dijo:

> Por esto, como sé que ustedes tienen fe en el Señor Jesús y amor para con todo el pueblo santo, no dejo de dar gracias a Dios por ustedes, recordándolos en mis oraciones. Pido al Dios de nuestro Señor Jesucristo, al glorioso Padre, que les conceda el don espiritual de la sabiduría y se manifieste a ustedes, para que puedan conocerlo verdaderamente. Pido que Dios les ilumine la mente, para que sepan cuál es la esperanza a la que han sido llamados, cuán gloriosa y rica es la herencia que Dios da al pueblo santo, y cuán grande y sin límites es su poder, el cual actúa en nosotros los creyentes. Este poder es el mismo que Dios mostró con tanta fuerza y potencia cuando resucitó a Cristo y lo hizo sentar a su derecha en el cielo, poniéndolo por encima de todo poder, autoridad, dominio y señorío, y por encima de todo lo que existe, tanto en este tiempo como en el venidero. Sometió todas las cosas bajo los pies de Cristo, y a Cristo mismo lo dio a la iglesia como cabeza de todo. Pues la iglesia es el cuerpo de Cristo, de quien ella recibe su plenitud,

> ya que Cristo es quien lleva todas las cosas a su plenitud (Carta a los Efesios 1,15-23).

Vemos entonces que la idea de Jesús «sentado a la derecha del Padre» ha estado presente a lo largo de toda la historia de nuestra salvación[131]. ¿Pero qué quiere decir? Lo primero que hay que aclarar es que no se está mencionando una ubicación física ni una postura del Hijo junto a su Padre. San Agustín en su *Sermón a los catecúmenos sobre el Símbolo de los Apóstoles*, explica que la expresión «estar sentado» significa «residir o habitar».

El papa Juan Pablo II en una de sus catequesis dijo[132]: «"Sentarse a la derecha de Dios" significa coparticipar en su poder real y en su dignidad divina».

Juntando todas estas piezas, y como hijos de Dios por adopción que somos y herederos de su gloria, entonces el símbolo de nuestra fe nos está diciendo que es una realidad que Jesús está en el cielo preparándonos un lugar para vivir en la bienaventuranza divina, en nuestro legítimo, definitivo y eterno hogar: el cielo. Nos hace participes de su victoria e inaugura su reino junto al Padre para darnos la bienvenida que tanto anhelamos, cumpliendo la promesa que les hizo a sus discípulos y por medio de ellos a todos nosotros:

> No se angustien ustedes. Crean en Dios y crean también en mí. En la casa de mi Padre hay muchos lugares donde vivir; si no fuera así, yo no les hubiera dicho que voy a prepararles un lugar. Y después de irme y de prepararles un lugar, vendré otra vez para llevarlos conmigo, para que ustedes estén en el mismo lugar en donde yo voy a estar. Ustedes saben el camino que lleva a donde yo voy (Juan 14,1-4).

Un último aspecto que creo vale la pena recordar es que cuando se redactó el Credo el concepto de realeza era un tema cotidiano, todos los pueblos estaban regidos por reyes o sus homólogos los emperadores,

[131] Ver también: Romanos 8,34; Carta a los Colosenses 3,1; Carta a los Efesios 1,20; Carta a los Hebreos 1,3; 8,1; 10,12; 12,2; 1 de Pedro 3,22.

[132] Juan Pablo II, audiencia general del 12 de abril de 1989.

faraones, sultanes, etc., que conservaban un sinfín de reglas y protocolos que regían las relaciones entre ellos y el resto del mundo, en toda ocasión.

De todos esos posibles eventos había uno que se destacaba por la importancia que tenía: cuando se encontraban en la corte atendiendo asuntos de Estado. Por lo general el rey se hacía acompañar de su cónyuge y heredero, «para que fuera aprendiendo» decían. El hijo siempre se sentaba a la derecha del rey y la esposa al otro lado; con esta disposición se hacía claro el orden de importancia de la familia real.

Y DE NUEVO VENDRÁ CON GLORIA

Pero en aquellos días, pasado el tiempo de sufrimiento, el sol se oscurecerá, la luna dejará de dar su luz, las estrellas caerán del cielo y las fuerzas celestiales temblarán. Entonces se verá al Hijo del hombre venir en las nubes con gran poder y gloria.

Marcos 13,24-26

La historia de la humanidad comienza en un estado perfecto donde el hombre vive de «tú a tú» con su Creador. Como todo padre de familia que cuida y educa a sus hijos, igual el Padre hizo con nuestros primeros progenitores. Les asignó tareas que los ayudarían con su crecimiento, les advirtió de los peligros que podrían enfrentar, sentó las bases para formar y estar en familia, les proveyó de todo lo necesario para vivir y se complacía con lo que veía. Pero, por las decisiones que tomaron, la dicha llegó a su fin y empezaron a cargar sobre sus espaldas el peso de su humanidad quebrada. El pecado tiñó toda la creación, opacando el brillo que la perfección había estampado a todo lo que existía, y al hombre le tocó colonizar nuevas tierras donde la felicidad perfecta era solo un recuerdo de cuando habitaron el Paraíso.

Dios Padre cerró las puertas del jardín del Edén y abrió un permanente canal de comunicación con nosotros a través de los profetas, seres muy especiales que nos recordaban una y otra vez la forma en que debíamos vivir para lograr la armonía y felicidad tan anhelada. Uno tras otro reiteraba las mismas cosas y una y otra vez fallábamos en obedecer, por siglos se repitió esta historia. Hasta que un día Dios se hizo hombre y habitó entre nosotros. La luz volvió a resplandecer, la verdad floreció en los estériles jardines de nuestra humanidad y la libertad salió en estampida a recorrer todos los confines de la tierra anunciando sus favores. La esperanza retoñó en nuestros corazones y por escasos treinta y tres años conocimos cara a cara al amor hecho carne. Sin embargo, no nos gustó lo que vimos y lo crucificamos, lo quitamos del camino para poder seguir haciendo lo que mejor nos parezca. Pero como todo buen maestro, nos dejó una serie de enseñanzas para que poniéndolas en práctica gocemos de la vida eterna en el paraíso, nuestro hogar permanente.

Dos días antes que se desencadenaran los eventos que conducirían a su asesinato, el Mesías se reunió con sus discípulos y les habló de todos los acontecimientos que antecederían al fin del mundo como preludio de su advenimiento a la tierra (ver Mateo 24). ¡Va a volver! ¡Jesús va a volver! Si bien es cierto que lo que va a anunciar su regreso no suena bonito, volverlo a ver será de enorme alegría y gozo. Esta segunda venida es llamada comúnmente en las Escrituras «día del Señor» (1 Tesalonicenses 5,2), y su día y hora nadie la conoce (ver Mateo 24,36; Marcos 13,32), ni siquiera la Virgen María.

Su primera venida estuvo en el anonimato, fue necesario un batallón de ángeles los que tuvieron que, a ritmo de alabanzas, anunciar a los pastores de Belén que Dios estaba acá en la tierra para que ellos se encargaran de esparcir la noticia. Muy pocos lo vieron antes de haber cumplido treinta años y aunque su fama comenzó a extenderse y notarse después de alcanzada esta edad, lo cierto es que en comparación a todos los humanos que poblaban la tierra en aquel entonces, menos de una fracción de uno por ciento lo vieron. No va a ocurrir así en su segunda venida: nadie dejará de verlo: «Porque como un relámpago que se ve brillar de oriente a occidente, así será cuando regrese el Hijo del hombre» (Mateo 24,27). Esta venida del Señor recibe en el griego del Nuevo Testamento el nombre de *Parusía*. El término deriva de un verbo que significa «estar presente». Una Parusía era la llegada del emperador a una ciudad; su presencia iba acompañada de grandes beneficios para los ciudadanos.

Así que la segunda venida no pasará desapercibida como lo fue la primera, esta vez será evidente y apoteósica, sorpresiva eso sí porque vendrá «cuando menos lo esperemos». En varias ocasiones usó la analogía del ladrón que allana una casa cuando uno menos lo espera, por lo que siempre debemos estar vigilantes. En la primera venida tuvo que someterse a las limitaciones de su condición naciendo en un incómodo pesebre, emprender extenuantes viajes a pie o en el mejor de los casos en el lomo de un burro, fue rechazado por las altas esferas del poder, fue tentado, padeció de hambre y de sed y llegada su hora tuvo que soportar los peores castigos y la máxima humillación. Su regreso será victorioso y radiante, cómo el rey de reyes que es y vendrá acompañado por un gran ejército de seres celestiales, el mismo que rehusó llamar para que lo defendieran en aquel infame juicio. También, a diferencia de la primera venida, cuando cada persona que lo escuchó y conoció sus obras tuvo la plena libertad de reconocerlo como el tan anhelado Mesías, en esta ocasión todos lo reconocerán y será motivo de alegría para unos y de terror para otros, incluidos los que reposan bajo tierra.

El tema del regreso del Señor, desde que fue anunciado por el Maestro, despertó una curiosidad legitima en los discípulos, que no pudieron contener y le preguntaron: «¿Cuál será la señal de tu regreso y del fin del mundo?» (Mateo 24,3) y sin parábolas les indicó una serie de acontecimientos espantosos que han de anteceder su regreso[133]: «Habrá tanta maldad, que la mayoría dejará de tener amor hacia los demás». Las señales son claras y su segunda venida será evidente. Y ¿cómo será ese regreso? Los ángeles que se les presentaron a los

---

[133] Antes de la segunda venida de Cristo tiene que producirse la gran apostasía: una crisis religiosa a escala mundial. que sacudirá la fe de muchos creyentes. Se develará el «misterio de iniquidad» bajo la forma de una impostura religiosa que será la del anticristo; es decir, habrá un seudo-mesianismo en que el hombre se glorificará a sí mismo colocándose en el lugar de Dios (ver *Catecismo de la Iglesia católica*, artículo 675)

discípulos cuando estos observaban ascender al cielo a su amigo les dijeron: «Hombres de Galilea, ¿qué hacen ahí mirando al cielo? Este que ha sido llevado, este mismo Jesús, vendrá como lo han visto subir al cielo» (Hechos 1,9-11), entonces su regreso será como fue su partida: lleno de gloria, pleno de su divinidad, fulgurante y arropado por las nubes.

En cada misa y durante la aclamación Eucarística el sacerdote anuncia: «Este es el sacramento de nuestra fe»[134] a lo que el pueblo responde: «Anunciamos tu muerte, proclamamos tu resurrección. ¡Ven, Señor Jesús!». Pedimos por su venida como el amante que en la distancia pide a su amada por su pronto regreso. Lo queremos de vuelta para que instaure su reino de justicia, paz y amor que borra por completo toda violencia, injusticia, maldad, hambre y dolor. ¿Cómo no quererlo rápido nuevamente con nosotros sí solo Él puede componer este mundo herido por el pecado, causa de todo mal? ¿No es acaso genuino nuestro deseo de vivir en un reino gobernado por el Rey de Reyes? Si es así debemos —sin desfallecer— seguir exclamando las mismas palabras con las que el apóstol Juan concluyó su libro del Apocalipsis: «¡Ven, Señor Jesús!».

No puedo terminar este articulo sin mencionar al anticristo. La palabra «anticristo» significa «el que está contra Cristo o el malvado». Otros textos nos hablan del «hombre del pecado», «el rebelde», «el sin ley». Jesús mismo nos advirtió que vendrá haciéndose pasar por Él:

> Tengan cuidado de que nadie los engañe: Porque vendrán muchos haciéndose pasar por mí. Dirán: «Yo soy el Mesías», y engañarán a mucha gente...Si entonces alguien les dice a ustedes: «Miren, aquí está el Mesías», o «Miren, allí está», no lo crean. Porque vendrán falsos mesías y falsos profetas; y harán grandes señales y milagros, para engañar, a ser posible, hasta a los que Dios mismo ha escogido. Ya se lo he advertido a ustedes

---

[134] Con la reforma litúrgica y el *Misal romano* de 1970 se introdujo esta aclamación después de la consagración. Las palabras «*Mysterium fidei*», que con el transcurso de los siglos se desplazaron al interior de las palabras de la consagración del cáliz, se eliminaron de ese lugar y se colocaron tras la consagración como una afirmación de fe y aclamación que el sacerdote pronuncia.

> de antemano. Por eso, si les dicen: «Miren, allí está, en el desierto», no vayan; o si les dicen: «Miren, aquí está escondido», no lo crean (Mateo 24,4-24).

San Pablo, más tarde, se extiende sobre este tema en su segunda Carta a los Tesalonicenses:

> Entonces aparecerá el hombre del pecado, instrumento de las fuerzas de perdición, el rebelde que ha de levantarse contra todo lo que lleva el nombre de Dios o merece respeto, llegando hasta poner su trono en el Templo de Dios y haciéndose pasar por Dios (...). Al presentarse este sin-Ley, con el poder de Satanás, hará milagros, señales y prodigios al servicio de la mentira. Y usará todos los engaños de la maldad en perjuicio de aquellos que han de perderse, porque no acogieron el amor de la Verdad que los llevaba a la salvación (...), así llegarán hasta la condenación todos aquellos que no quisieron creer en la Verdad y prefirieron quedarse en la maldad» (2,3-11).

Habiendo dicho esto, creo que podemos sentir alivio al saber que conseguiremos distinguir a Cristo del anticristo: Cristo vendrá de una, como un relámpago, descenderá de las nubes lleno de gloria y sin manifestaciones milagrosas en antelación a su venida, como sí hará el anticristo que, usando prodigios, y de manera muy discreta, buscará conquistar a un grupo de «afortunados» para que piensen que él es Cristo. Sin embargo, hay que tener en cuenta que, de acuerdo con el *Catecismo de la Iglesia católica*, el anticristo es «la impostura religiosa suprema (...) un seudo-mesianismo en que el hombre se glorifica a sí mismo colocándose en el lugar de Dios y de su Mesías venido en la carne» (675). Podemos decir entonces que no necesariamente se trate de una persona, puede ser también un sistema político o también una tendencia cultural. Cada vez que se nos ofrece una solución aparente a nuestros problemas mediante el precio de la apostasía, es decir, negando la verdad, estamos hablando de una impostura religiosa. La impostura religiosa suprema, como ya lo apunté, es el anticristo.

Como puede darse cuenta, las palabras que de este personaje se mencionan en la palabra de Dios distan mucho de lo que la fantasía de Hollywood ha llevado a la pantalla. Debemos tener mucho cuidado en la forma de entender y comprender estos pasajes bíblicos que fueron escritos en un estilo apocalíptico; es decir, misterioso, por lo que representan cierta dificultad en entender el verdadero sentido que quiso transmitirnos el autor bíblico detrás de estas imagines y visiones, como las ya mencionadas o como las descritas en el libro de Apocalipsis.

PARA JUZGAR A VIVOS Y MUERTOS

Cuando el Hijo del hombre venga, rodeado de esplendor y de todos sus ángeles, se sentará en su trono glorioso. La gente de todas las naciones se reunirá delante de él, y él separará unos de otros, como el pastor separa las ovejas de las cabras. Pondrá las ovejas a su derecha y las cabras a su izquierda. Y dirá el Rey a los que estén a su derecha: "Vengan ustedes, los que han sido bendecidos por mi Padre; reciban el reino que está preparado para ustedes desde que Dios hizo el mundo.

Mateo 25,31-34

Cristo ha desempeñado dos roles, a saber: el de redentor, que se consuma con su pasión y muerte, y el de protector, que quedó manifiesto con su Ascensión al cielo asumiendo nuestra causa y defensa ante el Padre. Y nos reveló de varias formas que desempeñará un tercero: el de juez, donde nos va a juzgar a todos...a los que en su momento encuentre vivos y a los que hayan muerto para ese entonces.

De acuerdo con todas las Escrituras, tanto en el Antiguo Testamento como en el Nuevo, el concepto de «juicio» es el mismo al que entendemos actualmente[135]. Una persona, empresa, pueblo o nación, acompañada por un abogado defensor, acusada de un delito se presenta ante un tribunal precedido por un juez, quien escucha al acusado y al

---

[135] Algunos ejemplos: Isaías 66,16; Ezequiel 33,20; Salmos 75,7; Génesis 16,5; Miqueas 4,3; Apocalipsis 20,11-15, y Mateo 25,41.

acusador para emitir al final un fallo que solo puede ser: inocente o culpable y si se encuentra culpable al sindicado, se emite un castigo que se espera sea proporcional a la gravedad de la falta. El juez escucha a las partes involucradas y tiene en consideración todas las circunstancias atenuantes, que le ayudan a tomar una decisión. Un juez justo hará impecable este trabajo enalteciendo el significado de justicia y uno que no lo sea tanto podrá declarar inocente al que toda la evidencia señala como culpable; o lo contrario, puede declarar culpable al que no lo es o emitir una sentencia que no sea conforme al delito.

El juicio del que trata este artículo del Credo se conoce como el «juicio final» o «juicio divino», que es el que ocurrirá con el advenimiento del Hijo de Dios y nos afectará en cuerpo (los muertos resucitarán[136]) y alma. Sin embargo, el Nuevo Testamento asegura reiteradamente la existencia de la retribución «inmediata» después de la muerte, que se conoce como el «juicio particular» (ver Hebreos 7,27-28), que solo afecta el alma —de este hablaré más adelante cuando desarrolle la última frase del Credo—. Ambos juicios, en todo caso, se basan en el amor practicado y en el omitido, como lo dijera san Juan de la Cruz: «Al atardecer de la vida, seremos examinados en el amor» [137] y yo le agregaría: por el prójimo. «Bienaventurados los misericordiosos, porque obtendrán misericordia» (Mateo 5,7). El juicio basado en el amor es de carácter universal, ya que aplica al indio del Amazonas, al sacerdote de su parroquia, a usted y a mí. Como lo enseña san Pablo en su Epístola a los Romanos, la ley natural está escrita en el corazón de cada hombre (ver Romanos 2,14-16).

La mala noticia es que todos afrontaremos este juicio final (no puede haber justicia sin un juicio), no hay cómo evitarlo; es necesario que exista para que los victimarios no triunfen sobre sus víctimas. La buena noticia

---

[136] Dice el apóstol Pablo: «Así como todos murieron en Adán, así también todos resucitarán en Cristo» (1 Corintios 15,22). Ese «todos» nos revela que aun los que estén vivos al momento de la segunda venida de nuestro señor Jesucristo experimentarán la muerte y luego la resurrección (ver *Catecismo romano*, capítulo 12, artículo 11, numeral 6).

[137] Avisos y sentencias, 57.

es que seremos juzgados por el juez más justo de todos, ya que Él no solo «es» justo, sino que «es» justicia. Hay otras buenas noticias. La primera es que nuestro abogado defensor va a ser Jesús: «Hijitos míos, les escribo estas cosas para que no cometan pecado. Aunque si alguno comete pecado, tenemos ante el Padre un defensor, que es Jesucristo, y él es justo» (1 Juan 2,1), la segunda es que no olvidemos que Jesús vino para salvarnos: «Porque Dios no envió a su Hijo al mundo para condenar al mundo, sino para salvarlo por medio de él» (Juan 3, 17) y la tercera es que Dios es compasivo y misericordioso: «El Señor es tierno y compasivo; es paciente y todo amor. No nos reprende en todo tiempo ni su rencor es eterno; no nos ha dado el pago que merecen nuestras maldades y pecados; tan inmenso es su amor por los que lo honran como inmenso es el cielo sobre la tierra. El Señor se ha llevado nuestros pecados tan lejos de nosotros como lejos están el Oriente y el Occidente. El Señor es, con los que lo honran, tan tierno como un padre con sus hijos; pues Él sabe de qué estamos hechos: sabe bien que somos polvo» (Salmos 103,8-14).

Nosotros los humanos no manejamos muy bien esto de la justicia —es una de las consecuencias del pecado—, y por ello cada uno desarrolla su propio sentido de ella. Lo que parece justo para uno no lo es necesariamente para otro. Por eso la justicia «perfecta» es un anhelo innato de todos los hombres —como resultado de ser hechos a imagen y semejanza del que «es» justicia— y este juicio final es la reivindicación de ese profundo deseo a que cada uno reciba lo que merece.

Cada persona tiene su sentido de justicia y por eso construimos individualmente una imagen de cómo ha de ser ese juicio que presidirá Jesús. Unos están seguros de que enviará al infierno a fulanito y al cielo a menganito. Otros ya dan por sentado que zutano está en el infierno ardiendo en fuego y que perengano está de fiesta en el cielo gozando de la eterna compañía de Dios. Hay quienes piensan que, como Dios es tan bueno, nadie va a ser condenado. También conozco a personas que asumen que van a ser enviadas al fuego eterno por algo que hicieron porque piensan que eso no tiene perdón de Dios.

A pesar de no contar con un concepto de justicia unificado, creo que podemos estar de acuerdo en que los siguientes casos no representan bien la justicia:

- Para un examen final de matemáticas, muchos estudiantes estuvieron estudiando por semanas, se trasnocharon haciendo ejercicios, no salieron a ninguna parte esos fines de semana para estudiar más y prepararse mejor para la prueba. Hubo otros compañeros que no estudiaron, durmieron sus noches como de costumbre y estuvieron de fiesta esos fines de semana. Como era de esperarse, a los primeros les fue muy bien en el examen mientras que a los segundos mal. Pero como el profesor era tan buena persona, decidió darles a todos la misma nota y los pasó a todos. ¿Es esto justo?
- Una persona va caminando y de pronto siente un fuerte golpe en la espalda que lo hiere. Al voltear a mirar ve a dos hombres que lo van siguiendo: uno muy elegantemente vestido, perfumado y recién bañado y el otro en harapos, sucio y maloliente. Sin ninguna indagación, el hombre de los andrajos es arrestado por el daño infringido al desprevenido transeúnte. ¿Es esto justo?
- Un hombre sacó un préstamo a cincuenta años para comprar la casa de sus sueños. Obtuvo una buena tasa de interés porque se comprometió a hacer pagos semanales, en vez de mensuales. El contrato estipulaba que, si no se pagaba la cuota a tiempo, el banco reposeería el inmueble. Religiosamente el señor pagó su asignación semanal durante los cincuenta años excepto la última, por lo que el banco le quitó la propiedad. ¿Es esto justo?

Así que la única manera de entender en su real dimensión de qué se trata todo esto del juicio al que compareceremos, nos tenemos que ceñir a las Escrituras y la forma en que nuestra Iglesia las han interpretado. Soy consciente de que muchas personas encuentran difíciles de aceptar algunas de las cosas que la Biblia dice a este respecto, pero no olvidemos que nuestro sentido de justicia es imperfecto y el de Dios no, así que por el hecho de que no nos guste o no encontremos justo, según nuestro propio criterio, lo que La Palabra nos revela, no debemos nublar la mente para aceptar sus enseñanzas. Dios creó todo el universo y todo lo que él contiene, incluyéndonos, así que Él es el único que puede definir lo que es justo y lo que no, no nosotros. Como ya dije, Él es todo misericordia y amor, pero también es todo justicia.

Con respecto a lo que dice la Biblia, en donde encontramos la mayor cantidad de información con respecto al juicio final es de la boca de Jesús. Él nos cuenta claramente del cómo: «Cuando venga el Hijo del hombre con todos sus ángeles, vendrá con gran esplendor, y se sentará en su grandioso trono. Entonces todas las naciones se reunirán en su presencia. El Hijo del hombre los separará, así como un pastor separa a sus ovejas de sus cabras. Él pondrá a las ovejas a su derecha y las cabras a su izquierda» (Mateo 25,31-33) y también nos habla del cuándo: a su regreso.

Creemos en el infierno, no solo porque tiene sentido desde el punto de vista de la justicia, sino porque Jesús nos enseñó acerca de él: «Así pues, si tu ojo derecho te hace caer en pecado, sácatelo y échalo lejos de ti; es mejor que pierdas una sola parte de tu cuerpo, y no que todo tu cuerpo sea arrojado al infierno» (Mateo 5,29), «No tengan miedo de los que matan el cuerpo pero no pueden matar el alma; teman más bien al que puede hacer perecer alma y cuerpo en el infierno» (Mateo 10,28).

De lo dicho por los profetas y Jesús, podemos establecer los siguientes hechos:

- Dios será nuestro juez (Isaías 66,16; Salmos 75,7).
- Jesús será nuestro abogado defensor (1 Juan 2,1).
- No seremos juzgados por nuestras apariencias (1 Samuel 16,7; Mateo 23,28).
- Al final del juicio recibiremos un premio (Mateo 16,27; 25,34) o un castigo (Lucas 13,22-30; Mateo 13,24-30; 25,41).
- Aunque el concepto de tiempo es terrenal, el veredicto será de eterna duración, cualquiera que sea el resultado de los dos posibles (Mateo 25,46).

- Se hará pública la conducta de todos los hombres (Mateo 12,36-37) y los secretos que escondan nuestros corazones (Lucas 12,1-3).
- Todos afrontaremos un juicio, creyentes y no creyentes, cristianos y no cristianos, los que en ese momento estén vivos y los que ya hayan muerto resucitarán (Juan 5,28-29; Apocalipsis 20,11-15).
- Nuestros actos de amor y nuestra negligencia en ponerlo en práctica con el prójimo serán las consideraciones a tener en cuenta (Mateo 25,31-46).

Esto nos puede atemorizar, pero lo podemos contraponer con el mensaje consolador de Jesús, como lo hiciera Mozart [138] con su *Réquiem*[139], que compuso durante la grave enfermedad que lo llevaría a la tumba, donde testificó el temor que le generaba la idea de la muerte, que musicaliza en la tercera estrofa: «*Quantus tremor est futurus, quando iudex est venturus*» (Cuánto temor. ¿Cuándo vendrá el juez?); pero más adelante, en la sexta estrofa, aparece el fervoroso y confiado ruego a Jesús: «*Recordare, Iesu pie quod sum causa tuae viae, ne me perdas illa die*» (Acuérdate, Jesús misericordioso, de que yo soy la causa de tu viaje; no me pierdas ese día). Tal vez este réquiem se inspira en la hermosa escena en la que la confianza en la gracia y la misericordia divinas encuentran su mayor expresión: cuando Jesús le dice al «buen» ladrón: «Te aseguro que hoy estarás conmigo en el paraíso» (Lucas 23,43).

¿Cómo entender este juicio? Dios es verdad; por lo tanto, no podemos llegar a Él ignorando nuestra propia verdad. Tendremos que rendir cuentas de todos nuestros actos y pueda que esa verdad no sea agradable: allá se hará manifiesta nuestra cobardía interior, nuestras mentiras de vida, las heridas causadas al prójimo, nuestra evasión a

---

[138] Johannes Chrysostomus Wolfgangus Theophilus Mozart (Salzburgo, 27 de enero de 1756 - Viena, 5 de diciembre de 1791), más conocido como Wolfgang Amadeus Mozart, fue un compositor, pianista, director de orquesta y profesor del antiguo Arzobispado de Salzburgo, considerado uno de los músicos más influyentes y destacados de la historia.

[139] La *Misa de réquiem* (música para ser interpretada en una misa funeral) en re menor, K. 626.

ayudar, la testaruda actitud de no perdonar, nuestra hipocresía, las máscaras que usamos para justificar nuestras acciones equivocadas, etc. Ante el juez, nos adentraremos al verdadero yo para que su luz pueda iluminarnos. Ver el alcance de todos nuestros actos y de los que dejamos de hacer será un proceso doloroso, ya que no contaremos con ninguno de los mecanismos de defensa a los que estamos acostumbrados para justificar nuestro accionar. Él no nos tendrá que recordar nada (ver Isaías 43,25), pues nosotros mismos tomaremos conciencia de la real dimensión y las consecuencias de lo hecho y de lo omitido. El juicio revelará quiénes somos en realidad. Seremos totalmente transparentes [140] , como lo es Dios, en ese estado responderemos por nuestra vida entera ante el juez supremo y de esta manera, y solo de esta manera, podremos, si es nuestro deseo [141], orientar nuestra vida al Padre y finalmente ser uno con Él, o rechazarlo y vivir eternamente fuera de su presencia.

En la homilía del santo padre Francisco del 6 de diciembre de 2016, reflexionando sobre el Evangelio que menciona la oveja perdida (Mateo 18,12-14) dijo:

> Hemos leído el Evangelio de la oveja perdida, con la alegría por el consuelo del Señor que nunca deja de buscarnos. Él viene como juez, pero un juez que acaricia, un juez lleno de ternura: ¡hace lo que sea para salvarnos! No viene a condenar sino a salvar, nos busca a cada uno, nos ama personalmente, no ama la masa indeterminada, sino que nos ama por el nombre, nos ama como somos. La oveja perdida no se perdió porque no tuviera la brújula en la mano. Conocía bien el camino. Se perdió porque tenía el corazón enfermo, cegado por una división interior, y huyó para alejarse del Señor, para saciar ese vacío interior que la llevaba a la doble vida: estar en la grey y escapar en la oscuridad. El Señor sabe esas cosas y va a buscarla. (...)

---

[140] «Queridos hermanos, ya somos hijos de Dios. Y aunque no se ve todavía lo que seremos después, sabemos que cuando Jesucristo aparezca seremos como él, porque lo veremos tal como es» (1 Juan 3,2).

[141] Basándose en Mateo 12,31-32, san Gregorio Magno en su *Dialogi* 4, 41, 3 dice: «En esta frase podemos entender que algunas faltas pueden ser perdonadas en este siglo, pero otras en el siglo futuro». Acá «siglo» quiere decir «vida».

> Lo que hace la oveja perdida no es tanto un error, sino una enfermedad que tiene en el corazón y que el diablo aprovecha (...) Jesús, cuando encuentra a la oveja perdida no la insulta, aunque haya hecho tanto daño. En el huerto de los olivos, llama a Judas «amigo». Son las caricias de Dios. ¡Quien no conoce las caricias del Señor no conoce la doctrina cristiana! ¡Quien no se deja acariciar por el Señor está perdido!

Tres cosas podemos tener por ciertas:

- Dios «es» misericordia y no quiere que nadie se condene, por eso fue hasta el extremo al enviarnos a su único Hijo para que diera su vida por nuestra redención, pero la condenación es una posibilidad: «Pero a aquel que oye mis palabras y no las obedece, no soy yo quien lo condena; porque yo no vine para condenar al mundo, sino para salvarlo» (Juan 12,47); «El que cree en el Hijo de Dios no está condenado; pero el que no cree ya ha sido condenado por no creer en el Hijo único de Dios. Los que no creen ya han sido condenados, pues, como hacían cosas malas, cuando la luz vino al mundo prefirieron la oscuridad a la luz» (Juan 3,18-19).
- Dios puede perdonar todos los pecados, si acudiendo a su gracia pedimos perdón: «Por eso les digo, que todo pecado y blasfemia será perdonado a los hombres, pero la blasfemia contra el Espíritu no será perdonada» (Mateo 12,31). ¿Y por qué la blasfemia contra el Espíritu de Dios no podrá ser perdonada? Porque la función del Espíritu Santo es «convencer al mundo de pecado, de justicia y de juicio» (Juan 16,8). La tercera persona de la Trinidad actúa en nuestro corazón para hacernos conscientes de nuestra condición pecadora y, por consiguiente, de la necesidad de un salvador. Cuando cerramos nuestro corazón de tal manera que rechazamos el actuar (blasfemamos) del Espíritu Santo, entonces despreciamos la gracia del perdón y con ello matamos toda esperanza. Ahora, el versículo 32 dice: «Dios perdonará incluso a aquel que diga algo contra el Hijo del hombre; pero al que hable contra el Espíritu Santo no lo perdonará ni en el mundo presente ni en el venidero», esto le permitió concluir a san Gregorio Magno

que «en esta frase podemos entender que algunas faltas pueden ser perdonadas en este siglo, pero otras en el siglo futuro» (*Dialogi* 4,41,3). Claramente la palabra «siglo» está haciendo referencia a «vida» ... en esta vida o en la otra vida; es decir, después de la muerte.

- Dios siempre ha respetado nuestra libertad: «En este día pongo al cielo y a la tierra por testigos contra ustedes, de que les he dado a elegir entre la vida y la muerte, y entre la bendición y la maldición. Escojan, pues, la vida, para que vivan ustedes y sus descendientes» (Deuteronomio 30,19); «Entren por la puerta angosta. Porque la puerta y el camino que llevan a la perdición son anchos y espaciosos, y muchos entran por ellos; pero la puerta y el camino que llevan a la vida son angostos y difíciles, y pocos los encuentran» (Mateo 7,13-14).

La Palabra no deja duda de que existe un lugar —los teólogos hablan más de un estado que de un lugar— para los que aceptan la gracia y otro para quienes la rechazan. El cielo y el infierno son entonces una realidad. Ya hay personas gozando del cielo: tanto la Iglesia, con la proclamación de los santos, como las Sagradas Escrituras (ver Mateo 17,1-9) así lo afirman. No así con el infierno, no tenemos ninguna certeza de que alguna persona en particular se encuentre en él, aunque tengamos serias sospechas acerca de ciertos personajes de nuestra historia.

Varias lecturas de la Sagrada Escritura nos indican que para entrar en comunión perfecta con el creador debe considerarse puro: «... nada impuro nunca podrá entrar en el cielo» (Apocalipsis 21,27). En el Antiguo Testamento lo vemos con los animales que debían ser inmolados al Señor: «Cualquiera que presente al Señor un sacrificio de reconciliación, ya sea en cumplimiento de una promesa o como ofrenda voluntaria, deberá ofrecer toros u ovejas sin defecto para que le sean aceptados» (Levítico 22,21) o con los sacerdotes: «Ningún descendiente del sacerdote Aarón que tenga algún defecto físico presentará al Señor las ofrendas que se queman; tiene un defecto y, por lo tanto, no podrá presentar la ofrenda de pan de su Dios» (Levítico 21,21).

Habiendo establecido que tenemos una alternativa: vivimos con el Señor en la bienaventuranza eterna o permanecemos alejados de su presencia. Para cuantos se encuentran en la condición de apertura a Dios, pero de un modo imperfecto, el camino hacia la bienaventuranza plena requiere una purificación, que es lo que la Iglesia ilustra mediante la doctrina del «purgatorio» (ver *Catecismo de la Iglesia católica*, 1030-1032). Superada la imperfección y alcanzada la purificación, podremos unirnos perfectamente a Dios y conseguir la felicidad perfecta.

Dios no nos va a enviar al infierno[142], sino que en ejercicio de nuestra libre elección podemos decidir vivir apartados de nuestro Padre. Él tratará de convencernos de ese gravísimo error, como hiciera el padre con el hermano mayor de la hermosa parábola del hijo pródigo, donde él voluntariamente ignora y desprecia el llamado del viejo para que se una a la fiesta en honor de su hermano que «ha vuelto a la vida». El hermano mayor decide no participar de la celebración y así como el padre respetó la decisión de su hijo menor de marcharse de su lado y le entregó el dinero para hacerlo, también respeta la del hermano mayor de no querer participar de la fiesta. Nosotros podremos hacer lo mismo: podemos autoexcluirnos del gran banquete celestial y negarnos a participar de él y eso causa un dolor que quema, como las imágenes que muchos artistas han empleado para representar el fuego eterno. En las palabras de C. S. Lewis, «las puertas del infierno están cerradas por dentro».

En una ocasión Jesús estaba predicando cuando le avisaron que su madre y sus hermanos querían hablar con Él: «¿Quién es mi madre, y quiénes son mis hermanos? Y extendiendo su mano hacia sus discípulos, dijo: He aquí mi madre y mis hermanos. Porque todo aquel que hace la voluntad de mi Padre que está en los cielos, ese es mi

---

[142] Obispo Thomas J. Olmsted, *The Catholic Sun*, edición mayo 14 de 2018. Obispo Robert Barron en "El infierno está lleno o vacío" (https://www.youtube.com/watch?v=dmsa0sg4Od4&t=105s).

hermano, y hermana, y madre» (Mateo 12,48-50). Y ¿cómo hacemos la voluntad del Padre? Amando a Dios con todo nuestro corazón, con toda nuestra alma y con toda nuestra mente y al prójimo como a nosotros mismos (ver Mateo 22,34-40). Si este es nuestro propósito diario de vida, el día que nos encontremos cara a cara con el juez supremo será entonces un reencuentro familiar que nos llenará de gozo, alegría y felicidad, sin nada que temer. ¿No es este el sentimiento que nos genera el volver a ver a nuestra madre, nuestro padre o a un hermano o hermana, después de un largo período de separación?

Y SU REINO NO TENDRÁ FIN

Ese día no hará frío ni habrá heladas. Será un día único, conocido solamente por Dios. En él no se distinguirá el día de la noche, pues aún por la noche seguirá habiendo luz. Entonces saldrán de Jerusalén aguas frescas, que correrán en invierno y en verano, la mitad de ellas hacia el Mar Muerto y la otra mitad hacia el Mediterráneo. Ese día reinará el Señor en toda la tierra. El Señor será el único, y único será también su nombre.

Zacarías 14,6-9

Las fuerzas relativas de las naciones líderes del mundo nunca permanecen constantes, debido al crecimiento irregular de la población —con el consiguiente desbalance económico—, los avances tecnológicos —que se traducen en equipos militares más sofisticados y efectivos— y organizativos, que brindan mayores ventajas a una determinada población sobre otra.

Hubo una época en la que Egipto fue una de las naciones más ricas y poderosas de la antigüedad, pero ¿hoy? O ¿qué decir de Grecia?, o ¿Roma?, que llegó a gobernar más de la mitad del mundo conocido de aquel entonces y ¿cómo están hoy? Grandes reinos que hoy ya no existen. Viven otros que también desaparecerán algún día.

Así que no tiene sentido aferrarse a lo pasajero. Cuando el ángel Gabriel se presentó a la Virgen María a anunciarle el gran acontecimiento de la encarnación del Verbo, le dijo: «Ahora vas a quedar encinta:

tendrás un hijo, y le pondrás por nombre Jesús. Será un gran hombre, al que llamarán Hijo del Dios altísimo, y Dios el Señor lo hará rey, como a su antepasado David, para que reine por siempre sobre el pueblo de Jacob. Su reinado no tendrá fin» (Lucas 1,31-33). Ese día comenzó el proyecto de la creación del reino de Dios con la promesa de que sería eterno, no como otros reinos poderosos que habían existido o que existirían en el futuro, todos ellos efímeros.

El 10 de abril del 2005 el mundo entero veía desde su televisión al recién nombrado papa Benedicto XVI, en el balcón de la bendición de la Basílica de San Pedro, dirigirse por primera vez a los miles de fieles reunidos en la plaza esperando con ansia la salida del humo blanco por la chimenea de la Capilla Sixtina, en señal de buenas noticias. Sentados en la comodidad de nuestros hogares vimos un puñado de cardenales rodear al santo padre mientras este daba sus primeras palabras en calidad de papa. Hubo un hecho curioso que no pasó desapercibido para los periodistas que transmitían el magno evento: el cardenal de Chicago, su eminencia Francis Eugene George, se abstrajo de todo lo que acontecía a su alrededor y fijó su mirada en el horizonte por varios minutos. A su regreso, concedió una entrevista para compartir su opinión sobre los recientes acontecimientos y el periodista le preguntó: «Su eminencia, ¿en qué pensaba cuando fijó su mirada en lo infinito del horizonte desde ese balcón tan especial? Y respondió: "Hace dos mil años, las multitudes se agolpaban en este mismo lugar a rendir pleitesía al emperador Tiberio Claudio Nerón. Si me pregunta dónde está el sucesor del emperador del poderoso Imperio romano, le contestaria que no existe. Pero si me pregunta dónde está el sucesor del líder de la Iglesia fundada por Cristo, le contestaria que se encontraba a mi lado"».

Cada año recordamos, en las celebraciones que se llevan a cabo durante la Semana Santa, el encuentro entre Jesús y el gobernador romano Pilato. Luego de presentarle el reo para que dictaminara su sentencia, Pilato le preguntó: «¿Eres tú el rey de los judíos?» a lo que Jesús le replicó: «Mi reino no es de este mundo». El gobernante contra preguntó, seguramente en tono de mofa: «¿Así que tú eres rey?», «Tú lo has dicho: soy rey» contestó el Maestro. Esa misma tarde Jesús murió en el madero. Pilato y Caifás se habrán sentido triunfadores del resultado, gracias al poder que tenían. Han transcurrido poco más de dos mil años de aquel bochornoso acto de poder, y ¿quién venera a Pilato o a Caifás?, en cambio Jesús es venerado hoy en todo el mundo. Después de esto y durante más de trescientos años, los seguidores de Cristo fueron perseguidos, torturados y martirizados bajo las órdenes de los emperadores de turno. Cada cristiano asesinado representaba un triunfo de la política de exterminio del poderoso Imperio romano. ¿Quién venera hoy a Nerón, a Vespasiano, a Diocleciano o a Domiciano? Jesús es venerado hoy en todo el mundo. Ya en tiempos modernos, una lista de personalidades famosas de todos los campos —arte, política, ciencias, etc. — han declarado que Dios ha muerto. Ellos yacen bajo tierra y hoy Jesús es venerado en todo el mundo. ¿Cuál reino es eterno? ¿Quién es el verdadero rey?

Cada vez que a Jesús lo llamaban rey, lo hacían teniendo en mente la figura de gobernante: poderoso, guerrero, autoritario, etc., por eso Él rechazaba ese título en cada oportunidad. Porque su reino es el que profetizó Ezequiel:

> Yo, el Señor, digo: Escuchen, ovejas mías: Voy a hacer justicia entre los corderos y los cabritos. ¿No les basta con comerse el mejor pasto, sino que tienen que pisotear el que queda? Beben el agua clara, y la demás la enturbian con las patas. Y mis ovejas tienen que comer el pasto que ustedes han pisoteado y beber el agua que ustedes han enturbiado. Por eso yo, el Señor, les digo: Voy a hacer justicia entre las ovejas gordas y las flacas. Ustedes han alejado a empujones a las débiles, las han atacado a cornadas y las han hecho huir. Pero yo voy a salvar a mis ovejas. No dejaré que las sigan robando. Voy a hacer justicia entre las ovejas. Voy a hacer que vuelva mi siervo David, y lo pondré como único pastor, y él las cuidará. Él será su pastor. Yo, el Señor, seré su Dios, y mi siervo David será su jefe. Yo, el Señor, he hablado. Voy a hacer una alianza con ellas, para asegurarles una vida tranquila. Haré desaparecer las fieras del país, para que mis ovejas puedan vivir tranquilas en campo abierto y dormir en los bosques.

> Yo pondré a mis ovejas alrededor de mi monte santo, y las bendeciré; les enviaré lluvias de bendición en el tiempo oportuno. Los árboles del campo darán su fruto, la tierra dará sus cosechas, y ellas vivirán tranquilas en su propia tierra. Cuando yo libere a mi pueblo de quienes lo han esclavizado, entonces reconocerán que yo soy el Señor. Los pueblos extranjeros no volverán a apoderarse de ellos, ni las fieras volverán a devorarlos. Vivirán tranquilos, sin que nadie los asuste. Les daré sembrados fértiles, y ellos no volverán a sufrir hambre ni las demás naciones volverán a burlarse de ellos. Entonces reconocerán que yo, el Señor su Dios, estoy con ellos, y que Israel es mi pueblo. Yo, el Señor, lo afirmo. Ustedes son mis ovejas, las ovejas de mi prado. Yo soy su Dios. Yo, el Señor, lo afirmo (Ezequiel 34,17-31).

No hemos llegado a la plenitud de ese reino porque, como dijo el profeta: «Voy a hacer justicia entre las ovejas gordas y las flacas», pero después del juicio final los justos vivirán en plena libertad; el amor será pleno y purificado; todo será hermoso a consecuencia de ese amor; la verdad lucirá sin tinieblas; la filiación divina existirá total con alma y cuerpo glorificados. El reino eterno de Cristo Rey será nuestra morada...el paraíso, aunque la Iglesia no se sienta preparada para explicar en qué consiste esta realidad. En voz de san Pablo:

> Cosas que ojo no vio, ni oído oyó,
> Ni han subido en corazón de hombre,
> Son las que Dios ha preparado para los que le aman (1 Corintios 2,9).

TERCERA PARTE

DIOS ESPÍRITU SANTO

†

CREO EN EL ESPÍRITU SANTO

Cuando llegó la fiesta de Pentecostés, todos los creyentes se encontraban reunidos en un mismo lugar. De repente, un gran ruido que venía del cielo, como de un viento fuerte, resonó en toda la casa donde ellos estaban. Y se les aparecieron lenguas como de fuego que se repartieron, y sobre cada uno de ellos se asentó una. Y todos quedaron llenos del Espíritu Santo, y comenzaron a hablar en otras lenguas, según el Espíritu hacía que hablaran.

Hechos de los Apóstoles 2,1-4

Durante el bautizo de Jesús, el Espíritu Santo se hizo presente en forma de paloma (no es coincidencia que también esta ave sea el signo mundial de la paz). En la fiesta de Pentecostés[143] que celebraban la Virgen María junto a los apóstoles, se manifestó en forma de lenguas de fuego. ¿Es un pájaro? ¿Es fuego?

La palabra «espíritu» viene del latín *spiritus*, que a su vez viene del griego *pnéuma* y del hebreo *ruah*. Todos estos términos en sus respectivos idiomas hacen referencia al aire. La raíz *spir* está en muchas palabras que tienen que ver con el aire y con la vida: respirar, aspirar, inspirar, suspirar, expirar... No vemos el viento, pero lo sentimos y hasta

[143] Pentecostés (del griego *pentecoste*: «el día cincuenta» después de Pascua): en su origen era una fiesta en la que Israel celebraba el pacto de la alianza con Dios en el Sinaí. El Pentecostés se convirtió en la fiesta del Espíritu Santo para los cristianos en Jerusalén.

lo escuchamos. Generalmente se presenta inofensivo, pero algunas veces se convierte en un huracán o tornado y puede levantar olas marinas de varios metros de altura, derribar casas y borrar ciudades enteras a su paso. Sin aire no hay vida. El Espíritu es como «El viento [que] sopla por donde quiere, y aunque oyes su ruido, no sabes de dónde viene ni a dónde va» (Juan 3,8).

Cabe entonces hacernos la pregunta: ¿es el Espíritu Santo una fuerza, una persona o algo más? La respuesta es que Él es una Persona divina, subsistente por sí misma, con voluntad e inteligencia, como la tiene Dios y la tiene Jesucristo, ya que son de la misma substancia: «Aquel al que el Padre ha enviado a nuestros corazones, el Espíritu de su Hijo (ver Gálatas 4,6) es realmente Dios. Consubstancial con el Padre y el Hijo, es inseparable de ellos, tanto en la vida íntima de la Trinidad como en su don de amor para el mundo» (*Catecismo de la Iglesia católica*, n.° 689). Algunas interpretaciones equivocadas definen su naturaleza como una fuerza o energía o cualidad divina, como lo es la sabiduría, la belleza, la bondad e incluso el amor, convirtiéndolo en un ser impersonal, en un «algo» y no en un «alguien».

El Espíritu Santo es la tercera persona de la Santísima Trinidad, es el amor, la comunión que surge perpetuamente de la unidad entre el Padre y el Hijo, o mejor dicho el amor y la comunión que brotan del don recíproco del Padre al Hijo y del Hijo al Padre. Decía el teólogo Karl Barth[144] que desde la idea misma de la revelación decimos que Dios ha hablado, se ha dirigido a su pueblo. Entonces sí ha hablado debe haber un hablante, debe haber una palabra dicha que nosotros llamamos Hijo. Y si Dios ha hablado y es realmente Dios el que ha hablado, entonces debe haber un intérprete de la palabra. Debe haber una persona igualmente divina que interprete la palabra que el Padre ha hablado. Ese intérprete es el Espíritu Santo.

---

[144] Karl Barth (Basilea, 10 de mayo de 1886 - Basilea, 10 de diciembre de 1968) fue un influyente teólogo protestante calvinista, considerado uno de los más importantes pensadores cristianos del siglo xx.

Creer en el Espíritu Santo es adorarle como Dios igual que al Padre y al Hijo. Quiere decir profesar que el Espíritu Santo viene a nuestro corazón para que como hijos de Dios conozcamos a nuestro Padre celestial y gocemos de su presencia eternamente. Sin el Espíritu Santo no se puede comprender a Jesús ni a los profetas, por lo que debemos invocarlo cada vez que cogemos una Biblia en nuestras manos para que Él nos ayude a discernir lo que leemos. Hay gran cantidad de oraciones para invocarlo, cualquiera de ellas sirve, pero si no sabe ninguna puede simplemente decir: «Espíritu Santo, ven». También lo conocemos como «Espíritu de Dios», «Espíritu de verdad», «Espíritu de la promesa», «Espíritu de adopción» o «Paráclito[145]».

Conocemos la voz de Dios Padre, la encontramos desde el principio de la Biblia. El libro del Génesis nos la transmite cuando cita el primer acto de la creación: «¡Que haya luz!»[146] y así continúa relatando todas las palabras que pronunció el creador durante esos famosos seis días. Más adelante lo volvemos a escuchar cuando le pide cuentas a Caín por la muerte de su hermano Abel. Luego lo escuchamos hablar con Noé, Abraham, Jacob, Moisés y los profetas, entre otros personajes del Antiguo Testamento. En el Nuevo también lo oímos cuando el Mesías es bautizado: «Este es mi Hijo amado, en quien tengo complacencia»[147] y en la transfiguración de Jesús en el monte Tabor[148]: «Éste es mi Hijo amado, a quien he elegido: escúchenlo»[149].

Conocemos la voz de Dios Hijo: Jesucristo, incluso la conocemos siendo un infante, cuando pregunta a sus padres: «¿Por qué me buscaban? ¿No sabían que tengo que estar en la casa de mi Padre?»[150]. Años más tarde, durante su apostolado, contamos con los cuatro

---

[145] Del griego *parákleton*: aquel que es llamado junto a uno. Algunas biblias lo traducen como «consolador».

[146] Génesis 1,3.

[147] Mateo 3,17.

[148] No hay evidencia bíblica de que haya ocurrido en este lugar.

[149] Mateo 17,5.

[150] Lucas 2,49.

Evangelios, que nos narran cientos de frases de Jesús dirigiéndose a la muchedumbre, a sus amigos, a su madre, a los políticos y dirigentes y, de paso, a todos nosotros. Le conocemos hasta el tono de voz de cuando está molesto, contento o triste. Incluso, lo escuchamos hablar después de haber resucitado de entre los muertos. Su voz nos resulta muy natural.

No conocemos la voz del Espíritu Santo.

Como la figura de un padre y un hijo nos resultan tan familiares, sumado a que les conocemos su voz, es con Dios Padre y con Dios Hijo que los sentimos más inmediatos, familiares y accesibles si se quiere. Infortunadamente, no ocurre lo mismo con la tercera persona de la Trinidad lo que nos lleva a sentirlo extraño, distante y fuera de nuestro círculo íntimo.

Pero si bien es cierto que no conocemos su voz, ¡si estamos al tanto de sus obras! Observa una Biblia, Él es su autor intelectual, Él la inspiró. Presta atención a la labor de más de dos mil años de la Iglesia, Él la guía, pero nosotros la manejamos y por eso no siempre ha tomado el rumbo correcto. ¿Conoce ministerios de su parroquia que han dado frutos? Para Él son los méritos. ¿Tiene entre sus héroes algún santo? Esa labor que admira y que lo llevó a la santidad hubiera sido imposible sin su ayuda. ¿Alguna vez ha sentido el deseo de ayudar a alguien?, ¿de brindarle una sonrisa?, ¿de ofrecerle unas palabras de aliento? o ¿quizás un buen consejo? Es una más de sus obras que operan a través de nosotros. La gracia invisible que se hace visible a través de los sacramentos es gracias a Él. Esta obra que está leyendo es también gracias a Él, a su guía e inspiración. Es más, cada vez que usted reconoce de corazón a Jesús como su Señor, es gracias a Él, por eso Pablo dijo: «... Y tampoco puede decir nadie: "¡Jesús es Señor!", si no está hablando por el poder del Espíritu Santo» (1 Corintios 12,3).

Pero como Él actúa a través de nosotros, debemos ser muy cautos y hacer nuestro mejor esfuerzo en distinguir su voluntad de la nuestra. Yo he ayudado a varios ministerios en diferentes parroquias y en ocasiones, personas activas del ministerio se presentaban a dar una determinada charla y se jactaban de no haberla preparado porque «iban a dejar que el Espíritu Santo hablara a través de ellos» entonces simplemente antes de comenzar invocaban su presencia y le pedían que «los usara para decir lo que Él sabía que aquel público debía escuchar». Lógicamente, a mi juicio, la charla resultaba un fiasco, la improvisación era evidente y en algunas caras de la audiencia se notaba la decepción por haber perdido el tiempo. No podía evitar emitir mi queja ante la falta de preparación y recibía como respuesta: «no se preocupe, porque el Espíritu Santo actúa de maneras misteriosas, y de pronto una sola persona necesitaba escuchar lo que se dijo y con eso se cumplió el cometido de la charla». ¿Cómo probar que en la improvisación y no en la preparación actúa el Espíritu Santo? ¿No creer que esto pueda ser cierto es una manifestación de falta de fe? Difícil de contestar, sobre todo si se tiene en cuenta que cualquier gracia que podamos haber recibido del Espíritu Santo no suprime la libertad de quien la recibe y cuenta con la elección de usarla o ignorarla. Así que mi mejor arma contra este tipo de cuestiones es conocer cómo actúa el Espíritu Santo en la Biblia y lo que nos enseña el magisterio al respecto. No conocer al Espíritu Santo desde las Escrituras y la enseñanza de la Iglesia nos puede llevar a cometer el error de atribuirle una experiencia que salió de nuestro yo, pero conocerlo desde la Biblia y no solo a través de nuestras vivencias produce un buen fundamento para edificar una vida espiritual en su compañía, enseñanza y guía.

Otra situación de la que he sido testigo, en donde la línea entre la manifestación del Espíritu Santo y nuestro yo resulta ser muy delgada, es el de escuchar a personas «llenas» del Espíritu Santo que hablan en «lenguas». ¿Es el Espíritu Santo el que está hablando? o ¿es la persona en un profundo trance —en el mejor de los casos— o fingiendo haber recibido tan extraordinario don —en el peor de ellos—? Difícil decirlo. Pero si nos remitimos, como lo dije, a las Escrituras tendremos muy buena información para formar nuestro juicio.

Solo en tres ocasiones la Biblia registra el don de hablar en lenguas después de haber recibido el Espíritu Santo: Hechos de los Apóstoles 2,4; 10,44-46 y 19,6. Y, por otro lado, este mismo libro habla de miles de personas que en diferentes lugares, momentos y circunstancias vinieron a creer en Jesús como Hijo de Dios, y no se menciona nada del hablar en lenguas. Entonces cabe preguntarse ¿por qué en esas tres ocasiones el hablar en lenguas era una manifestación del Espíritu Santo?

Los teólogos se encuentran divididos al tratar de explicarnos lo que aconteció aquel día de Pentecostés cuando los apóstoles hablaron en lenguas. Algunos dicen que se trató de un evento de «glosolalia», que es la vocalización fluida de sílabas sin significado comprensible alguno, y otros dicen que fue un evento de «xenoglosia», que es cuando una persona habla un lenguaje natural estructurado y conocido como idioma, pero es previamente desconocido por el hablante. Si fue glosolalia, ¿cómo explicar que fue una manifestación del Espíritu Santo? Nos dicen las Escrituras que, «Cuando llegó la fiesta de Pentecostés, todos los creyentes se encontraban reunidos en un mismo lugar. De repente, un gran ruido que venía del cielo, como de un viento fuerte, resonó en toda la casa donde ellos estaban. Y se les aparecieron lenguas como de fuego que se repartieron, y sobre cada uno de ellos se asentó una. Y todos quedaron llenos del Espíritu Santo, y comenzaron a hablar en otras lenguas, según el Espíritu hacía que hablaran» (Hechos 2,1-4). También nos dicen que el ruido atrajo a una cantidad de judíos que habían venido de todas partes del mundo; es decir que no todos hablaban el mismo idioma: habría algunos que solo hablaban griego, otros hebreo, otros copto, otros latín, etc. Llenos del Espíritu Santo, comenzaron a predicar el Evangelio, pero al no todos hablar el mismo idioma, se hacían necesarias estas verbalizaciones guturales y sin estructura alguna que, con la acción del Espíritu Santo, ellos entendieron como si los sonidos hubieran sido dichos en su propio idioma. Si fue xenoglosia, la prédica fue dicha en los idiomas que entendían los presentes. Desconociendo totalmente el latín, por ejemplo, gracias al Espíritu Santo, ellos lo hablaron para que los que solo dominaban ese idioma pudieran recibir la Palabra y la entendieran. Cualquiera que haya sido el caso, el don de hablar en lenguas tuvo un propósito muy específico.

El apóstol Pablo dio unas directrices muy claras, que al parecer muchos de los que supuestamente hablan en lenguas parecen ignorar, en su primera Carta a los Corintios, dice:

> Por lo tanto, el que habla en lengua extraña, pídale a Dios que le conceda el poder de interpretarla. Pues si yo oro en una lengua extraña, es verdad que estoy orando con mi espíritu, pero mi entendimiento permanece estéril. ¿Qué debo hacer entonces? Pues debo orar con el espíritu, pero también con el entendimiento. Debo cantar con el espíritu, pero también con el entendimiento. Porque si tú alabas a Dios solamente con el espíritu, y una persona común y corriente te escucha, no podrá unirse a ti en tu acción de gracias, pues no entenderá lo que dices. Tu acción de gracias podrá ser muy buena, pero no será útil para el otro. Doy gracias a Dios porque hablo en lenguas extrañas más que todos ustedes; pero en la iglesia prefiero decir cinco palabras que se entiendan, para enseñar así a otros, que decir diez mil palabras en lengua extraña (…) Y cuando se hable en lenguas extrañas, que lo hagan dos personas, o tres cuando más, y por turno; además, alguien debe interpretar esas lenguas. Pero si no hay nadie que pueda interpretarlas, que estos no hablen en lenguas delante de toda la comunidad, sino en privado y para Dios (14,13-28).

Creo que ya tenemos una mejor guía para distinguir, por ejemplo, en este tipo de manifestaciones, cuando estamos ante una verdadera expresión del poder del Espíritu Santo de una que no lo sea.

El santo padre Francisco publicó, el 24 de noviembre del 2013, su exhortación apostólica *Evangelii Gaudium*[151]. En el quinto capítulo hay una sección titulada «La acción misteriosa del resucitado y de su Espíritu» que dice en sus artículos 278 y 279:

> La fe es también creerle a Él, creer que es verdad que nos ama, que vive, que es capaz de intervenir misteriosamente, que no nos abandona, que saca bien del mal con su poder y con su infinita creatividad. Es creer que Él marcha victorioso en la historia «en unión con los suyos, los llamados, los elegidos y los

---

151 *La alegría del Evangelio* es la primera exhortación apostólica escrita por el papa Francisco, tras el cierre del Año de la Fe.

fieles» (Apocalipsis 17,14). Creámosle al Evangelio que dice que el Reino de Dios ya está presente en el mundo, y está desarrollándose aquí y allá, de diversas maneras: como la semilla pequeña que puede llegar a convertirse en un gran árbol (ver Mateo 13,31-32), como el puñado de levadura que fermenta una gran masa (ver Mateo 13,33), y como la buena semilla que crece en medio de la cizaña (ver Mateo 13,24-30), y siempre puede sorprendernos gratamente (…).

Como no siempre vemos esos brotes, nos hace falta una certeza interior y es la convicción de que Dios puede actuar en cualquier circunstancia, también en medio de aparentes fracasos, porque «llevamos este tesoro en recipientes de barro» (2 Corintios 4,7). Esta certeza es lo que se llama «sentido de misterio». Es saber con certeza que quien se ofrece y se entrega a Dios por amor seguramente será fecundo (ver Juan 15,5). Tal fecundidad es muchas veces invisible, inaferrable, no puede ser contabilizada. Uno sabe bien que su vida dará frutos, pero sin pretender saber cómo, ni dónde, ni cuándo. Tiene la seguridad de que no se pierde ninguno de sus trabajos realizados con amor, no se pierde ninguna de sus preocupaciones sinceras por los demás, no se pierde ningún acto de amor a Dios, no se pierde ningún cansancio generoso, no se pierde ninguna dolorosa paciencia. Todo eso da vueltas por el mundo como una fuerza de vida. A veces nos parece que nuestra tarea no ha logrado ningún resultado, pero la misión no es un negocio ni un proyecto empresarial, no es tampoco una organización humanitaria, no es un espectáculo para contar cuánta gente asistió gracias a nuestra propaganda; es algo mucho más profundo, que escapa a toda medida. Quizás el Señor toma nuestra entrega para derramar bendiciones en otro lugar del mundo donde nosotros nunca iremos. El Espíritu Santo obra como quiere, cuando quiere y donde quiere; nosotros nos entregamos pero sin pretender ver resultados llamativos. Solo sabemos que nuestra entrega es necesaria. Aprendamos a descansar en la ternura de los brazos del Padre en medio de la entrega creativa y generosa. Sigamos adelante, démoslo todo, pero dejemos que sea Él quien haga fecundos nuestros esfuerzos como a Él le parezca.

Finalmente, terminaré con esta Oración al Espíritu Santo que conviene mucho tenerla presente, escrita por el cardenal francés Jean Verdier[152]:

> Oh Espíritu Santo, amor del Padre, y del Hijo, inspírame siempre lo que debo pensar, lo que debo decir, cómo debo decirlo, lo que debo callar, cómo debo actuar, lo que debo hacer, para gloria de Dios, bien de las almas y mi propia santificación.
>
> Espíritu Santo, dame agudeza para entender, capacidad para retener, método y facultad para aprender, sutileza para interpretar, gracia y eficacia para hablar. Dame acierto al empezar, dirección al progresar y perfección al acabar.
>
> Amén.

[152] Jean Verdier, sacerdote de la orden de los sulpicianos (19 de febrero de 1864 - 9 de abril de 1940) y cardenal francés de la Iglesia católica. Fue arzobispo de París desde 1929 hasta su muerte. Fue nombrado cardenal ese mismo año.

SEÑOR Y DADOR DE VIDA

Los que viven según las inclinaciones de la naturaleza débil, solo se preocupan por seguirlas, pero los que viven conforme al Espíritu se preocupan por las cosas del Espíritu. Y preocuparse por seguir las inclinaciones de la naturaleza débil lleva a la muerte, pero preocuparse por las cosas del Espíritu lleva a la vida y a la paz.

Carta a los Romanos 8,5-6

Al comienzo de esta profesión de fe encontramos la frase «Creo en un solo Señor Jesucristo», ahora los redactores del Credo volvieron a emplear la misma dignidad que le habían dado al Hijo Único de Dios para dársela al Espíritu Santo llamándolo «Señor», como un abrebocas para los dos artículos que siguen, después de este, en donde nos van a recordar que no confesamos tres dioses, sino un solo Dios en tres personas, así que dejaré el tema de la Trinidad, en lo que respecta al Espíritu Santo, para los próximos artículos.

Al comienzo de la Biblia aparece la primera mención del Espíritu Santo a punto de dar vida: «La tierra no tenía entonces ninguna forma; todo era un mar profundo cubierto de oscuridad, y el espíritu de Dios se movía sobre el agua» (Génesis 1,2). Como expliqué en el artículo anterior, «Espíritu de Dios» es uno de los nombres con el que se refieren las Sagradas Escrituras para referirse al Espíritu Santo. Unos versículos más adelante volvemos a saber de Él cuando Dios, hablando en plural en clara referencia a la Trinidad, dijo: «Ahora hagamos al hombre a nuestra imagen». En el segundo capítulo del Génesis, la narración de la creación del hombre —cúspide de toda la obra creadora— nos ofrece un detalle que no da la primera narración: «Entonces Dios el Señor formó al hombre de la tierra misma, y sopló en su nariz y le dio vida. Así el hombre se convirtió en un ser viviente» (Génesis 2,7). Algo muy similar ocurrió cuando Jesús se les apareció, el día de su gloriosa resurrección, a los discípulos que estaban escondidos a puerta cerrada y les dijo: «¡Paz a ustedes! Como el Padre me envió a mí, así yo los envío a ustedes. Y sopló sobre ellos, y les dijo: —Reciban el Espíritu Santo» (Juan 20,21-22).

¿Qué nos está diciendo el Génesis cuando nos habla de la creación del hombre? Que la creación de un ser viviente requirió de dos partes: la primera fue la formación de un componente material [153] que, de acuerdo con la Biblia, proviene de la tierra y la segunda es que la materia por sí misma no puede avanzar para convertirse en un ser viviente, sino que requirió la intervención divina para serlo. Fue necesaria la infusión (representado con el «soplo») del Espíritu Santo. En la cosmovisión naturalista (atea) no es requerida la segunda acción, no así en la cristiana, que adopta esta verdad sin entrar en contraposición con los últimos hallazgos científicos, como explicaré a continuación.

Saber cómo comenzó la vida, cómo se dio el tránsito de algo sin vida a algo con ella, ha sido siempre una gran incógnita. Durante siglos, la única respuesta provenía de las concepciones religiosas. En el caso de Occidente, la contestación tenía su origen indudablemente en la narración que acabo de citar. La versión del Génesis era la aceptada por la mayoría de los biólogos del siglo XVIII. Para ellos, que cada especie tuviera el complejo diseño que le permitía vivir en un ambiente especifico y de una determina forma —lo que denominaron «adaptación»— era la evidencia inequívoca de la autoría intelectual de Dios. Cada especie

---

[153] El segundo relato de la creación describe a Dios creando al hombre de arcilla (tierra). En hebreo existe un juego de palabras, pues la palabra «ser humano» es *Adam* y para tierra en sentido de «elemento esencial de la agricultura» es *Adama*. Con esto se enfatiza que la materia de la que está constituido físicamente el ser humano es la misma a la del resto de la creación.

había sido diseñada para vivir en su respectivo ambiente. El pescado tiene branquias para vivir bajo el agua; las aves, alas para volar; las jirafas, cuellos largos para comer de las partes altas de los árboles, etc.

Esto cambió radicalmente luego de la publicación de *El origen de las especies*, del naturalista británico Charles Darwin[154], el 24 de noviembre de 1859. En esta obra, Darwin presentaba una explicación del origen de las diferentes y abundantes formas de vida. Según Darwin, todo comenzó con una forma básica y simple de vida que durante su reproducción cometía algunos errores (mutaciones): por ejemplo, un animal que trepaba a los árboles presentaba una cola más larga. Este «error» le permitía tener un mejor agarre cuando un depredador lo perseguía. De este modo, sus oportunidades de sobrevivir mejoraban en comparación con las de los que la tenían más corta. Dada esta ventaja, ellos subsistían en mayor número, por lo que eran los que más se reproducían y de esta forma pasaban la «mutación» a la siguiente generación. Con el tiempo, irían apareciendo otros «errores» que se seguirían pasando a generaciones descendientes, hasta el punto en el que las diferencias serían lo suficientemente visibles como para reconocer por separado a dos especies distintas. Este proceso, que tardaría millones de años, fue presentado por Darwin como la «teoría de la evolución». Según él, era la fuerza de la naturaleza, y no Dios, la encargada de guiar el proceso de selección de los cambios en la especie, que la diferenciarán de su antecesora. A dicho proceso se le denominó «selección natural».

En los tiempos de Darwin, los ganaderos sabían bien cómo mejorar los animales que criaban. Al que estaba dedicado a la crianza de ovejas le interesaba obtenerlas más lanudas. ¿Cómo podía mejorar su producción de lana? ¿Cómo podía obtenerlas más peludas? Lo hacía cruzando el ovejo más lanudo con la oveja más lanuda y repitiendo ese

---

[154] Charles Robert Darwin (Shrewsbury, 12 de febrero de 1809 - Down House, 19 de abril de 1882) fue un naturalista inglés, reconocido por ser el científico más influyente de aquellos que plantearon la idea de la evolución biológica a través de la selección natural. Esta idea está justificada con numerosos ejemplos extraídos de la observación de la naturaleza en su obra *El origen de las especies*.

proceso con las siguientes generaciones. Al cabo del tiempo, la descendencia era bastante más peluda que sus ancestros. La inteligencia del ganadero era la que estaba guiando el proceso. Darwin decía en su obra que la selección natural era capaz de obtener el mismo resultado sin que interviniera ninguna inteligencia. ¿Qué pasaría, se preguntaba él, si en donde vivieran las ovejas se diera un invierno tan extremadamente crudo que causara la muerte por hipotermia de algunas de ellas? ¿Cuáles tendrían una mayor probabilidad de sobrevivir? Las más lanudas, por supuesto. Al solo quedar ellas, se reproducirían entre sí. En caso de sucederse una serie de crudos inviernos, el resultado final sería el mismo logrado por el ganadero. La selección natural, y no una inteligencia, sería la encargada de guiar el proceso, concluía Darwin.

Darwin nunca tuvo la intención de dar una explicación sobre el origen de esa primera forma de vida que dio comienzo a todas las especies. Él solo quería encontrar el porqué de la inmensa variedad de formas de vida que existen, en todas sus expresiones y escalas. ¿Por qué Darwin pasó por alto el importantísimo detalle del origen de esa primera forma de vida? Los biólogos de aquella época contaban con microscopios ópticos que les permitían ver los objetos aumentados hasta unas dos mil veces. Este aumento es nada si lo comparamos con el de los actuales microscopios electrónicos, que pueden ofrecer imágenes aumentadas hasta diez millones de veces. Cuando aquellos biólogos observaron muestras de células en sus microscopios ópticos, vieron una especie de líquido gelatinoso envuelto por una fina membrana. Llamaron «protoplasma» a ese líquido y lo diferenciaron del «núcleo», que se encontraba en el centro y tenía una masa diferente. ¿De qué estaba formado aquel líquido gelatinoso? No lo sabían con exactitud, pero sus incipientes investigaciones apuntaban a una «gelatina» química sin ninguna estructura ni componentes funcionales perceptibles. Por esta razón, el enigma de la primera célula no ofreció mayor dificultad. A los biólogos les resultó fácil conjeturar que la Tierra primitiva se encontraba llena de toda clase de materiales químicos («caldo primigenio» o «sopa primitiva»[155]). Gracias a los factores ambientales favorables, estos materiales químicos se agruparon al azar en las cantidades adecuadas y dieron así nacimiento a la célula, que supo alimentarse, sobrevivir y reproducirse. El tiempo se encargaría del resto.

La teoría de la evolución está tan arraigada en la mente de las personas que no admiten ninguna revisión o aclaración. Su rechazo a las nuevas evidencias encontradas por paleontólogos y biólogos en épocas recientes, que debilitan enormemente dicha teoría, es automático.

> La extrema rareza de las formas transicionales halladas en el registro fósil persiste como secreto comercial de la paleontología. Los árboles evolutivos que adornan nuestros libros de texto *tienen soporte fósil solamente de sus hojas y nodos de sus ramas; el resto es inferencia*, por razonable que sea, pero no es por la evidencia fósil[156] (el énfasis es mío).

Aunque el registro fósil no ha probado la teoría evolutiva de Darwin (macroevolución), pues no se han encontrado los fósiles transicionales entre una especie y la otra, voy a poner a un lado este grave hecho y voy a asumir que la teoría es cierta. Voy a aceptar la hipótesis de que, a través de pequeñas y sucesivas mutaciones, una especie es capaz de convertirse en otra totalmente diferente. A pesar de esto, queda un problema muy importante por resolver.

Toda la teoría de la evolución (macroevolución) se basa en la premisa de que la célula comete errores (mutaciones) en su proceso de reproducción. Si dicho cambio le favorece a su supervivencia (selección

---

[155] «Caldo primigenio», también llamado «primordial»; «caldo primitivo», «primario», «de la vida»; «sopa primitiva», «prebiótica» o «nutricia», entre otras denominaciones. Se trata de una metáfora empleada para ilustrar una hipótesis sobre el origen de la vida en nuestro planeta.

[156] La cita proviene del libro *Historia natural*, de Stephen Jay Gould (1941-2002), quien fue un destacado paleontólogo, biólogo evolutivo e historiador de la ciencia estadounidense. También fue uno de los escritores de ciencia popular más influyentes y leídos de su generación. Pasó la mayor parte de su carrera enseñando en la Universidad de Harvard y trabajando en el Museo Americano de Historia Natural de Nueva York.

natural), dice la teoría, la mutación pasa a la siguiente generación. ¿Qué quiere decir que la célula es capaz de reproducirse? Quiere decir que posee la «información» necesaria para saber cómo hacer una copia de todas sus partes y crear un duplicado, proceso del cual resultan dos células iguales. Entonces, cabe preguntarse ¿cómo esa primera célula, que se formó por azar, adquirió la «información» necesaria para saber cómo reproducirse? ¿Cómo tomó la «decisión» de hacerlo? Esto es un problema sumamente complicado para los materialistas (ateos). No así para nosotros los creyentes.

Desde el punto de vista naturalista, a esa primera célula que contó con la información necesaria para «saber» cómo reproducirse y tomó la «decisión» de hacerlo le pasó lo mismo que al señor que iba distraído caminando por un despoblado bosque y cayó en un pozo de cincuenta metros de profundidad. Después de pensar por un largo rato sobre la forma de salir, al señor se le ocurrió una idea. Se dijo: «¡Fácil! Yo tengo en mi casa una escalera de cincuenta metros de largo. Así que lo único que tengo que hacer para escapar de acá es traer la escalera y salir por ella». ¿Cuál es el problema con este planteamiento? Para poder traer la escalera el señor debe primero salir del pozo, que es justo el problema que pretende resolver trayendo la escalera. Toda la teoría de la evolución funciona una vez que la célula tiene la compleja «información» de cómo reproducirse, mantenerse viva y tomar «decisiones».

En el momento en que la célula adquiere «información», ella puede hacer muchísimas cosas. Esto es obvio, y tal vez mucho más fácil de entender en la era digital en la que estamos viviendo. Cuando usted le instala el sistema operativo Android o Windows *o* iOS a su teléfono celular y le instala aplicaciones, este puede hacer muchísimas cosas también. La célula, por su parte, necesita un «sistema operativo» y una gran cantidad de «aplicaciones» para poder, a partir de ahí, hacer muchísimas cosas: buscar la forma de alimentarse, de procesar nutrientes para mantenerse viva, repararse, crear otras células con distintas funciones y reproducirse. ¿De dónde salió esa primera y enorme cantidad de información?

Aplicando el mismo método científico que utilizó Darwin para tratar de reconstruir el remoto pasado [157], podemos entonces preguntar ¿cuáles son las fuentes, conocidas por el hombre, capaces de producir esa información inicial? La única respuesta es la inteligencia, solo ella es capaz de producir «información». En mi libro *Las tres preguntas* desarrollé en profundidad este tema y explicó como calcular los trillones de trillones de trillones de trillones de trillones [158] de piezas de información necesarias para que una célula esté capacitada para mantenerse viva y, sobre todo, sea «capaz» de reproducirse.

Volviendo a la versión bíblica tenemos: «Entonces Dios el Señor formó al hombre de la tierra misma, y sopló en su nariz y le dio vida. Así el hombre se convirtió en un ser viviente». Biológicamente, sabemos que la materia constitutiva de la primera forma de vida provino de la tierra, como lo dice la Biblia (¿cómo pudo haber sabido esto Moisés?), y hoy también sabemos que para que esa materia inorgánica diera la transición a orgánica requirió que su química se «organizara» de una manera ordenada, metódica e inteligible, con un sentido de propósito, en forma de «instrucciones» que le indicaran el cómo hacer para alimentarse, repararse, adaptarse, moverse y reproducirse… «actuar» como un ser viviente. Esa organización, que conocemos como información, fue dispuesta por un agente externo inteligente, que es lo que la Biblia representó con el soplo de Dios que le dio vida a ese ente inorgánico hecho de la tierra misma. La primera narración, la del capítulo uno, no hace mención del hálito de vida, en su lugar nos muestra al creador dándole la orden a lo inorgánico de que se vuelva orgánico: «Que produzca la tierra toda clase de plantas…» o «que produzca el agua toda clase de animales…» o «que produzca la tierra toda clase de

---

[157] Consistía en buscar la causa (fuente) más lógica de explicar la existencia de un determinado fenómeno. Si excavando la tierra encontraba un extenso y profundo estrato de ceniza, se preguntaba ¿qué fuente conocida por el hombre es capaz de generar tal capa? La respuesta más lógica era un volcán, ya que sabemos que solo un volcán es capaz de explicar esa cantidad de ceniza de esas características.

[158] En realidad, el número es muchísimo más grande que esto: es 10^{177}. Así que cuando digo trillones de trillones de trillones, etc., usted tiene claro que es un número inimaginablemente grande de información.

animales...»; ambas versiones nos están resaltando que el paso de lo inorgánico a lo orgánico requirió la intervención del ser supremo que creó la materia y por eso podemos sostener confiadamente que el Espíritu Santo es dador de vida.

Hace ya más de cincuenta años, gracias a importantes descubrimientos en el área de la biología, una gran cantidad de biólogos, químicos, físicos, matemáticos y paleontólogos no se atreven a defender la teoría de Darwin tal como la propuso en su momento (la lista de los firmantes de la conocida *Declaración científica de disidencia contra el darwinismo*[159] sobrepasa los miles). Estos científicos rechazan el azar como rector del proceso de la formación de la vida propuesto por Darwin y reconocen la necesidad de una «inteligencia» como la causa de toda la creación.

Ahora, en lo espiritual también es dador de vida, ya que para que esa vida trascendente e inteligente que nos dio la condición de seres vivientes se desarrolle de la manera que dispuso el Creador y volvamos a Él, es necesaria su acción. La función del Espíritu Santo es «convencer al mundo de pecado, de justicia y de juicio» (Juan 16,8) con el propósito de brindarle la salvación al hombre. ¿Qué quiere decir esto? Que todos los hombres, independiente de su origen, credo, raza, edad, condición social o económica, poseen una ley moral o natural que les confiere el dominio sobre sus actos para discernir mediante la razón lo que son el bien y el mal, la verdad y la mentira. En palabras de santo Tomas de Aquino, la ley moral «no es otra cosa que la luz de la inteligencia infundida en nosotros por Dios. Gracias a ella conocemos lo que se debe hacer y lo que se debe evitar. Dios ha donado esta luz y esta ley en la

---

[159] Los científicos que firmaron la *Declaración de disidencia* provienen de todo el mundo y tienen títulos de universidades prestigiosas como Yale, Princeton y Stanford. Cada firmante debe tener un doctorado en un campo científico o tener un título de doctor en Medicina y ejercer como profesor de Medicina. Dice la declaración: «Somos escépticos de las afirmaciones sobre la capacidad de la mutación aleatoria y la selección natural para explicar la complejidad de la vida». Se puede consultar la *Declaración* con la lista detallada de los signatarios en: https://www.discovery.org/m/2019/02/A-Scientific-Dissent-from-Darwinism-List-020419.pdf También recomiendo visitar la página: https://dissentfromdarwin.org/

creación»[160]. Es decir que, contrario a lo que expone el relativismo —tan arraigado en estos tiempos—, que sostiene que no existe la verdad ya que esta es relativa a la percepción de la persona influida por la cultura y su entorno, todo hombre conoce intrínsicamente la diferencia entre el bien y el mal. La rectitud de una acción va a estar determinada por esta ley natural infundida desde nuestra creación (procreación) y por nuestra conciencia: el bien o el mal será entonces la conformidad o disconformidad de la acción con la ley y la conciencia en un entorno de plena libertad. Al haber sido infundida la ley desde la creación es atemporal, es decir que no cambia con el paso del tiempo: es la misma hoy que hace mil años y ha de ser igual dentro de cinco mil más. En todos los tiempos y culturas se ha rechazado la mentira, la hipocresía, la cobardía, el robo, la soberbia, la desobediencia, el homicidio, la traición, el desprecio por el débil, etc., y en cambio se ha buscado cultivar la verdad, la lealtad, la valentía, la docilidad, el respeto y protección por el inocente y el débil, la fidelidad, la obediencia, etc.

El pecado nos quitó la inercia de hacer el bien e hizo apetitoso y deseable el mal, llegando incluso a que muchas veces es más fácil actuar mal (la puerta ancha[161]) que hacer lo correcto (la puerta angosta). Cuando una persona empieza a levantar pesas, al comienzo puede alzar poco peso, pero con la práctica constante y disciplinada va logrando levantar más y por períodos más prolongados. Quien cultiva una relación con el Espíritu Santo va fortaleciendo el músculo del amor, que, en últimas, es el rector de nuestros actos.

¿Puede el indio del Amazonas, que jamás ha conocido el cristianismo, entablar una relación con el Espíritu Santo? La respuesta es sí. Todos los seres humanos, no solo los cristianos, fuimos creados capaces de relacionarnos con el Creador. Por eso es parte de nuestra naturaleza la búsqueda del sentido de la vida y de las cosas que nos pasan, el preguntarnos de dónde venimos y para dónde vamos; por eso estamos siempre insatisfechos buscando siempre algo que nos llene a

---

[160] *Suma teológica*, I-II, q. 91, a. 2.

[161] Mateo 7,13-14.

plenitud, por eso cuestionamos las cosas que no vemos. Todo esto porque poseemos un alma con dos características: que es capaz de amar y aprender; en consecuencia, es capaz de vincular nuestra vida a un principio rector que nos da plenitud, unidad y armonía. Dice el *Catecismo de la Iglesia católica*: «El deseo de Dios está inscrito en el corazón del hombre, porque el hombre ha sido creado por Dios y para Dios, y Dios no cesa de atraer al hombre hacia sí, y solo en Dios encontrará el hombre la verdad y la dicha que no cesa de buscar» (27). Y más adelante dice: «Los que sin culpa suya [como, por ejemplo, los indios del Amazonas] no conocen el Evangelio de Cristo y su Iglesia, pero buscan a Dios con sincero corazón e intentan en su vida, con la ayuda de la gracia, hacer la voluntad de Dios, conocida a través de lo que les dice su conciencia, pueden conseguir la salvación eterna» (847). San Pablo lo expresó de esta manera: «Porque cuando los que no son judíos [como, por ejemplo, los indios del Amazonas] ni tienen la ley hacen por naturaleza lo que la ley manda, ellos mismos son su propia ley, pues muestran por su conducta que llevan la ley escrita en el corazón. Su propia conciencia lo comprueba, y sus propios pensamientos los acusarán o los defenderán el día en que Dios juzgará los secretos de todos por medio de Cristo Jesús, conforme al Evangelio que yo anuncio» (Romanos 2,14-16).

Buscar genuinamente hacer siempre el bien; es decir, vivir en el amor, no es cuestión de fe como tampoco lo es de una religión particular, es una capacidad propia del ser humano, que con la ayuda del Espíritu Santo se vence la fricción que introdujo el pecado de resistirse a obrar correctamente. El indio del Amazonas que pase su vida haciendo el bien (de acuerdo con la ley natural) y perfeccionándose como persona, favoreciendo al prójimo en la medida de sus capacidades y en pleno uso de su libertad (libre albedrío), sin saberlo está trabajando con el Espíritu Santo, dador de vida, y por consiguiente unido a la voluntad del Señor: «El que no está contra nosotros está a favor nuestro» (Marcos 9,40).

QUE PROCEDE DEL PADRE Y DEL HIJO

Pero cuando venga el Defensor que yo voy a enviar de parte del Padre, el Espíritu de la verdad que procede del Padre, él será mi testigo.

Juan 15,26

Pero el Defensor, el Espíritu Santo que el Padre va a enviar en mi nombre, les enseñará todas las cosas y les recordará todo lo que yo les he dicho.

Juan 14,26

Quisieron los redactores de esta oración volver a tocar este tema ahora que estamos hablando del Espíritu Santo, tercera persona de la Trinidad. Al decir que creemos que procede del Padre y del Hijo estamos reconociendo que son tres personas diferentes, no simplemente que le estemos dando nombres distintos a Dios. Cada uno es enteramente Dios, por eso confesamos un solo Dios en tres personas. Los tres son de la misma substancia y esto ya lo declaramos al comienzo de este Credo.

El Credo de los Apóstoles solo dice: «Creo en el Espíritu Santo» y la del símbolo niceno-constantinopolitano, del año 381, que es el que estoy desarrollando en esta obra, cuando fue redactado decía: «Que procede del Padre». Fue desde el Tercer Concilio de Toledo, en el 589, cuando tuvo lugar la solemne conversión de los visigodos al catolicismo, que se cambió a como la conocemos ahora: «Que procede del Padre *y del*

Hijo», a esta adición se le llamó cláusula *filioque* y ha sido desde entonces motivo de desacuerdos teológicos entre las iglesias cristianas.

Al comienzo del Credo decimos que creemos «en un solo Dios» y cuando lo desarrollé me adentré en el misterio de la Trinidad, centro de nuestra fe y de la vida cristiana, por ser el misterio de Dios en sí mismo, así que en ese capítulo podrá encontrar abundante material a este respecto, al igual que en los capítulos «De la misma naturaleza del Padre» y «Creo en el Espíritu Santo», de tal manera que mucho está dicho sobre este tema, aunque siempre es insuficiente tratándose de la Trinidad.

En general, ni a teólogos ni a presbíteros les ha resultado fácil hablar del Espíritu Santo. A diferencia de las imágenes tan familiares de Dios Padre y Dios Hijo, el Espíritu Santo resulta indescriptible e inexpresable. Dejando nuestra sed de conocimiento racional y comprensible de lado, la tercera Persona de la Trinidad refleja más que las otras dos el misterio de Dios y nos conduce a ser conscientes de lo limitados que estamos para comprender todas las verdades de nuestra fe y más relevante aun cuando se trata de un misterio como este: el de la Santísima Trinidad.

Decía antes que santo Tomás distingue entre verdades de fe (lo revelado) y verdades de razón (lo revelable). Lo revelado es el conocimiento de Dios expuesto por Él y excede la capacidad de la razón humana, por lo que se acepta basándose en su autoridad y no en evidencias ni demostraciones, como por ejemplo la Santísima Trinidad. Lo revelable es el conocimiento de Dios accesible a la razón humana, como la interpretación de las Sagradas Escrituras, que pueden ser explicadas de forma racional. Ambas verdades son fuente de conocimiento, pero la razón tiene un límite a partir del cual se sitúa la fe, aportando el conocimiento que la razón no puede alcanzar.

El Nuevo Testamento nos revela que el Espíritu Santo es Dios; por ejemplo, en el libro de los Hechos de los Apóstoles dice: «Mientras celebraban el culto del Señor y ayunaban, el Espíritu Santo dijo: "Separadme a Bernabé y a Saulo para la obra a la que los he llamado"» (13,2) y también cuando dice: «Pedro le dijo: "Ananías, ¿por qué has dejado que Satanás se apoderara de tu corazón? Te has guardado una parte del dinero; ¿por qué intentas engañar al Espíritu Santo? Podías guardar tu propiedad y, si la vendías, podías también quedarte con todo. ¿Por qué has hecho eso? No has mentido a los hombres, sino a Dios"» (5,3-4).

Por la Palabra de Dios también se nos revela que las tres personas de la Trinidad son distintas. Dios Hijo, Jesucristo, habla con Dios Padre. Esto no tendría sentido si fueran una y la misma persona:

> En aquel tiempo, Jesús dijo: «Te alabo, Padre, Señor del cielo y de la tierra, porque has mostrado a los sencillos las cosas que escondiste de los sabios y entendidos. Sí, Padre, porque así lo has querido. Mi Padre me ha entregado todas las cosas. Nadie conoce realmente al Hijo, sino el Padre; y nadie conoce realmente al Padre, sino el Hijo y aquellos a quienes el Hijo quiera darlo a conocer (Mateo 11,25-27).

Dios Hijo es diferente al Espíritu Santo y se puede apreciar cuando Jesús —que ha estado funcionando como Paráclito de los discípulos— dice que va a orar al Padre y el Padre les dará «otro Paráclito», que es el Espíritu Santo. Esto manifiesta la distinción de las tres Personas: Jesús que ora, el Padre que envía y el Espíritu que viene:

> Y yo pediré al Padre y les dará otro Paráclito, para que esté con ustedes para siempre, el Espíritu de la verdad, a quien el mundo no puede recibir, porque no le ve ni le conoce. Pero ustedes lo conocen, porque mora con ustedes (Juan. 14,16-17).

El *Catecismo de la Iglesia católica* reúne los diferentes símbolos del Espíritu Santo en los numerales 694 al 701. Destacaré los siguientes:

- **Agua:** fácilmente la asociamos con la limpieza y como elemento esencial para la vida. Por eso buscamos agua en otros planetas para ver si encontramos rastros de vida en él. El agua penetra en la tierra y la hace fecunda. Fuimos engendrados y crecimos en el vientre materno en un saco lleno de agua. Símbolo en el bautismo (ver 1 Corintios 12,13).

- **Aceite:** lo relacionamos de inmediato como un facilitador y restaurador. Cuando una pieza que debe moverse no lo hace le echamos aceite para devolver el movimiento. Cuando tenemos la piel reseca nos untamos aceite para devolverle la frescura, flexibilidad y vitalidad. En los países cristianos, hasta hace poco, los reyes, emperadores y gobernantes eran ungidos con aceite. Símbolo en la confirmación (ver Éxodo 30,22-32).
- **Fuego:** transforma todo lo que toca. Su fuerza puede arrasar con ciudades enteras. Ni las construcciones mejor edificadas están exentas de su poder transformador. Vimos, en vivo y en directo, caer incendiados dos edificios de ciento diez pisos en los atentados del 11 de septiembre del 2001 (ver Lucas 12,49; 3,16).
- **Luz:** el gran destructor de la oscuridad. Nos permite ver lo que la noche oculta (ver Lucas 1,35).

Todas estas imágenes, aplicadas al Espíritu Santo, hablan de vida, fecundidad, fuerza, dinamismo, cercanía, flexibilidad y transformación. El Espíritu Santo no es el Creador de todo lo que existe, ni la Palabra por la que todo existe. El Espíritu Santo es la diversa presencia de Dios en todo lo que existe, respetando la identidad de cada cosa. Todo procede del Padre, por el Hijo, en el Espíritu Santo (ver 1 Corintios 8,6; Romanos 8,10).

El beato Dom Columba Marmion [162] escribió con respecto a la procedencia del Espíritu Santo lo siguiente:

> No sabemos del Espíritu Santo sino lo que la revelación nos enseña. ¿Y qué nos dice la revelación? Que pertenece a la esencia infinita de un solo Dios en tres personas: Padre, Hijo y Espíritu Santo. Ese es el misterio de la Santísima Trinidad. La fe aprecia en Dios la unidad de naturaleza y la distinción de personas.

[162] El beato Dom Columba Marmion (1858-1923) fue monje, sacerdote y tercer abad de la Abadía de Maredsous, en Bélgica. Beatificado el 3 de septiembre de 2000 por el papa Juan Pablo II.

El Padre, conociéndose a sí mismo, enuncia, expresa ese conocimiento en una Palabra infinita, el Verbo, con acto simple y eterno. Y el Hijo, que el Padre engendra, es semejante e igual a Él mismo, porque el Padre le comunica su naturaleza, su vida y sus perfecciones.

El Padre y el Hijo se atraen el uno al otro con amor mutuo y único. ¡Posee el Padre una perfección y hermosura tan absolutas! ¡Es el Hijo imagen tan perfecta del Padre! Por eso se dan el uno al otro, y ese amor mutuo, que deriva del Padre y del Hijo como de fuente única, es en Dios un amor subsistente, una persona distinta de las otras dos, que se llama Espíritu Santo...

El Espíritu Santo es, en las operaciones interiores de la vida divina, el último término. Él cierra —si nos son permitidos estos balbuceos hablando de tan grandes misterios— el ciclo de la actividad íntima de la Santísima Trinidad. Pero es Dios, lo mismo que el Padre y el Hijo; posee como ellos y con ellos la misma y única naturaleza divina, igual ciencia, idéntico poder, la misma bondad, igual majestad» (*Jesucristo, vida del alma* I, 6,1).

Que con el Padre y el Hijo

Jesús fue a Nazaret, el pueblo donde se había criado. El sábado entró en la sinagoga, como era su costumbre, y se puso de pie para leer las Escrituras. Le dieron a leer el libro del profeta Isaías, y al abrirlo encontró el lugar donde estaba escrito: «El Espíritu del Señor está sobre mí, porque me ha consagrado para llevar la buena noticia a los pobres; me ha enviado a anunciar libertad a los presos y dar vista a los ciegos; a poner en libertad a los oprimidos; a anunciar el año favorable del Señor». Luego Jesús cerró el libro, lo dio al ayudante de la sinagoga y se sentó. Todos los que estaban allí tenían la vista fija en él. Él comenzó a hablar, diciendo: —Hoy mismo se ha cumplido la Escritura que ustedes acaban de oír.

Lucas 4,16-21

Seguimos en el tema de la Trinidad.

Tal vez la primera lección cristiana que aprendemos de niños es a santiguarnos. Colocando la mano derecha en la frente pronunciamos «En el nombre del Padre», bajándola a tocarse el vientre decimos «Y del Hijo» y tocándonos los dos hombros, de izquierda a derecha, expresamos «y del Espíritu Santo». No es coincidencia que sean las mismas palabras que escuchamos en nuestro bautizo: «Yo te bautizo en el nombre del Padre, del Hijo y del Espíritu Santo», y se hace así por mandato de Jesús (ver Mateo 28,19). Tampoco es coincidencia que sea la forma de dar comienzo a la celebración de la santa misa, ni que en los ritos iniciales, a manera de saludo, invoquemos la Trinidad cuando el celebrante dice: «La gracia del Señor Jesucristo, el amor de Dios y la comunión del Espíritu Santo sean con todos vosotros»[163]. Igualmente, para los que están familiarizados con el rezo del santo rosario, después de cada decena se recita: «Gloria al Padre, al Hijo y al Espíritu Santo».

En donde está uno están todos y donde están todos esta uno. El Padre es Dios, el Hijo es Dios y el Espíritu Santo es Dios, pero también sabemos que hay solo un Dios. Espíritu y Santo son atributos divinos comunes a las tres Personas divinas. Pero, uniendo ambos términos, la Escritura, la liturgia y el lenguaje teológico designan la persona inefable del Espíritu Santo, sin equívoco posible con los demás empleos de los términos «espíritu» y «santo».

¿A pesar de todas las explicaciones ya dadas sigue confundido? Por eso se llama misterio, porque nuestra mente tan limitada no puede comprenderlo y todo lo que se ha dicho en este libro y lo que la Iglesia, en sus más de veinte siglos de existencia, ha tratado de explicar y lo que teólogos muy eruditos se han esforzado por razonar es insuficiente. Ni siquiera los evangelistas hablan de la Trinidad[164] ni mucho menos la explican. San Pablo lo dijo de esta manera: «¡Qué profundas son las riquezas de Dios, y su sabiduría y entendimiento! Nadie puede explicar sus decisiones, ni llegar a comprender sus caminos. Pues "¿quién conoce la mente del Señor? ¿Quién podrá darle consejos?"» (Romanos 11,33-34).

Le ha quedado a la Iglesia recordarnos esta realidad, entre otras, con la ayuda de este Credo. No para que la entendamos a plenitud, sino para que tengamos perfectamente claro que El Padre, El Hijo y El Espíritu Santo son tres personas distintas en un solo Dios. Es justo en este tema donde encontramos a lo largo de la historia diferentes formas de entenderlo, llegando a causar enormes divisiones dentro de la Iglesia,

---

[163] 2 Corintios 13,13.

[164] La palabra griega *trias* aparece por primera vez en el siglo II. Un siglo después, Tertuliano emplea el término latino *trinitas*. La doctrina clásica de la Trinidad —«una naturaleza divina en tres personas»— aparece a finales del siglo IV. Más aún, la festividad de la Trinidad fue declarada obligatoria en el año 1334.

como la ocurrida en 1054, conocida como Cisma de Oriente, que partió en dos el cristianismo dando origen a la Iglesia ortodoxa en el Oriente.

Recibe una misma adoración y gloria

El espíritu del Señor está sobre mí, porque el Señor me ha consagrado; me ha enviado a dar buenas noticias a los pobres, a aliviar a los afligidos, a anunciar libertad a los presos, libertad a los que están en la cárcel; a anunciar el año favorable del Señor, el día en que nuestro Dios nos vengará de nuestros enemigos. Me ha enviado a consolar a todos los tristes, a dar a los afligidos de Sion una corona en vez de ceniza, perfume de alegría en vez de llanto, cantos de alabanza en vez de desesperación. Los llamarán «robles victoriosos», plantados por el Señor para mostrar su gloria.

Isaías 61,1-3

En el cristianismo la oración más popular y tradicional es, sin lugar a duda, El Padre Nuestro y en el judaísmo es el *Shemá Israel* (Escucha Israel)[165]. Adquieren su nombre de las dos primeras palabras de la oración y ambas están dirigidas al Padre, al único Dios. José y María, como buenos padres, le debieron de haber enseñado el *Shemá Israel* al pequeño Jesús, quien la tuvo que haber recitado miles de veces durante su paso por la tierra. El primer verso del *Shemá* es considerado la declaración más esencial de la fe judía: «El Señor es nuestro Dios, el Señor es uno». El pasaje que sigue detalla en particular las formas en las que la fe debe ser vivida: «ama a Dios con todo tu ser, enséñaselos a tus

[165] El recordatorio de la oración del *Shemá* es tomado de tres fuentes bíblicas: Deuteronomio 6,5-9; Deuteronomio 11,13-21 y Números 15,37-41.

hijos, recítalo cuando te levantes y te acuestes, átalo como un símbolo a tu cuerpo.»

Por eso cuando Jesús estaba en el desierto y fue tentado por Satanás diciéndole: «Si te arrodillas y me adoras, todo será tuyo», Él responde citando Deuteronomio 6,13: «Adora al Señor tu Dios, y sírvele *sólo* a Él» Lucas 4,5-8 —el énfasis es mío—. Generaciones y generaciones de judíos tenían grabado en sus corazones que solo había que adorar a Dios. El Maestro le responde al tentador que solo hay que adorar a Dios y ahora el Credo niceno-constantinopolitano nos está diciendo que podemos adorar al Espíritu Santo de la misma forma que lo hacemos con el Hijo y con el Padre, ¿qué está pasando?

Vamos por partes. Como dije, hasta antes de la venida del Mesías, el pueblo de Israel se esforzaba al máximo para cumplir el mandamiento de solo adorar a Dios. Pero con la llegada del Emanuel esto cambió, ya que Él no se limitó a autoproclamarse el Mesías tan anhelado, sino que les dijo que también le debían el mismo honor que le expresaban al Padre:

> Porque el Padre a nadie juzga, sino que todo el juicio dio al Hijo, para que todos honren al Hijo como honran al Padre. El que no honra al Hijo no honra al Padre que le envió (Juan 5,22-23).

Estaba afirmando el derecho de ser adorado como Dios. Ya en varios artículos de este Credo he expuesto diversos argumentos que muestran que Jesús es Dios y lo mismo con respecto al Espíritu Santo, que también es Dios, así que la adoración y gloria es para las tres personas de la Trinidad; por eso san Pablo lo enuncia de esta manera:

> Cuídense de esa gente despreciable, de los malos trabajadores, de esos que mutilan el cuerpo; porque los verdaderos circuncidados somos nosotros, los que adoramos a Dios movidos por su Espíritu, y nos gloriamos de ser de Cristo Jesús, y no ponemos nuestra confianza en las cosas externas (Filipenses 3,2-3).

Y nuestro *Catecismo* así lo resume:

> La fe católica es esta: que veneremos un Dios en la Trinidad y la Trinidad en la unidad, no confundiendo las Personas, ni separando las substancias; una es la persona del Padre, otra la del Hijo, otra la del Espíritu Santo; pero del Padre y del Hijo y del Espíritu Santo una es la divinidad, igual la gloria, coeterna la majestad (Numeral 266).

A un judío le resulta irreconciliable la idea de adorar y dar gloria a tres personas, pues se sentiría politeísta al hacerlo. Sus padres le enseñaron a hacerlo al único Dios y los padres de los padres hicieron lo mismo. La Iglesia primitiva tampoco la tuvo fácil el explicar que no eran tres dioses sino un solo Dios, por eso los redactores de este Credo quisieron no solo dejar por escrito y zanjar de una vez por todas una cantidad de distorsiones y herejías que se habían originado en los primeros siglos del cristianismo, sino que quisieron hacer una labor pedagógica con nosotros los fieles de todos los tiempos, para dejarnos saber que Padre, Hijo y Espíritu Santo son una sola divinidad y que por lo tanto reciben una misma adoración y gloria, y que está bien que adoremos al Espíritu Santo y lo glorifiquemos. ¿Pero qué quiere decir adorar a Dios, al Hijo o al Espíritu Santo? La mejor respuesta la encontramos en nuestro *Catecismo de la Iglesia católica*, numerales 2096 y 2097:

> La adoración es el primer acto de la virtud de la religión. Adorar a Dios es reconocerle como Dios, como Creador y Salvador, Señor y Dueño de todo lo que existe, como Amor infinito y misericordioso. «Adorarás al Señor tu Dios y sólo a él darás culto» (Lucas 4,8), dice Jesús citando el Deuteronomio (6,13).
>
> Adorar a Dios es reconocer, con respeto y sumisión absolutos, la «nada de la criatura», que sólo existe por Dios. Adorar a Dios es alabarlo, exaltarle y humillarse a sí mismo, como hace María en el Magníficat, confesando con gratitud que Él ha hecho grandes cosas y que su nombre es santo (ver Lucas 1,46-49). La adoración del Dios único libera al hombre del repliegue sobre sí mismo, de la esclavitud del pecado y de la idolatría del mundo.

La Iglesia nace en aquel Pentecostés donde los apóstoles recibieron al Espíritu Santo en forma de lenguas de fuego que descendieron sobre sus cabezas y por eso celebramos su cumpleaños en esta festividad. Para los judíos, Pentecostés conmemora la entrega de la Ley de Dios a Moisés en el monte Sinaí, cincuenta días después del éxodo, cuando el Señor liberó al pueblo hebreo de la esclavitud en Egipto. Para los cristianos, esta fiesta significa la venida del Espíritu Santo y el nacimiento de la Iglesia, cincuenta días después de la resurrección de Jesucristo. Ese era el motivo por el cual los apóstoles «estaban reunidos en el mismo lugar»: celebrando esta festividad tan importante en el calendario judío, cuando «todos quedaron llenos del Espíritu Santo y comenzaron a hablar en lenguas extrañas, según el Espíritu Santo les movía a expresarse» (Hechos de los Apóstoles 2,4). Ese día se reveló la Iglesia al mundo. Así como en el Jordán, una vez ungido por el Espíritu y acreditado por la voz del Padre (ver Mateo 3,15), comenzó la vida pública de Jesús como el tan anhelado Mesías, así, en Pentecostés, el mismo Espíritu escribió el acta de nacimiento de la Iglesia o comunidad cristiana y no abandonó su obra, sino que se quedó en ella para guiarla hasta la consumación de los tiempos, tal como lo había profetizado Jesús:

> Pero les digo la verdad: es mejor para ustedes que yo me vaya. Porque si no me voy, el Defensor no vendrá para estar con ustedes; pero si me voy, yo se lo enviaré (...) Cuando venga el Espíritu de la verdad, él los guiará a toda verdad; porque no hablará por su propia cuenta, sino que dirá todo lo que oiga, y les hará saber las cosas que van a suceder. Él mostrará mi gloria, porque recibirá de lo que es mío y se lo dará a conocer a ustedes. Todo lo que el Padre tiene, es mío también; por eso dije que el Espíritu recibirá de lo que es mío y se lo dará a conocer a ustedes. Dentro de poco, ustedes ya no me verán, pero un poco más tarde me volverán a ver (Juan 16,7-16).

Y aunque es innegable que ha habido manchas en el pedigrí de la Iglesia, propio de toda actividad donde el hombre pone su mano, tampoco podemos ocultar la colosal cantidad de aciertos que han moldeado la historia de la humanidad en los más de dos mil años de existencia. Un ejemplo que nos muestra la guía del Espíritu Santo en la Iglesia es la evangelización de los aztecas durante la Conquista española en lo que hoy conocemos como México. Siempre he pensado que dicha obra no hubiera sido posible si no fuera por la guía y ayuda de la tercera persona de la Trinidad.

El 15 de mayo de 1519 Hernán Cortés desembarcó en lo que hoy pertenece al estado de Veracruz, México, con menos de 700 hombres y 16 caballos, según las crónicas del explorador Bernal Díaz del Castillo. Según el cálculo de los expertos, la población indígena de aquel entonces era entre diecisiete y veinticinco millones. Años más tarde su población había sido diezmada un 70%[166]. Los españoles no solo cometieron asesinatos, sino que estos fueron acompañados por violaciones, robos, saqueos, destrucción de ciudades, etc.

Los aztecas eran grandes matemáticos, astrónomos, arquitectos, físicos, filósofos, artesanos y artistas, pero también era muy guerreros, extremadamente supersticiosos y amantes de los sacrificios humanos. De acuerdo con la cosmovisión indígena, el dios Huitzilopochtli necesitaba ser alimentado todos los días para poder seguir iluminando a su pueblo. El único alimento que se podía ofrendar era la sangre humana, razón por la cual los aztecas hicieron de la guerra su mayor preocupación con el objetivo de obtener prisioneros para el sacrificio ritual.

El 13 de mayo de 1524 arribó al puerto de Veracruz el grupo de misioneros franciscanos llamado «Los doce apóstoles de México», enviados por el papa Adriano VI y el rey Carlos I. Estos serían los primeros encargados de convertir a los indios de la Nueva España al catolicismo[167]. ¿Cómo convencer a aquellos indígenas de que sus dioses eran falsos y que el Dios que ellos les presentaban era el verdadero? ¿Qué decirles si lo que único que habían visto de sus seguidores era muerte, violaciones, infanticidios, destrucción y un afán desmedido de riqueza? ¿Cómo demostrarles que adoraban a dioses falsos y que el que ellos le presentaban era el verdadero Dios de amor?

---

[166] Cifra estimada del análisis de los relatos, las pinturas y el patrimonio oral de la época e incluyen los que murieron a causa de la viruela que trajeron los conquistadores.

[167] En 1526 llegó otro grupo de doce misioneros dominicos y dos años más tarde llegaría otro grupo de siete agustinos. Los jesuitas llegaron en 1572.

La labor de estos primeros misioneros fue admirablemente efectiva, pues en muy corto tiempo lograron propagar masivamente la doctrina católica entre la población indígena. Se estima que en los primeros quince años de su labor pastoral lograron bautizar a más de la mitad de los indígenas, entre ellos a Cuauhtlatoatzin [168], quien al recibir el sacramento adoptó el nombre de Juan Diego, al que se le aparecería la Virgen en el cerro del Tepeyac en diciembre de 1531.

¿Podía la sola labor humana lograr evangelizar a la población azteca de la manera en que lo hicieron los primeros misioneros, en semejantes circunstancias tan adversas y contrarias al mensaje de amor que predicaban? De verdad, pienso que sin la intervención del Espíritu Santo hubiera sido imposible. ¡A Él sea dada la gloria!

[168] El que le habla al águila.

Y QUE HABLÓ POR LOS PROFETAS

Les estoy diciendo todo esto mientras estoy con ustedes; pero el Defensor, el Espíritu Santo que el Padre va a enviar en mi nombre, les enseñará todas las cosas y les recordará todo lo que yo les he dicho.

Juan 14,25-26

¡Habló! Tiempo pasado. No tiempo presente ni mucho menos futuro. Habló, quiere decir que ya no habla más, que ya dijo todo lo que tenía que decir para nuestra salvación. Quedó dicho públicamente lo que necesitamos hacer para ganar o perder el cielo.

Dios quiso revelarse al hombre a través de los profetas para darnos a conocer el misterio de su voluntad y como culmen de dicha revelación su Hijo (Dios) se encarnó y habló «todo» lo que el Padre le había pedido decir: «Porque yo no hablo por mi cuenta; el Padre, que me ha enviado, me ha ordenado lo que debo decir y enseñar. Y sé que el mandato de mi Padre es para vida eterna. Así pues, lo que yo digo, lo digo como el Padre me ha ordenado» (Juan 12,49-50). San Pablo nos dice: «En tiempos antiguos Dios habló a nuestros antepasados muchas veces y de muchas maneras por medio de los profetas. Ahora, en estos tiempos últimos, nos ha hablado por su Hijo» (Hebreos 1,1-2). Es por esto por lo que la constitución dogmática *Dei Verbum*[169] (del latín que significa «Palabra de Dios») puede decir: «La economía cristiana, por tanto, como alianza nueva y definitiva, nunca cesará, y no hay que esperar ya ninguna revelación pública antes de la gloriosa manifestación de nuestro Señor Jesucristo» (N.° 4).

Durante la última cena[170], sabiendo ya el Señor que había llegado la hora de vivir los eventos que concluirían con su partida a la casa del Padre, les hizo una promesa muy alentadora: «Yo le pediré al Padre que les mande otro Defensor, el Espíritu de la verdad, para que esté siempre con ustedes... No los voy a dejar huérfanos; volveré para estar con ustedes» (Juan 14,16-18). Junto a su promesa también les anticipó una de las primeras cosas que haría ese defensor: «el Espíritu Santo que el Padre va a enviar en mi nombre, les enseñará *todas* las cosas y les recordará *todo* lo que yo les he dicho» (Juan 14,26) —el énfasis es mío—. Habló de «todas las cosas», no de «algunas». Y eso fue lo que ellos salieron a enseñar, lo que el Espíritu Santo les enseñó y recordó. Por eso Pedro diría más tarde: «Pero ante todo tengan esto presente: que ninguna profecía de la Escritura es algo que uno pueda interpretar según el propio parecer, porque los profetas nunca hablaron por iniciativa humana; al contrario, eran hombres que hablaban de parte de Dios, dirigidos por el Espíritu Santo» (1 Pedro 1,20-21).

¿Por qué estoy enfatizando en el tiempo del verbo: pasado y no presente ni futuro? Porque desde la Iglesia primitiva hasta nuestros días ha habido y hay personas que dicen que Jesucristo o la Virgen María (más que todo ellos dos, pero no exclusivamente) se les han aparecido para darles un mensaje de salvación que deben pregonar.

El 28 de enero de 1977, la Santísima Virgen se le apareció en Little Rock, Arkansas, Estados Unidos, al padre Thomas *Mac* Smith. Durante 30 días consecutivos, la Virgen le habló acerca de una misión en Luisiana, conectada con el páramo Los Torres, en Venezuela. Ella se

---

[169] Resultante del Concilio Vaticano II y promulgada por el papa Pablo VI.

[170] Ver Juan 13,1.

apareció bajo la advocación de Nuestra Señora de la Preciosísima Sangre.

A partir del 30 de abril de 1985 comenzaron las manifestaciones extraordinarias de la Virgen María a Julia Kim en Naju, Corea del Sur, las cuales se han mantenido hasta el presente.

El 21 de enero de 1988, la señora Christina Gallagher, de la isla de Achill, en Irlanda, experimentó la aparición de nuestra Señora, y pocas semanas después comenzó a recibir mensajes de la «hermosa Señora», quien se identificó como la Virgen María, Reina de la Paz. Christina fundó las casas de oración de Nuestra Señora de la Paz, que se encuentran en Achill, en Irlanda, y en Texas, Kansas, Minnesota y Florida, en Estados Unidos.

Diariamente se tiene noticia de cientos de videntes y apariciones. Algunas alcanzan los titulares de los diarios y otros medios, pero la gran mayoría se queda en grupos de oración y círculos de amigos, en los que alguien asegura conocer o saber de alguien que recibe mensajes de la Santísima Virgen o de su Hijo.

El fenómeno de las apariciones no es para nada reciente. Una de las primeras noticias al respecto data del siglo III, cuando Gregorio Taumaturgo, obispo de Neocesarea, en el Asia Menor, aseguró que la Virgen se le había presentado para instruirlo en asuntos religiosos.

Tres siglos después, el papa san Gregorio Magno confirmó que la Virgen María se le apareció a una niña para anunciarle su muerte. San Martín de Tours, en el año 397, y san Ildefonso de Toledo, en el 597, aseguraron haber tenido visitas de la Santísima Virgen.

Pero fue en la Edad Media cuando se produjo una avalancha de apariciones y profecías. Se multiplicaron las personas que decían haber recibido profecías o haber hablado con la Santísima Virgen o con Jesucristo; aumentaron las leyendas de apariciones y las historias de milagros, y se difundieron narraciones sorprendentes y maravillosas relacionadas con la Virgen María. Trascendieron las profecías de santa Juana de Arco (1412-1431), santa Gertrudis (1256-1302), santa Ángela de Foligno (1248-1309), santa Catalina de Siena (1347-1380) y, en especial, las de santa Brígida de Suecia (1302-1373). Estas tuvieron tal importancia, que algunos las pusieron casi al mismo nivel de las Sagradas Escrituras.

En el siglo XVI estas historias abundaban. En muchas partes de Europa surgieron movimientos religiosos basados en creencias fantásticas que rayaban en lo maravilloso, lo extraordinario e incluso lo esotérico. De ahí que muchos de los altos prelados del momento empezaron a manifestarse en contra, como san Juan de la Cruz (1542-1591), quien escribió en su libro *Subida al monte Carmelo*:

> Por lo cual, el que ahora quisiese preguntar a Dios, o querer alguna visión o revelación, no solo haría una necedad, sino haría agravio a Dios, no poniendo los ojos totalmente en Cristo, sin querer alguna otra cosa o novedad. Porque le podría responder Dios de esta manera, diciendo: «Si te tengo ya habladas todas las cosas en mi Palabra, que es mi Hijo, y no tengo otra, ¿qué te puedo yo ahora responder o revelar que sea más que eso? Pon los ojos sólo en Él, porque en Él te lo tengo todo dicho y revelado, y hallarás en Él aún más de lo que pides y deseas (...) Oídle a Él, porque yo no tengo más fe que revelar, ni más cosas que manifestar» (Libro II, capítulo 22:5).

Debido a la diversidad de opiniones a este respecto y a otros asuntos de importancia que estaban pendientes por discutir, la Iglesia convocó el que sería el quinto Concilio de Letrán, el cual se desarrolló en doce sesiones entre el 3 de mayo de 1512 y el 16 de marzo de 1517. En la decimoprimera sesión se decidió que sería el papa o un obispo delegado por su santidad quien determinaría cuándo una aparición se podía considerar auténtica y, por tanto, autorizaría su culto.

En 1738, el cardenal Próspero Lambertini, el futuro papa Benedicto XIV, publicó una extensa obra llamada *Beatificación de los siervos de Dios y canonización de los beatos*, en la que diferenciaba dos tipos de revelación: la pública y la privada.

La revelación pública está reunida y sellada en las Sagradas Escrituras y contiene todo lo que necesita saber un cristiano para su salvación. La revelación privada, por su parte, es un mensaje que solo puede contribuir a la salvación de la persona que lo recibe, cuyo ejemplo de vida debe inspirar a los demás a buscar la salvación. El cardenal Lambertini escribió en su obra con respecto a estas revelaciones privadas: «... aunque hayan sido aprobadas por la Iglesia, no se les debe atribuir un asentimiento obligatorio. Por lo tanto, uno puede rechazarlas y negarse a aceptarlas» (tomo II, capítulo 32).

Es necesario hacer una distinción entre dos términos claves cuando hablamos de este tema y que muchos, por error, usan indistintamente: aparición y visión.

Ni la Santísima Virgen ni Jesucristo ni ningún santo se pueden aparecer a ningún ser humano en este mundo. Cuando Jesucristo lo haga, será el fin de los tiempos, como lo esperamos todos los cristianos (2 Pedro 3,1-18). Una aparición es un hecho objetivo de naturaleza física y corporal, independiente de nosotros y de nuestras creencias. Ilustrémoslo con un ejemplo: en un estadio de fútbol puede «aparecer» una persona para cantar el himno nacional. Ese cantante va a ser visto por todos y podrá ser captado por las cámaras; físicamente está ahí y ocupa un espacio. Independientemente de mi gusto y mi opinión sobre él, ahí está y va a interactuar con todos los presentes; otros lo verán y lo escucharán por televisión.

Una visión ocurriría si, en ese mismo estadio, todos observaran la grama vacía, al igual que los televidentes en sus casas, pero solo uno o algunos vieran (y oyeran) al cantante en medio del estadio. Físicamente, el cantante no estaría ahí, pero alguien lo vería (y oiría). Si más de uno lo viera, se trataría de una visión colectiva.

Esto significa que todos los fenómenos marianos han sido visiones y no apariciones. En Lourdes, Bernadette estuvo acompañada por cientos de personas en las últimas «apariciones», pero ella era la única que veía a la Virgen. En Guadalupe, solo el indio Juan Diego la vio. En Fátima y La Salette, a pesar de estar rodeados por miles de testigos, solo los pastorcitos vieron a Nuestra Señora. En la última aparición de Fátima, miles de personas vieron danzar el sol; pero, en realidad, este nunca se movió ya que, de haberlo hecho, muy seguramente ya no estaríamos vivos debido a las repercusiones cósmicas que implicaría un fenómeno de esta naturaleza.

Es por eso por lo que el papa Benedicto XIV, en la obra mencionada, nos pide que no hablemos de apariciones, sino de visiones.

¿Qué hacer ante un mensaje de María o de Jesucristo? Es nuestro deber aprender a discernir con criterio cristiano los mensajes que supuestamente provienen de ellos. En solo unos pocos casos será la Iglesia la que se pronuncie sobre las visiones y sus respectivos mensajes; de resto nos corresponderá a nosotros hacerlo.

Dice el *Catecismo de la Iglesia católica* en el numeral 67:

> A lo largo de los siglos ha habido revelaciones llamadas «privadas», algunas de las cuales han sido reconocidas por la autoridad de la Iglesia. Estas, sin embargo, no pertenecen al depósito de la fe. Su función no es la de «mejorar» o «completar» la Revelación definitiva de Cristo, sino la de ayudar a vivirla más plenamente en una cierta época de la historia. Guiado por el Magisterio de la Iglesia, el sentir de los fieles (*sensus fidelium*) sabe discernir y acoger lo que en estas revelaciones constituye una llamada auténtica de Cristo o de sus santos a la Iglesia.

Con esto, el *Catecismo* nos está indicando dos cosas: la primera, que no siempre es real cuando alguien dice recibir revelaciones o mensajes de Jesús o de la Virgen; dichos mensajes pueden ser el fruto bien o mal intencionado de su imaginación. Lo segundo, nos corresponde a nosotros los fieles discernir cuáles revelaciones son reales y cuáles no.

Cuando el santo padre o un obispo aprueban una determinada manifestación de la Virgen María o de Jesucristo, lo que aprueban es su devoción, o sea, el culto a la Virgen en esa «presentación» en particular, no la autenticidad de la manifestación. Al aprobar una devoción, la Iglesia está diciendo que no hace mal ni constituye una desviación del Evangelio rezarle a María en ese lugar, bajo ese nombre y repitiendo las palabras y oraciones contenidas en el mensaje.

Por ejemplo, de los cientos de mensajes y revelaciones recibidos por santa Brígida de Suecia, desde su nacimiento, en 1303, hasta su muerte, en 1373, la Santa Sede solo se pronunció sobre las quince oraciones supuestamente reveladas por Jesucristo. El papa Benedicto XV (1914-1922) se expresó así al respecto:

> La aprobación de estas revelaciones implica nada más que esto: después de un examen lento y detenido, se permite publicar estas revelaciones para el bien espiritual de todos los fieles. Y, aunque no se les atribuye el mismo grado de fe, igual al que se les rinde a las verdades de la religión bajo pena; sin embargo, se les permite creer con fe humana. Es decir, conforme a las reglas de prudencia, por las cuales son probables. Por tanto, estando ya adecuadamente afirmadas y apoyadas por suficientes motivos, pueden ser piadosamente creídas (*Les Petits Bollandistes*, tomo XII).

El 14 de noviembre del 2013, en una homilía pronunciada en la Casa Santa Marta en la Ciudad del Vaticano, el papa Francisco explicó que ese deseo nuestro de estar buscando mensajes, cosas extrañas y novedades nos aleja del verdadero espíritu del Evangelio. Con relación a este fenómeno de las visiones y los mensajes de la Virgen, dijo el santo padre:

> La curiosidad nos impulsa a querer sentir que el Señor está acá o allá; o nos hace decir: «Pero yo conozco a un vidente, a una vidente, que recibe cartas de la Virgen, mensajes de la Virgen». Pero, mire, ¡la Virgen es Madre! Y nos ama a todos nosotros. Pero no es un jefe de la oficina de correos, para enviar mensajes todos los días.

¿Cómo podemos distinguir entre un mensaje de Dios dado a través de la Virgen y uno que no lo es?

La regla de oro es que una revelación privada nunca puede contradecir la revelación pública, que es la Biblia, la Palabra de Dios. Dios no se puede contradecir a sí mismo. El *Catecismo de la Iglesia católica*, en el numeral 73, enseña: «Dios se ha revelado plenamente enviando a su propio Hijo, en quien ha establecido su alianza para siempre. El Hijo es la Palabra definitiva del Padre, de manera que no habrá ya otra revelación después de Él».

Los mensajes verdaderos, además de que no pueden contradecir las Sagradas Escrituras, tampoco nos pueden traer ninguna novedad que aporte a nuestro camino hacia la salvación como, por ejemplo, que siempre se debe tener una vela encendida al hacer nuestras oraciones. Esto constituiría una novedad, ya que la Palabra no menciona esta acción como parte del camino a la salvación.

La Virgen María de las Sagradas Escrituras aparece siempre en segundo plano con respecto a Jesús; es una mujer obediente a Él y se muestra mesurada, discreta y prudente. Es de pocas palabras y su sobriedad es tal que el Nuevo Testamento solo registra seis expresiones suyas, una menos que las siete que Jesús pronunció en la cruz. La María de la Biblia transmite esperanza, optimismo y alegría; y en los momentos difíciles, canta de gozo, medita serenamente y mira con confianza el futuro.

Sin embargo, en varias de sus supuestas apariciones se muestra muy diferente a la de ese perfil bíblico. A veces, por ejemplo, promete la salvación de la persona si hace o dice tal cosa. Otras veces, es ella y no su Hijo quien quiere actuar a través del vidente. Otras veces más, el mismo Jesús advierte que, si no escuchamos a María, pereceremos, en contravía de lo dicho por ella en las bodas de Caná (ver Juan 2,1-23). Hay otros mensajes tétricos, sombríos y lúgubres que no dan esperanza alguna, pues el castigo será para todo el mundo; buscan que sea el temor al castigo lo que nos lleve a la conversión, mientras que la Biblia nos exhorta 365 veces a que no tengamos miedo y nos pide que el amor sea el motor de nuestra conversión.

Jesús nunca anunció la fecha del fin del mundo; sin embargo, en varias visiones, la Virgen advierte que el día está cerca. Jesús nos dijo que el juicio final tendrá en cuenta la misericordia mostrada hacia el prójimo, en especial, hacia los más necesitados (ver Mateo 25,31-46);

pero, en algunos de sus mensajes, la Virgen nos dice que solo se salvarán los que la aman y creen en Dios.

La hermana Julie Marie Jahenny, una estigmatizada francesa de la Tercera Orden de San Francisco, que falleció en 1941 a los 91 años y dijo haber sostenido múltiples conversaciones con la Virgen María y Jesús, vaticinó la famosa profecía de los tres días de oscuridad, a la que otros videntes se han sumado, incluyendo el santo padre Pío de Pietrelcina. Dijo la hermana Julie Marie:

> Vendrán tres días de grandes tinieblas. Solo los que tengan velas benditas podrán iluminarse durante esos días horrorosos. Pero en la casa de los pecadores las velas no se prenderán. Los demonios aparecerán en formas horribles y abominables y harán resonar el aire con espantosas blasfemias. Los rayos entrarán en las casas, pero no se apagarán las velas benditas. La tierra temblará, el mar lanzará sus olas, y las tres cuartas partes de la raza humana perecerán. El castigo será mundial (*Profecías: ¿tres días de oscuridad?*, 1987).

A pesar de las especulaciones que rodean el evento del fin del mundo, no debemos olvidar que Dios, en su infinita misericordia, le prometió al hombre que no habría más destrucción en la tierra. Al respecto, el 16 de febrero de 1997, en la homilía pronunciada en la parroquia romana de San Andrés, el papa Juan Pablo II manifestó:

> A lo largo de la historia, los hombres han seguido cometiendo pecados, tal vez mayores que los descritos antes del diluvio. Sin embargo, la alianza que Dios estableció con Noé nos permite comprender que ya ningún pecado podrá llevar a Dios a aniquilar el mundo que él mismo creó (*L'Osservatore Romano*).

Junto a este explosivo fenómeno de visiones y mensajes, en diferentes países también ha habido un incremento del número de bustos y estatuas de la Virgen que derraman lágrimas de sangre o aceite.

El 30 de junio de 1985, una estatua de la Virgen María, propiedad de Julia Kim, comenzó a derramar lágrimas de sangre humana; así lo hizo setecientas veces más.

A los dos años de haber comenzado este fenómeno, en junio de 1987, la vidente Julia declaró que la misma Virgen María le había revelado el motivo de sus lágrimas de sangre: «Mi estimada hija, mis lágrimas son por el constante fracaso de la humanidad en no conseguir amar a Dios como Él merece y amarse mutuamente las personas como Él mismo nos enseñó».

Este tipo de mensaje coincide con los recibidos por María Julia Jahenny (1850-1941) en Francia, Ana Catalina Emmerick (1774-1824) en Alemania, Isabel Canori Mora (1774-1825) en Italia, el padre Bernardo María Clausi (1789-1849) en Italia, y otros más recientes, como los del padre Esteban Gobbi, también en Italia, o los revelados a la hermana Elena Patriarca Leonardi:

> Hija mía: estoy muy triste y mi corazón está lleno de dolor. La violencia y las drogas han destruido a tanta juventud; Satanás ha tomado posesión de muchos corazones y les sugiere que Dios no existe (...) Caerán llamas del cielo, y los impíos lo sufrirán; derrumbamientos y terremotos sobre la humanidad que no se arrepiente (...) Naciones sin Dios serán el azote escogido por Dios mismo para castigar a la humanidad sin respeto y sin escrúpulos. Después, un gran castigo caerá sobre el género humano, fuego y humo caerán del cielo, las aguas de los océanos se volverán vapores y la espuma se levantará arrollando a la humanidad; por todas partes a donde se mire habrá angustia, miseria y ruina; quedaréis en completa oscuridad. Mares que se alzarán provocando muerte y desolación (...) ¡Arrepentíos! ¿Cómo puedo salvaros si no me escucháis?

No es nuevo que queramos traducir el sentimiento humano de frustración por las transgresiones del mundo en castigos horribles para quienes las cometen:

> Envió por delante mensajeros, que fueron a una aldea de Samaria para conseguirle alojamiento; pero los samaritanos no quisieron recibirlo, porque se daban cuenta de que se dirigía a Jerusalén. Cuando sus discípulos Santiago y Juan vieron esto, le dijeron: —Señor, ¿quieres que ordenemos que baje fuego del

cielo y que acabe con ellos? Pero Jesús se volvió y los reprendió (Lucas 9,52-55).

En los cientos de casos similares al de la hermana Leonardi, la Virgen aparenta estar sumamente triste, al punto de derramar lágrimas de sangre por el dolor que le causa ver cómo los humanos nos alejamos cada vez más de Dios por nuestros pecados, ateísmo y falta de conversión y oración.

Si bien esta es una realidad que ha existido desde antes de la venida de Jesús, llama la atención que la Virgen se concentre en resaltar únicamente este aspecto de la humanidad, como si no hubiera nada de qué alegrarse.

En el Evangelio de Lucas (15,7) leemos: «Les digo que así también hay más alegría en el cielo por un pecador que se convierte que por noventa y nueve justos que no necesitan convertirse».

Personalmente, he sido testigo de casos en los que, con la ayuda de sus parroquias, muchas personas han abandonado sus viejos hábitos y se han convertido a una vida de servicio, amor y oración. No dudo de que el cielo se ha unido a la fiesta que se celebra en cada uno de estos hogares que hoy experimentan una vida diferente a la que tenían antes de la conversión de alguno de sus miembros.

¿No sonreirá la Santísima Virgen al ver tanta gente que se convierte y se consagra a ella y a su Hijo? ¿No habrá ningún gozo en el cielo por los millones de personas que hacen de sus vidas una constante oración a Dios con su trabajo, su servicio a la familia y al prójimo, su oración y evangelización, su enorme esfuerzo por mantenerse fieles a la voluntad de Dios? ¿Ha sido totalmente infértil la labor de la Iglesia en sus más de veinte siglos de evangelización? ¿No merecen lágrimas de alegría estas conversiones?

El 8 de agosto de 2002, varios medios de comunicación publicaron una noticia acerca de un admirador de Elvis Presley llamado Toon Nieuwenhuisen. El hombre, que vivía en la pequeña ciudad holandesa de Deurce, tenía en su cuarto un busto del artista, el cual, según él, llevaba más de cinco años derramando lágrimas. Desde entonces, cientos de curiosos visitan su casa para rendirle homenaje al cantante. Al preguntarle por qué creía que la estatua lloraba, contestó: «Son lágrimas de alegría, por la gratitud que siente de ver a tantos admiradores suyos alrededor del mundo».

Algunos católicos insisten en ver a la Virgen María como la portavoz de las peores amenazas para la humanidad, la escogida para anunciar castigos espantosos, la profetisa de un apocalipsis que ni Sodoma ni Gomorra conocieron y la vocera de grandes cataclismos que azotarán por igual a buenos y malos. Con este rostro, degradan su papel real de intercesora nuestra y gestora de gracias por la cual es preciso perseverar constantes al servicio de Jesucristo.

Deberíamos considerar la posibilidad de que la Virgen María experimente alegría al ver diariamente a millones de seguidores suyos y de su Hijo que luchan con todo su corazón por vivir de la forma en que Él nos pide que lo hagamos.

La Iglesia, consecuente con este pensamiento, ha acogido para sí y para sus fieles no sus mensajes proféticos, sino algunas de sus oraciones, sus palabras de amor y esperanza y sus exhortaciones a la conversión, la oración y el rezo del santo rosario.

En su alocución del 15 de agosto de 1964 en Castel Gandolfo, el papa Pablo VI nos recordó que Dios es amor y que nos ama, e hizo un llamado de atención a la comunidad católica por la imagen distorsionada que proyectamos al dejar que nuestras emociones y sentimientos le ganen a ese discernimiento que nos pide el *Catecismo*. Dijo su santidad:

> Algunos piensan, con ingenua mentalidad, que la Virgen es más misericordiosa que Dios. Con juicio infantil sostienen que Dios es más severo que la Ley, y que necesitamos recurrir a la Virgen, ya que, de otro modo, Dios nos castigaría. Es cierto que la Virgen es intercesora, pero la fuente de toda bondad es Dios (*L'Osservatore Romano*).

CUARTA PARTE

LA IGLESIA

†

Creo en la Iglesia

> Yo también te digo que tú eres Pedro, y sobre esta roca edificaré mi iglesia; y las puertas del Hades no prevalecerán contra ella. Yo te daré las llaves del reino de los cielos; y lo que ates en la tierra, será atado en los cielos; y lo que desates en la tierra, será desatado en los cielos.
>
> Mateo 16,18-19

Una primera e importante aclaración sobre este artículo es que la Iglesia[171] de la que se está hablando acá no se refiere a los edificios, que es lo que la gente suele describir como «iglesia» como cuando dice: «Yo voy a tal iglesia», ni a una parroquia en particular. Digo esto ya que he escuchado, con cierta frecuencia, a personas renegar de la Iglesia y decir que «cómo ha de ser "santa" la Iglesia, si se supo que el sacerdote perencejo abusó de un niño». La segunda aclaración es que ni el papa ni el sacerdote de su parroquia ni el diácono de aquella otra feligresía son la Iglesia; ellos forman parte de ella, como usted y yo, pero repito: no son la Iglesia. Así que la Iglesia mirada con ojos humanos se puede entender como una organización religiosa con una curia vaticana, a manera de cabeza de gobierno, que cumple una infinidad de funciones pastorales, educativas, sanitarias, humanitarias (en especial con los más

---

[171] Palabra que se deriva del griego *ekklesia*, que significa «llamado a salir»; es decir que «Iglesia» hace referencia a la congregación que ha sido llamada a salir.

desfavorecidos), etc. Pero vista con los ojos del alma, que no excluye esas actividades solo que no lo ve como lo fundamental, la Iglesia adquiere otra dimensión[172]. Así que este articulo no se trata de creer «a» la Iglesia, a lo que ella dice, sino de creer «en» la Iglesia; es decir, de reconocer y valorar lo que ella es. Creer en la Iglesia es creer que su fundador fue Jesucristo y que ella es «instrumento de salvación», a pesar de las indudables limitaciones y los pecados de quienes la integramos.

La Iglesia ya era Iglesia en Pentecostés, cuando aún no existía una organización reconocible. Ella «no existe principalmente donde está organizada, donde se reforma o se gobierna, sino en los que creen sencillamente y reciben en ella el don de la fe que para ellos es vida»[173]. Así que para entender mejor este articulo nos quedaremos con la definición que hiciera san Agustín: «la Iglesia es el pueblo fiel esparcido por todo el mundo» o la que proclamará el Concilio Vaticano II en su constitución dogmática *Lumen Gentium*: «La Iglesia es en Cristo como un sacramento, o sea signo e instrumento de la unión íntima con Dios y de la unidad de todo el género humano».

La palabra «Iglesia» es una transcripción del término griego *ekklesía* que significa «convocación»; esto es, una invitación a quienes la Palabra de Dios llama a formar su pueblo, que somos todos. Con respecto a su origen, el Concilio Vaticano II declara en el segundo artículo del documento *Lumen Gentium*:

> El Padre Eterno creó el mundo universo por un libérrimo y misterioso designio de su sabiduría y de su bondad, decretó elevar a los hombres a la participación de la vida divina y, caídos por el pecado de Adán, no los abandonó, dispensándoles

---

[172] La Iglesia se distingue de las demás sociedades públicas: pues estas son humanas, por fundarse en la razón y en la prudencia, mientras que aquella es divina, por estar fundada en la sabiduría y el consejo de Dios, y porque estas buscan exclusivamente (como también la Sinagoga en el Antiguo Testamento) los bienes terrenos y perecederos, mientras que la Iglesia aspira tan solo a los bienes celestes y eternos (*Catecismo romano*, Noveno artículo).

[173] *Introducción al cristianismo*, Joseph Ratzinger.

siempre su auxilio (...) Determinó convocar a los creyentes en Cristo en la santa Iglesia...

Dicho de otra manera, desde la creación del hombre, Dios quiso que compartiéramos eternamente su vida divina, pero el pecado de nuestros primeros padres quebrantó esa posibilidad. Para remediar esta situación, Dios fundó la santa Iglesia, la cual se preestableció en la antigua alianza mediante la elección del pueblo de Israel, que representaría a toda la humanidad. Luego, Jesucristo estableció y consumó la Iglesia con su muerte redentora, convirtiéndose en misterio de salvación mediante la efusión del Espíritu Santo en Pentecostés. La Iglesia vive de la Palabra y del cuerpo de Cristo y de esta manera viene a ser ella misma cuerpo de Cristo.

El ateniense san Clemente de Alejandría[174] sintetiza la misión de la Iglesia en su obra *Protrepticus* de la siguiente manera: «Así como la voluntad de Dios es un acto y se llama *mundo*, así su intención es la salvación de los hombres y se llama *Iglesia*» (el énfasis es mío). Entonces, podemos decir que la Iglesia es para los pecadores que buscan la salvación. Si pudiéramos ubicar en un solo sitio a todos los enfermos, heridos y moribundos del mundo, ¿en dónde los pondríamos? El lugar correcto sería un hospital. Si pudiéramos ubicar en un solo sitio a todos los que tienen unos kilos de más, a los que están fuera de forma, a los que se ahogan subiendo las escaleras, ¿en dónde los pondríamos? El lugar correcto sería un gimnasio. ¿Dónde colocaríamos a todos los farsantes, calumniadores, infieles y mentirosos? El lugar correcto sería la Iglesia, que no es un museo de santos, sino un hospital de pecadores. Al igual que en el Antiguo Testamento en el arca de Noé, prefiguración de la Iglesia que establecería Jesucristo, entraron animales puros e impuros, en la Iglesia hay santos y pecadores.

Es propio de la Iglesia «ser a la vez humana y divina, visible y dotada de elementos invisibles, entregada a la acción y dada a la contemplación, presente en el mundo y, sin embargo, peregrina. De modo que en ella lo

---

[174] Padre de la Iglesia griega. Nació en Atenas en el 150 d. C. y murió en Palestina en el 217 d. C.

humano esté ordenado y subordinado a lo divino, lo visible a lo invisible, la acción a la contemplación y lo presente a la ciudad futura que buscamos»[175].

Todos recordamos que, antes de su encuentro con el Maestro, Saulo era muy conocido por perseguir a los judíos que habían creído en el Evangelio que predicaban los apóstoles: «Mientras tanto, Saulo perseguía a la iglesia, y entraba de casa en casa para sacar a rastras a hombres y mujeres y mandarlos a la cárcel» (Hechos de los Apóstoles 8,3). Y en su famosa caída al suelo cuando se encontraba cerca de la ciudad de Damasco, escuchó una voz que le decía «Saulo, Saulo, ¿por qué me persigues?» Saulo preguntó: «¿Quién eres, Señor?» La voz le contestó: «Yo soy Jesús, el mismo a quien estás persiguiendo»[176]. Aquí vemos que Jesucristo afirma que Él es la Iglesia.

Como dije, a pesar de estar preestablecida desde la época de Abraham, la primera vez que Jesús menciona la Iglesia es cuando habiéndose alejado de Jerusalén, centro religioso de la época, llegaron a Cesárea de Filipo y les preguntó a sus discípulos: «Y ustedes, ¿quién dicen que soy?», a lo que Pedro respondió: «Tú eres el Mesías, el Hijo del Dios viviente», y el Maestro le replicó:

> Dichoso tú, Simón, hijo de Jonás, porque esto no lo conociste por medios humanos, sino porque te lo reveló mi Padre que está en el cielo. Y yo te digo que tú eres Pedro, y sobre esta piedra voy a construir mi iglesia; y ni siquiera el poder de la muerte podrá vencerla. Te daré las llaves del reino de los cielos; lo que tú ates aquí en la tierra, también quedará atado en el cielo, y lo que tú desates aquí en la tierra, también quedará desatado en el cielo (Mateo 16,17-19).

Con estas palabras el Señor le confirió un poder muy especial a Pedro[177], ya que básicamente le está diciendo que va a «respaldar» por completo las decisiones que tome en beneficio de la edificación del reino

---

[175] Constitución *Sacrosanctum Concilium*, sobre la sagrada liturgia, artículo 2.

[176] Hechos de los Apóstoles 9,1-9.

[177] Que fue el primero en reconocer la plena identidad de Jesús revelada por el Padre.

de los cielos a través de su Iglesia recién fundada, pero no edificada (nótese que Jesús habló en futuro). Estas palabras se pueden unir a las dichas por Jesús cuando comisionó la evangelización de pueblos a sus discípulos: «El que los escucha a ustedes, me escucha a mí; y el que los rechaza a ustedes, me rechaza a mí; y el que me rechaza a mí, rechaza al que me envió» (Lucas 10,16). La labor encomendada por Dios a sus elegidos se ve a todas luces que supera de lejos la capacidad humana revestida de pecado y corrupción. Y sin duda al principio así lo tuvieron que haber sentido, por lo que su Maestro decidió tranquilizarlos tiempo más tarde:

> Tengo mucho más que decirles, pero en este momento sería demasiado para ustedes. Cuando venga el Espíritu de la verdad, él los guiará a toda verdad; porque no hablará por su propia cuenta, sino que dirá todo lo que oiga, y les hará saber las cosas que van a suceder. Él mostrará mi gloria, porque recibirá de lo que es mío y se lo dará a conocer a ustedes. Todo lo que el Padre tiene es mío también; por eso dije que el Espíritu recibirá de lo que es mío y se lo dará a conocer a ustedes (Juan 16,12-15).

Habría de corresponderles a los discípulos y a sus sucesores llenar las líneas en blanco que el paso del tiempo va dejando cuando el hombre busca relacionarse con su creador en medio de un mundo quebrado, ya que las sociedades, como organizaciones vivas, van cambiando, por lo que se hace necesario adaptar a los tiempos las enseñanzas del Maestro de maestros. Cada momento va requiriendo la intervención de aquellos que compartieron con Jesús para discernir las acciones a tomar. Por ejemplo, cuando Pablo y Bernabé decían que no era necesaria la circuncisión, mientras que algunos apóstoles y los ancianos sostenían lo contrario, fue preciso convocar a una reunión (primer Concilio de Jerusalén) para lograr un consenso sobre este tema[178].

Igualmente fue necesaria la luz de la Iglesia cuando el rol de la mujer empezó a cambiar durante la era industrial y se incorporó activamente a

---

[178] Hechos de los Apóstoles 15,1-12.

la vida laboral, cuando la esclavitud dejo de ser el título que se les daba a los perdedores de las batallas de la antigüedad para convertirse en una despiadada empresa cruel y brutal de explotación humana, cuando la práctica del aborto se convirtió en una industria lucrativa masiva y de fácil acceso, cuando el cambio climático pone en riesgo el futuro de las generaciones por venir, o cuando el matrimonio homosexual se popularizó en todo el mundo como símbolo de victoria sobre la igualdad de derechos. En estas ocasiones y en muchísimas más, la Iglesia hace brillar su guía tal como lo hicieron Pablo y los demás apóstoles cuando empezaron a darle forma a esa roca sobre la que quiso nuestro Señor Jesucristo formar su Iglesia. Alguien tiene que levantar la voz para recordarnos que lo bueno es bueno así nadie lo practique y que lo malo es malo así todo el mundo lo haga. Gracias a que la Iglesia católica ha mantenido desde Pedro una jerarquía clara y visible, es la única voz que genera titular de prensa cuando se pronuncia en contra de las corrientes culturales que denigran nuestra condición humana hecha a imagen y semejanza de nuestro Padre celestial.

Cuando narré el origen de este Credo, mencionaba una serie de herejías que se hicieron populares en su momento. Sus autores, de manera individual, quisieron propagar su interpretación personal de ciertos pasajes bíblicos pretendiendo desarrollos teológicos muy contrarios a las enseñanzas transmitidas por los apóstoles, haciendo necesario que la Iglesia como cuerpo colegiado se pronunciara y diera claridad y corrección a la ortodoxia de nuestras creencias. ¿Qué hubiera pasado con esas erróneas doctrinas sin la existencia de una Iglesia que las corrigiera? Aún siguen apareciendo «enseñanzas» y «doctrinas» contrarias a las dadas por Jesús que han requerido el pronunciamiento de la Iglesia, tal como lo ha hecho desde su fundación. Cabe preguntarse ¿dónde estaríamos hoy sin una Iglesia que, valerosa y fiel a su misión, no hubiera gritado en el desierto cuando la cultura, la economía o la política golpean la voluntad del que nos creó?

Cuando Martín Lutero comenzó a ejercer de catedrático en Teología Bíblica en la Universidad de Wittenberg, en 1512, la hacía con la misma Biblia con la que había obtenido su doctorado en Teología, y era igual a la que los teólogos utilizaban en Roma. ¿Cómo entonces con los mismos textos Lutero pudo crear una nueva religión tan diferente a la que lo bautizó? Ciertamente cada persona puede tomar una biblia en sus manos e interpretarla como quiera, pero como está visto no toda interpretación es correcta y por eso se hace necesario un cuerpo colegiado como lo es la Iglesia que discierna de forma correcta las Sagradas Escrituras, teniendo en cuenta toda la tradición apostólica que, fiel a su encargo de ser el custodio de las enseñanzas del Maestro, ha preservado hasta nuestros días.

Cuando Jesús pronunció las palabras que declaraban los pilares de nuestra Iglesia en la persona de Simón Pedro[179], claramente indicaba que se trataría de una Iglesia viva y visible en la que Él estaría presente y que sería el medio para seguir derramando su gracia sobre nosotros, y eso se lograría a través de los sacramentos que la Iglesia administraría.

Los sacramentos son los signos visibles de la gracia invisible de Dios para el bien espiritual de quien los recibe. Así como los hombres usamos un lenguaje no verbal para comunicarnos (que muchas veces resulta más efectivo que el verbal), los sacramentos son ese lenguaje no verbal que nos comunica las gracias de Dios. Solo los católicos reconocemos los siete sacramentos que Cristo instituyó. La mayoría de las iglesias protestantes aceptan el bautismo, otras la confirmación y otras pocas reconocen la presencia real de Cristo en la eucaristía, pero no de la misma forma en que la concebimos los católicos.

- **Bautismo**: es el fundamento de toda la vida cristiana. Nos libera del pecado original, nos incorpora a la Iglesia y nos hace partícipes de su misión. Jesús confiere su misión a los apóstoles: «Vayan, pues, a las gentes de todas las naciones, y háganlas mis discípulos; bautícenlas en el nombre del Padre, del Hijo y del Espíritu Santo» (Mateo 28,19).
- **Confirmación**: perfecciona la gracia bautismal y refuerza la filiación divina que nos confiere el bautismo. «Al llegar, oraron por

[179] «Y yo también te digo que tú eres Pedro, y sobre esta roca edificaré mi iglesia» (Mateo 16,18).

los creyentes de Samaria, para que recibieran el Espíritu Santo. Porque todavía no había venido el Espíritu Santo sobre ninguno de ellos; solamente se habían bautizado en el nombre del Señor Jesús. Entonces Pedro y Juan les impusieron las manos, y así recibieron el Espíritu Santo» (Hechos 8,15-17).

- **Eucaristía**: es el alimento de nuestra alma, el corazón y la cumbre de nuestra vida cristiana. «Jesús les dijo: "Les aseguro que si ustedes no comen la carne del Hijo del hombre y beben su sangre, no tendrán vida. El que come mi carne y bebe mi sangre tiene vida eterna; y yo lo resucitaré en el día último. Porque mi carne es verdadera comida, y mi sangre es verdadera bebida. El que come mi carne y bebe mi sangre vive unido a mí, y yo vivo unido a él. El Padre, que me ha enviado, tiene vida, y yo vivo por él; de la misma manera, el que se alimenta de mí vivirá por mí. Hablo del pan que ha bajado del cielo. Este pan no es como el maná que comieron los antepasados de ustedes, que a pesar de haberlo comido murieron; el que come de este pan vivirá para siempre"» (Juan 6,53-58).
- **Reconciliación**: nos otorga el amor de Dios que reconcilia a través del perdón de los pecados. «A quienes ustedes perdonen los pecados, les quedarán perdonados; y a quienes no se los perdonen, les quedarán sin perdonar» (Juan 20,23).
- **Unción de los enfermos**: busca sanar el cuerpo ante la enfermedad y el alma ante el pecado. «También expulsaron muchos demonios, y curaron a muchos enfermos ungiéndolos con aceite» (Marcos 6,13). «Si alguno está enfermo, que llame a los ancianos de la iglesia, para que oren por él y en el nombre del Señor lo unjan con aceite. Y cuando oren con fe, el enfermo sanará, y el Señor lo levantará; y si ha cometido pecados, le serán perdonados» (Santiago 5,14-15).
- **Matrimonio**: perfecciona con la gracia de Dios el amor entre un hombre y una mujer, fortaleciéndolos para mantener la unidad a pesar de los problemas y aumentar permanentemente la vocación de servicio mutua y hacia sus hijos. «Las esposas deben estar sujetas a sus esposos como al Señor (...) Esposos, amen a sus

esposas como Cristo amó a la iglesia y dio su vida por ella (...) El que ama a su esposa se ama a sí mismo. Porque nadie odia su propio cuerpo, sino que lo alimenta y lo cuida, como Cristo hace con la iglesia, porque ella es su cuerpo. Y nosotros somos miembros de ese cuerpo. "Por eso, el hombre dejará a su padre y a su madre para unirse a su esposa, y los dos serán como una sola persona". Aquí se muestra cuán grande es el designio secreto de Dios. Y yo lo refiero a Cristo y a la iglesia» (Efesios 5,21-32).

- **Orden sacerdotal**: a quien lo recibe lo reviste de la gracia para continuar la misión confiada por Cristo a sus apóstoles. «Un día, mientras estaban celebrando el culto al Señor y ayunando, el Espíritu Santo dijo: "Sepárenme a Bernabé y a Saulo para el trabajo al cual los he llamado". Entonces, después de orar y ayunar, les impusieron las manos y los despidieron» (Hechos 13,2-3). «Y él mismo concedió a unos ser apóstoles y a otros profetas, a otros anunciar el Evangelio y a otros ser pastores y maestros» (Efesios 4,11). «También nombraron ancianos en cada iglesia, y después de orar y ayunar los encomendaron al Señor, en quien habían creído» (Hechos 14,23). «Por eso te recomiendo que avives el fuego del don que Dios te dio cuando te impuse las manos» (2 Timoteo 1,6).

Que es Una

Hay un solo cuerpo y un solo Espíritu, así como Dios los ha llamado a una sola esperanza. Hay un solo Señor, una sola fe, un solo bautismo; hay un solo Dios y Padre de todos, que está sobre todos, actúa por medio de todos y está en todos.

Efesios 4,4-6

Jesús dijo: «Tú eres Pedro, y sobre esta roca edificaré mi iglesia». Nótese que está hablando en singular. Años después Pablo declara en su Carta a los Colosenses que «Cristo es la cabeza de la iglesia, que es su cuerpo». Un cuerpo, singular, tiene «una» sola cabeza. Esta unidad muchas personas no la hacen consciente cuando recitan el Credo, ya que omiten la coma que hay antes de la palabra «santa» y dicen: «Creo en la Iglesia que es una santa, católica y apostólica», es decir que solo están enumerando tres y no cuatro atributos de la Iglesia. La forma correcta es: «Creo en la Iglesia, que es una, santa, católica y apostólica».

¿Cómo habría Jesús de garantizar que sus enseñanzas se preservaran con el tiempo? ¿Qué en su ausencia terrena, cuando surgiera alguna duda, alguien la resolviera cómo si proviniera de su propia boca? ¿Qué ante el error se diera la corrección cómo si Él la hiciera? De la única manera sería creando una sola entidad y que, como se explicó, contaría con la guía y el acompañamiento del Espíritu Santo.

Según la *World Christian Encyclopedia* de David B. Barret, George T. Kurian y Todd M Johnson (edición 2001), hay más de 33.820 denominaciones protestantes en doscientos treinta y ocho países. Si hubiera tenido una fuente más actualizada, estoy seguro de que, tristemente, serían muchas más. Dos ya son demasiadas. La voluntad del Señor era una sola Iglesia, que es la que Él fundó y que es nuestra Iglesia católica.

Detrás de cada una de esas 33.820 iglesias hay un fundador que tenía un conjunto de creencias que no se acomodaron a ninguna de las ya existentes y entonces se vio en la necesidad de crear su propia denominación conforme a sus particulares dogmas. Dicho de otra manera, en la actualidad hay más de 33.820 «verdades cristianas» para elegir. ¿Tiene esto sentido? ¿Eran sugerencias lo que predicaba el Maestro? O ¿eran enseñanzas? Él no dijo: «Yo soy un camino», Él dijo: «Yo soy el camino»; Él no dijo: «Yo soy una verdad», Él dijo: «Yo soy la verdad» y, finalmente, Él no dijo: «Yo soy una vida», Él dijo «Yo soy la vida».

¿Cómo se pasó de una sola Iglesia a semejante número? Al comienzo de esta obra, en el origen del Credo, explicaba cómo ya dos siglos después de su fundación existían corrientes interpretativas de las Sagradas Escrituras que se desviaban de las enseñanzas apostólicas y aunque no llegaron a ostentar el nombre de «iglesia» a la luz del conocimiento actual, en realidad lo eran, ya que sus líderes enseñaban una doctrina distinta a la que el Maestro les enseñó a sus discípulos. Incluso Pablo tuvo que combatir divisiones que se crearon entre los primeros cristianos:

> En primer lugar, se me ha dicho que cuando la comunidad se reúne, hay divisiones entre ustedes; y en parte creo que esto es verdad. ¡No cabe duda de que ustedes tienen que dividirse en partidos, para que se conozca el valor de cada uno! El resultado de esas divisiones es que la cena que ustedes toman en sus reuniones ya no es realmente la Cena del Señor (1 Corintios 11,18-20).

Así que las divisiones o cismas, lastimosamente, han existido desde siempre, aunque unas han tenido un carácter más profundo y duradero que otras. Cabe destacar dos: el Cisma de Oriente, ocurrido en 1054[180], y la Reforma protestante, iniciada en Alemania en el siglo XVI por Martín Lutero[181]. La consecuencia del primero fue la división del cristianismo en católicos y ortodoxos (hablaré más en profundidad cuando aborde el atributo «católico»), quienes no dependen de la figura del papa y sostienen unas diferencias eclesiásticas y teológicas con la rama católica. Y la consecuencia de la segunda fue el que dio vía libre a la creación de las miles y miles de iglesias que vemos hoy, ya que niegan autoridad alguna en la tierra y sus tres grandes lemas son solo Dios, solo la Escritura y solo la gracia. Por lo tanto, según los principios de la Reforma, Dios solo se da a conocer a través de la Escritura, no delegando su autoridad en instituciones; la iglesia no tendría una potestad sagrada ni sería infalible; e, igualmente, nadie debería ser objeto de veneración, como por ejemplo los santos ni la Virgen María.

No debemos confundir el surgimiento de estas divisiones con las diversas maneras de celebrar los sacramentos. Sensible al sentimiento cultural de los diferentes pueblos que a lo largo de los siglos ha mantenido nuestra Iglesia, existen una variedad de ritos católicos, que, respetando la unidad doctrinal, celebran los sacramentos[182] de manera diferente. Las Sagradas Escrituras y la sagrada tradición nos indican lo esencial de cada sacramento.

Cuando los apóstoles llevaron el Evangelio a las comunidades, los símbolos empleados en la ejecución de los sacramentos fueron influenciados por la cultura, pues las costumbres y tradiciones de cada

---

[180] Aunque 1054 se suele indicar como el año del cisma, fue en realidad el resultado de un largo período de distanciamiento progresivo teológico y político entre las dos ramas eclesiales.

[181] Martín Lutero (Alemania, 10 de noviembre de 1483 - 18 de febrero de 1546) fue un teólogo, filósofo y fraile católico agustino que comenzó e impulsó la Reforma protestante en Alemania.

[182] Si desea conocer con más profundidad la normatividad de la Iglesia sobre el ejercicio de la sagrada liturgia, puede consultar la *Constitución Sacrosanctum Concilium*, sobre la sagrada liturgia, del 4 de diciembre de 1963.

región impregnaban las celebraciones sacramentales recién nacidas. Es así como el misterio sacramental que se celebra es uno solo, pero su forma de realizarlo puede variar. «Por tanto, la celebración de la liturgia debe corresponder al genio y a la cultura de los diferentes pueblos»[183].

La Iglesia católica tiene dos raíces: la occidental o romana y la oriental. La historia de la tradición oriental está marcada por cuatro sedes patriarcales: Jerusalén, Alejandría (Egipto), Antioquía de Siria y Constantinopla. De estas cinco[184] regiones (las cuatro orientales recién mencionadas y Roma, una occidental) se derivan los más de veintiún ritos litúrgicos presentes hoy en día en la Iglesia católica.

Cada rito tiene una gran cantidad de detalles, muchos de los cuales no son perceptibles con facilidad. Mencionemos algunos: todas las normas que regulan la vida de sus consagrados, sus cuadros jerárquicos, su relación con el obispo de Roma, su forma de hacer las cosas y el lenguaje empleado en su celebración, la arquitectura y decoración de los templos, y la música y los cantos que acompañan la celebración de los sacramentos.

Con respecto a los templos, cada rito define, entre otras cosas, la posición, forma y delimitación del presbiterio[185]; la ubicación del bautisterio, del coro y del ambón[186]; la ubicación, forma y material del

---

[183] *Catecismo de la Iglesia católica*, 1204.

[184] «Pentarquía» es un término en la historia del cristianismo que define la autoridad universal sobre la cristiandad por parte de los obispos de cinco sedes episcopales del Imperio romano, llamados patriarcas, que tenían poderes eclesiásticos superiores a los de los obispos metropolitanos.

[185] Parte elevada dentro del templo donde se desarrolla toda la liturgia. Generalmente, está situado sobre tres gradas. El presbiterio está reservado para el sacerdote y sus ministros.

[186] Podio desde donde se lee el Evangelio.

altar[187]; la ubicación de la sede[188] y de la *credenza*[189], y los colores, imágenes y esculturas que adornan su interior y exterior.

En cuanto a los celebrantes, estos ritos distinguen las vestimentas litúrgicas por colores, la secuencia que siguen los sacerdotes en su vestimenta y las oraciones que hacen por cada prenda que se colocan; la preparación del altar, las oraciones que pronuncian en el proceso y los objetos que se emplean durante la celebración; la posición del obispo en la eucaristía, sus movimientos, la posición de sus manos y la altura de estas con respecto al cuerpo; la dirección de su mirada, sus silencios, la forma en que manipula los objetos sobre el altar (antes y después de la consagración); sus inclinaciones y los ángulos, la dirección de sus giros, su interacción con los demás ministros del altar y la feligresía, los objetos del altar que besan y cómo lo hacen, la manipulación y orientación del misal, los objetos que tocan y cómo lo hacen, las oraciones que rezan, el orden en que las presentan y el idioma. Todo ello tiene una razón de ser y un significado preciso.

Estos pequeños detalles son de suma importancia. Así lo resaltó el papa Pablo VI en una alocución el 30 de mayo de 1967:

> Os podrá parecer quizá que la liturgia está hecha de cosas pequeñas: actitud del cuerpo, genuflexiones, inclinaciones de cabeza, movimiento del incensario, del misal, de las vinajeras. Es entonces cuando hay que recordar las palabras de Cristo en el Evangelio: «El que es fiel en lo poco, lo será en lo mucho» (Lucas 16,16). Por otra parte, nada es pequeño en la santa liturgia, cuando se piensa en la grandeza de Aquel a quien se dirige.

Cabe distinguir entre dos grandes grupos de ritos: latinos y orientales. A veces, los latinos son denominados iglesias católicas

---

[187] Por lo regular, es de piedra. Antiguamente tenía un pequeño cuadro llamado *ara* que contenía la reliquia de algún santo, como recuerdo de los primeros cristianos que celebraban la eucaristía sobre los restos de algún mártir.

[188] Lugar donde se sienta el sacerdote durante la celebración de la liturgia.

[189] Lugar donde se colocan todas las cosas que requiere el sacerdote para la celebración de la liturgia.

occidentales, ya que la mayoría de sus fieles practicantes son de esta región. Cerca del 98 % de los católicos del mundo entero pertenecen a estos ritos. El más popular de ellos es el rito romano ordinario (el 96 % de los católicos occidentales lo practican), que fue el resultado de los cambios derivados del Concilio Vaticano II. Por su parte, el rito romano extraordinario es la celebración de la liturgia tal como era antes de las reformas introducidas por dicho concilio. Este tipo de liturgia, llamada misa tridentina[190], todavía se celebra en muchos lugares del mundo.

Menos populares, pero también pertenecientes a este rito, son el rito ambrosiano o milanés, que presenta pequeñas diferencias respecto al romano extraordinario y que, con el paso del tiempo, se ha limitado a la ciudad de Milán (Italia) y algunas zonas aledañas, y el rito hispánico o mozárabe, cuya liturgia fue revisada después de los cambios introducidos por el Concilio Vaticano II. Tiene bastantes similitudes con el rito romano ordinario y se celebra principalmente en la ciudad de Toledo (España) y en otras provincias de la península ibérica.

Dentro del rito latino hay una gran variedad de liturgias que las diversas órdenes religiosas desarrollaron y conservaron desde sus orígenes. Entre las más importantes cabe resaltar el rito bracarense (similar al romano extraordinario, que se celebra más que todo en la ciudad portuguesa de Braga), el dominicano, el carmelita y el cartujo. A manera de ejemplo de las normativas propias de cada uno de estos ritos, el de los cartujos no permite que sus monjes ejerzan su ministerio sacerdotal por fuera del monasterio en el que viven, ya que dedican su vida entera a la contemplación.

Las iglesias católicas orientales, o de rito oriental, se derivan de los cuatro grandes centros litúrgicos de la Iglesia primitiva (Jerusalén, Alejandría, Antioquía de Siria y Constantinopla). Todas ellas están sujetas a la autoridad del sumo pontífice de Roma. La división entre las iglesias de Oriente y Occidente dio lugar a la existencia de comunidades de ritos orientales distintos a los de la Iglesia de Roma (aunque algunos de estos ritos han entrado en comunión con dicha Iglesia). Estas

---

[190] También se le conoce como misa en latín, misa de san Pío V o misa preconciliar.

comunidades conservaron su liturgia, aunque algunas han sufrido algún grado de latinización. Otras nunca han estado en cisma[191] con la Iglesia de Roma. Y otras más han surgido de divisiones dentro de las Iglesias ortodoxas o de las antiguas Iglesias nacionales de Oriente.

La rama de Constantinopla o bizantina es la que más fieles tiene y más ritos desarrolló: el ucraniano, el melquita, el rumano, el eslovaco, el ruteno, el húngaro, el albanés, el ítalo-albanés, el griego, el krizevci, el búlgaro y el macedonio. La sección sirio-oriental desarrolló el siro-malabar y el caldeo. La rama de Antioquía desarrolló el siro-malankara (que entró en comunión con Roma en 1930), el maronita y el sirio o sirio-antioqueño. Las iglesias de esta rama ordenan como sacerdotes a hombres casados[192]. Sin embargo, la posición de obispo está reservada exclusivamente para sacerdotes célibes. La rama alejandrina desarrolló el copto y el etíope.

Otra característica importante de las iglesias orientales es que algunas pueden agruparse en lo que se denomina Iglesias *sui iuris* (comúnmente escrito *sui juris*), expresión latina que traduce «de propio derecho» y significa que tienen la autonomía jurídica para manejar sus asuntos. En la actualidad, existen seis iglesias (ritos) dentro de este grupo: copto, sirio, melquita, maronita, caldeo y armenio. Estas Iglesias orientales católicas *sui iuris* tienen un patriarca que es elegido canónicamente por el sínodo patriarcal. Cada nuevo patriarca debe hacer una profesión de fe, una promesa de fidelidad y requerir la comunión eclesial del papa. Sin esta, el patriarca ejerce de forma válida su oficio, pero no puede convocar al sínodo ni ordenar obispos.

---

[191] Palabra que significa «división», «discordia» o «desavenencia entre los individuos de una misma comunidad».

[192] La exhortación apostólica postsinodal *Amoris Laetitia*, del papa Francisco, promulgada el 19 de marzo del 2016, en su numeral 202, resalta la importancia de incorporar a la pastoral familiar las experiencias que estos sacerdotes casados pueden brindar a fin de ser luz para los actuales matrimonios y los que se contraerán en el futuro.

SANTA

Esposos, amen a sus esposas como Cristo amó a la iglesia y dio su vida por ella. Esto lo hizo para santificarla, purificándola con el baño del agua acompañado de la palabra para presentársela a sí mismo como una iglesia gloriosa, sin mancha ni arruga ni nada parecido, sino santa y perfecta.

Efesios 5,25-27

En las últimas décadas, la Iglesia católica se ha visto envuelta en una serie de escándalos sexuales que han tenido enorme cubrimiento periodístico alrededor del mundo. También ha salido a la luz pública la malversación de fondos de las arcas eclesiásticas en beneficio de algunos de sus miembros. Estos son solo dos ejemplos que muestran que nuestra Iglesia no ha estado exenta de los mismos males que sufren otras instituciones públicas y privadas. ¿Qué tienen en común estas organizaciones con nuestra Iglesia? La respuesta es fácil: ambas son dirigidas por seres humanos. Así que donde nosotros metamos nuestras manos, lo que toquemos, quedará manchado con los efectos del pecado. La Iglesia que Jesús fundó no es una excepción.

Desde una visión histórica, la Iglesia ha cargado con manchas negras, como su participación en algunos juicios que resultaron en condenas injustas durante la Inquisición, su tolerancia con la esclavitud en la Edad Media, desmanes autorizados desde el Vaticano durante las Cruzadas... Y aunque finalmente terminó corrigiendo y enmendando sus errores, las malas memorias han perdurado hasta nuestros días y son sacadas a colación cada vez que se quiere atacar a la Iglesia de Dios. ¿Cómo puede llamarse «santa» cuando pareciera compartir la misma condición pecadora del hombre? ¿Cómo puede denominarse «santa» si sus miembros y dirigentes son tan pecadores como cualquiera? Católicos y no católicos encuentran algún tipo de incoherencia en este atributo.

La ciudad de Corinto fue una de las grandes urbes a las que el apóstol Pablo llevó la palabra de Dios. Metrópoli griega, helenística y romana situada en el istmo que une la Grecia continental con el Peloponeso. Rodeada por valles y manantiales naturales, la antigua Corinto era un centro de comercio con una poderosa flota naval que participó en varias guerras griegas. Dominada por una fuerte depravación moral, un verbo derivado de su nombre (*corintianizar*) llegó a ser sinónimo de libertinaje total y desenfrenado.

La iglesia en Corinto fue fundada por san Pablo en su segundo viaje misionero (ver Hechos de los Apóstoles 18,1). Años más tarde les escribiría su primera carta, donde los saluda de esta manera:

> Pablo, llamado por la voluntad de Dios a ser apóstol de Cristo Jesús, saluda, junto con el hermano Sóstenes, a los que forman la iglesia de Dios que está en Corinto, que en Cristo Jesús fueron santificados y llamados a formar su pueblo santo, junto con todos los que en todas partes invocan el nombre de nuestro Señor Jesucristo, Señor nuestro y del pueblo santo. Que Dios nuestro Padre y el Señor Jesucristo derramen sobre ustedes su gracia y su paz (1 Corintios 1,1-3).

¿Cómo puede san Pablo llamar «santificados» y «santos» a los habitantes de esta ciudad, cuya reputación tan mala trascendió fronteras y almanaques? O ¿cómo se atrevió san Pedro llamar a los habitantes de Ponto, Galacia, Capadocia, Asia y Bitinia una «nación santa»[193] si era claro que eran tan pecadores como los de cualquier otra ciudad pagana?

---

[193] 1 Pedro 2,9.

La Iglesia es santa no porque pretenda serlo, ni porque quiera dar la impresión de que está libre de pecado, ni porque se quiera pensar que sus miembros son todos unos santos, ¡no! Nuestra Iglesia es santa porque está consagrada y dedicada a Dios. La Iglesia es, pues, «el pueblo santo de Dios»[194], y sus miembros son llamados «santos», como lo atestiguan san Pedro y san Pablo en las citas mencionadas, aunque la santidad perfecta está todavía por alcanzarse. Así que su santidad no emana del hombre[195], sino de Dios, su fundador. Por ello podemos entonces afirmar que la Iglesia es una realidad compleja que está integrada de un elemento humano —corrompible— y uno divino —santo—.

Aunque es claro que es santa independientemente de la santidad de sus miembros, no podemos ignorar que existe un vínculo entre santidad y transmisión de la santidad, tanto en cuanto a sus miembros como a la institución que los agrupa. Los medios de santificación empleados por la Iglesia, como los sacramentos, son en sí mismos inequívocos, y hacen de ella una realidad santa, independientemente de la calidad moral de las personas que la administran. Un ejemplo nos puede ayudar a entender esto. La Eucaristía es siempre presencia sacramental del misterio pascual y, como tal, tiene una capacidad infinita de fuerza salvadora. Aun así, una celebración eucarística realizada por un sacerdote públicamente indigno producirá frutos de santidad solo en aquellas personas que posean una buena formación religiosas, porque saben que los efectos de la comunión son independientes de la condición moral del sacerdote que la realiza. Pero para muchos otros, esa celebración no los acercará a Dios, porque no ven coherencia entre la vida del sacerdote y el misterio celebrado, se escandalizan y hasta piensan que Jesús no está presente en esa eucaristía debido a los pecados del celebrante.

---

[194] Constitución dogmática *Lumen Gentium* 12.

[195] En la obra: *Meditación sobre la Iglesia*, del cardenal Henri de Lubac, encontramos: «la Iglesia es aquí abajo y seguirá siendo hasta el final una comunidad revuelta: trigo todavía entre la paja, arca que contiene animales puros e impuros, nave llena de malos pasajeros, que parecen estar siempre a punto de llevarla al naufragio».

La constitución dogmática *Lumen Gentium* en su artículo 8 dice: «La Iglesia encierra en su propio seno a pecadores, y siendo al mismo tiempo santa y siempre necesitada de purificación, avanza continuamente por la senda de la penitencia y de la renovación». La Iglesia es santa porque Cristo la santificó, aunque nos propongamos mancharla. Es santa porque santo es su fundador y guía. Es santa porque nos enseña cómo alcanzar la santidad con la correcta interpretación de las Sagradas Escrituras, preservando la tradición y enseñanzas de los apóstoles y el magisterio a la que Jesús prometió enviaría el Espíritu Santo para conducirla a la verdad (ver Juan 16,3). La Iglesia es santa porque por su medio recibimos de Dios la gracia que nos santifica a través de los sacramentos.

Ese ideal nuestro de ver una Iglesia donde todos sean santos, donde no exista la más mínima mancha que nos cause vergüenza o desconcierto, la veremos después de la segunda venida de Jesucristo, mientras tanto debemos recordar las palabras que Jesús les dirigió a los fariseos y maestros de la ley cuando asistió a una fiesta en casa del publicano Mateo y ellos le preguntaron por qué comía con los publicanos y pecadores: «Los que están buenos y sanos no necesitan médico, sino los enfermos. Yo no he venido a llamar a los justos, sino a los pecadores, para que se vuelvan a Dios» (Lucas 5, 31).

Católica

Vayan, pues, a las gentes de todas las naciones, y háganlas mis discípulos; bautícenlas en el nombre del Padre, del Hijo y del Espíritu Santo, y enséñenles a obedecer todo lo que les he mandado a ustedes. Por mi parte, yo estaré con ustedes todos los días, hasta el fin del mundo.

Mateo 28,19-20

Generaciones y generaciones de personas han repetido el nombre de nuestra Iglesia, pero muchos desconocen el significado de esta palabra. He de confesar que cuando regresé a mi iglesia, después de haberla abandonado de manera tan displicente por tantos años, una de las primeras preguntas a las que quise encontrarle repuesta fue esta: ¿qué quería decir católica?

Según el *Diccionario de la lengua de la Real Academia Española*, el término «católica» procede de la palabra latina *catholicus*, que, a su vez, proviene del griego *kaqolikoj*, que significa «según la totalidad»; es decir, universal. Todos los hombres, sin distinción ni discriminación, son bienvenidos en la Iglesia fundada por Cristo, presente en todo el mundo (no estoy hablando exclusivamente de los edificios donde asistimos a misa). Su universalidad nace del mandato de Jesús a sus apóstoles: «Vayan y prediquen el Evangelio a toda criatura» (Marcos 16,15). El pueblo judío tenía la idea errónea de que Dios los había escogido para que solo ellos tuvieran la oportunidad de ir al cielo. Con este mandato,

Jesús aclara que la salvación es posible para todos los hombres y que todos necesitan conocer su Evangelio. Así, la Iglesia es católica porque anuncia el Evangelio que ha traído Cristo a todos los hombres para su salvación. El milagro de las lenguas en Pentecostés[196], en el que todos se entendían a pesar de la barrera idiomática entre ellos, nos muestra que la Iglesia existe desde el comienzo para todos. Se dirige a todos los hombres, supera barreras étnicas y lingüísticas y puede ser entendida y acogida por todos. Los apóstoles predicaban en su propio idioma y todos los presentes, que no necesariamente hablaban aquel idioma, los entendían. ¿Qué mejor estrategia pudo haber escogido el Espíritu Santo para dejarnos claro que la Iglesia que estaba naciendo en ese momento era para todos? Y además nos deja saber que Él estaría acompañándonos para asistirnos en el discernimiento del mensaje de salvación que la Iglesia nos entregaría.

Con respecto al carácter universal que le da el hecho de que Cristo esté presente en ella, san Agustín escribió: «Se extiende desde el Oriente hasta el Occidente con el resplandor de una sola fe. Porque no se limitó la Iglesia a los términos de un solo reino, ni concretó a una sola clase de hombres como las repúblicas humanas, y las sectas de los herejes, sino que abraza en el seno de su caridad a todos los hombres, ya sean bárbaros, ya escitas[197], ya siervos, ya libres, ya hombres, ya mujeres. Por lo cual está escrito: "Nos redimiste para Dios por medio de tu sangre a nosotros, gente de todas las tribus, lenguas, pueblos y naciones, y nos hiciste participantes del reino de nuestro Dios"».

El adjetivo católico, referente a la Iglesia, aparece en la literatura cristiana con san Ignacio de Antioquía (discípulo del apóstol Juan) hacia el 110 d. C. En su epístola *Ad Smyrnaeos* (8,2) dice: «Donde esté el obispo, está la muchedumbre, así como donde está Jesucristo está la Iglesia católica».

---

[196] Hechos de los Apóstoles 2,4.

[197] Los escitas vivieron en una zona entre el Danubio, el Cáucaso, el Volga y el mar Negro. Existen pasajes de la Biblia que los denominan como si fuesen una población de salvajes e incivilizados, puesto que no tenían las costumbres judías ni seguían las ordenanzas de Dios.

Cuando el emperador romano Constantino I trasladó la capital de su imperio a Bizancio, en el 324 d. C., y fundó Constantinopla, convocó el primer Concilio Ecuménico en Nicea. En este se organizó la Iglesia en patriarcados y diócesis. Las sedes de Roma, Alejandría, Antioquía y Jerusalén quedaron con el mismo rango de autoridad. Esta decisión fue revisada y modificada varias veces en los siguientes concilios que se llevaron a cabo en un período de cien años. Finalmente, se reconoció la superioridad del obispo de Roma sobre el resto de los patriarcados, de modo que adquirió el título de *Pontifex Maximus*.

A pesar de ciertas diferencias doctrinales entre la sede occidental y las orientales y del fortalecimiento de la primera y el debilitamiento de las segundas a causa del avance musulmán, la Iglesia conservó su unidad y nombre hasta el año 1054, cuando ocurrió el Gran Cisma. Fruto de esta división, la Iglesia romana adoptó el nombre de «católica» mientras que la oriental, el de «ortodoxa». Esta enorme división y la que originó Martín Lutero en el 1517 llamada Reforma protestante, semilla de las más de 33.820 iglesias mencionadas, no debe confundirse con los diferentes ritos de nuestra Iglesia católica, que algunas veces la gente confunde con iglesias de «otras» religiones, como expliqué.

Santo Tomás de Aquino desarrolla los diversos elementos de la teología de la catolicidad. La Iglesia es universal en tres sentidos:

- Se encuentra en todos los lugares (ver Romanos 1,8), teniendo tres partes: en la tierra (iglesia militante.), en el cielo (iglesia triunfante) y en el purgatorio (iglesia purgante).
- Incluye personas de todos los estados de vida, culturas, escalas sociales, géneros y etnias (ver Gálatas 3, 28).
- No tiene límite de tiempo: desde Abel hasta la consumación de los siglos

Y APOSTÓLICA

El que los escucha a ustedes, me escucha a mí; y el que los rechaza a ustedes, me rechaza a mí; y el que me rechaza a mí, rechaza al que me envió.

Lucas 10,16

Cuando repasamos la historia, especialmente en la Edad Media, vemos todos los sucesos trascendentales que se vivieron para asegurar que la corona de un determinado reino quedara en manos de un heredero legítimo. Casos como el de Juan I de Portugal, Luis XI de Francia, los Reyes Católicos en España y Enrique VIII en Inglaterra pasaron a la historia, entre otras cosas, por todas las maniobras que tuvieron que hacer con tal de garantizar un sucesor que preservara el legado de sus antecesores. En el mundo de los negocios observamos el mismo fenómeno. La familia que, con mucho esfuerzo y dedicación, logra desarrollar una empresa exitosa busca que el negocio se perpetúe por generaciones entre los miembros del linaje, para que no desaparezca cuando se vayan.

Jesús quiso lo mismo: que su obra no concluyese cuando retornara a su Padre, sino que continuara hasta su regreso. Después de su bautizo y posterior estadía en el desierto, donde fue tentado, el Mesías comenzó su predicación de las buenas noticias de parte de Dios y eligió a los doce apóstoles[198] (ver Marcos 3,13-15), quienes lo acompañarían hasta su ascensión al cielo. Les enseñaba con su palabra y ejemplo, los corregía, les explicaba en privado lecciones que no daba en público, los revistió del poder de sanación, de expulsar demonios y hasta de perdonar pecados (ver Juan 20,23). ¿Para qué los capacitó en esta labor pastoral? Para que cuando Él no estuviera ellos pudieran continuar su labor. Y sabiendo que en su ausencia iban a necesitar toda la guía y ayuda posible, les envió al Espíritu Santo para que pudieran proclamar la buena nueva por todo el mundo. Y sabiendo que tanto usted como yo íbamos a necesitar su gracia, compañía, guía, consejo y consuelo, les dio a los apóstoles el poder de comunicar sus enseñanzas a quienes ellos escogieran para que nos llegaran a todos nosotros en este tiempo presente.

Gracias a una sucesión ininterrumpida, desde los apóstoles hasta nuestros actuales obispos, la prédica y las costumbres que se desarrollaron a partir de esas enseñanzas han sobrevivido hasta nuestros días. Si yo le pregunto al sacerdote de mi parroquia por el nombre del obispo que lo ordenó, me dirá que fue el obispo Carlos. Si voy donde el obispo Carlos y le hago la misma pregunta, me dirá que fue el obispo Alberto. Ya sea de manera directa o por medio de los registros escritos que se conservan de estas ordenaciones, si continuara mi búsqueda, llegaría hasta el apóstol Pedro, en quien se fundó nuestra Iglesia:

> Yo te digo que tú eres Pedro, y sobre esta piedra edificaré mi Iglesia, y las puertas del reino de la muerte no prevalecerán contra ella. Te daré las llaves del reino de los cielos; todo lo que ates en la tierra quedará atado en el cielo, y todo lo que desates en la tierra quedará desatado en el cielo (Mateo 16,18-19).

Para la mayoría de las personas de nuestra época, las palabras que Jesús le dijo a Pedro al darle las llaves del reino no son más que simbólicas, con cierto tono poético. Pero en la época en que fueron dichas carecían de todo simbolismo y así debían interpretarse: era una

---

[198] El término proviene del griego *apostoloi*, que significa «enviado».

costumbre de la época entregar las llaves de la casa a otra persona como forma de transferir la propiedad y autoridad sobre ella.

> En aquel día llamaré a mi siervo Eliaquín, hijo de Hilquías. Le pondré tu túnica, le colocaré tu cinto, y le daré tu autoridad. Será como un padre para los habitantes de Jerusalén y para la tribu de Judá. Sobre sus hombros pondré la llave de la casa de David; lo que él abra, nadie podrá cerrarlo; lo que él cierre, nadie podrá abrirlo (Isaías 22,20-22).

En este pasaje (que nos ayuda a entender las palabras que Jesús dirigió a Pedro), el profeta Isaías nos cuenta que al mayordomo Sedna le quitarán las llaves de la casa física de David y se las entregarán a Eliaquín, quien pasará a ejercer plena autoridad en el palacio con ellas.

La historia nos cuenta de muchos conquistadores que, al regresar de sus extenuantes jornadas guerreras, le entregan a su respectivo rey las llaves de los palacios conquistados. «Estas son, señor, las llaves de este paraíso. Esta ciudad y reino te entregamos, pues así lo quiere Alá». Con estas palabras, Boabdil, último rey árabe de España, entregó Granada a los Reyes Católicos en 1492, después de ocho siglos de dominio musulmán en la península.

El apóstol Pedro entendió muy bien lo que Jesús quería expresar cuando le dijo: «Te daré las llaves del reino de los cielos». Era un claro traspaso de autoridad. No es, como se ha llegado a pensar, que Pedro actúe de «portero» del cielo, y que decida quién entra y quién no.

Según el primer capítulo del libro de los Hechos de los Apóstoles, Pedro convocó a un grupo de discípulos de Jesús para sustituir a Judas Iscariote (Hechos 1,15-16). Matías fue electo y volvieron a ser doce los apóstoles. Así como fue necesario reemplazar a Judas, cabe pensar que también era necesario que alguien sucediera a Pedro como «roca» de la Iglesia. En nuestra Iglesia se ha continuado esta sucesión (reemplazo) sin interrupciones hasta nuestros días.

> El que los escucha a ustedes, me escucha a mí; el que los rechaza a ustedes, me rechaza a mí; y el que me rechaza a mí, rechaza al que me envió (Lucas 10,16).

Pedro y los demás apóstoles transmitieron las enseñanzas de Jesús a sus sucesores. Estos hicieron lo mismo con los suyos, y así hasta nuestros actuales obispos. Ellos nos transmiten las enseñanzas a nosotros, su feligresía.

Confieso que hay un solo Bautismo

Hay un solo Señor, una sola fe, un solo bautismo; hay un solo Dios y Padre de todos, que está sobre todos, actúa por medio de todos y está en todos.

Carta a los Efesios 4,5-6

Hasta el momento los redactores de este Credo nos habían pedido que «creyéramos»: creo en un solo Dios..., creo en un solo Señor..., creo en el Espíritu Santo..., creo en la Iglesia ... Ahora, después de toda esta cátedra que nos ha llevado por toda nuestra historia, desde incluso antes de que hubiéramos puesto un pie en la tierra, estamos listos para «confesar» que contamos con el camino que nos conduce al reencuentro con el Padre, que no es oculto y está disponible para todo el que quiera caminar por él. El único mediador y camino de salvación es Cristo, quien se hace presente a todos nosotros en su cuerpo, que es la Iglesia y a la que entramos por medio del bautismo. Estas no son palabras ni ideas mías, sino de Jesús: «Y les dijo: "Id por todo el mundo y predicad el Evangelio a toda criatura". El que crea y sea bautizado, obtendrá la salvación; pero el que no crea, será condenado» (Marcos 16,15-16). Ahora no cabe pensar que el acto automático del bautizo nos garantiza la salvación, como podemos comprender al leer otros pasajes bíblicos:

- El que cree en el Hijo de Dios, no está condenado; pero el que no cree, ya ha sido condenado por no creer en el Hijo único de Dios. Los que no creen, ya han sido condenados, pues, como hacían cosas malas, cuando la luz vino al mundo prefirieron la oscuridad a la luz. Todos los que hacen lo malo odian la luz, y no se acercan a ella para que no se descubra lo que están haciendo. Pero los que viven de acuerdo con la verdad, se acercan a la luz para que se vea que todo lo hacen de acuerdo con la voluntad de Dios (Juan 3,18-21).
- El que cree en el Hijo, tiene vida eterna; pero el que no quiere creer en el Hijo, no tendrá esa vida, sino que recibirá el terrible castigo de Dios (Juan 3,36).
- Pedro les contestó: —Vuélvanse a Dios y bautícese cada uno en el nombre de Jesucristo, para que Dios les perdone sus pecados, y así Él les dará el Espíritu Santo. Porque esta promesa es para ustedes y para sus hijos, y también para todos los que están lejos; es decir, para todos aquellos a quienes el Señor nuestro Dios quiera llamar (Hechos de los Apóstoles 2,38-39).
- Señores, ¿qué debo hacer para salvarme? Ellos contestaron: —Cree en el Señor Jesús, y obtendrás la salvación tú y tu familia (Hechos de los Apóstoles 16,30-31).

¿Entonces qué quiere decir que «confieso que hay un solo bautismo»? Que estamos reconociendo que solo a través de la Iglesia podemos salvarnos. En palabras de san Cipriano[199]: «Fuera de la Iglesia no hay salvación». Soy consciente que esta afirmación genera rechazo por parte de cristianos y no cristianos. Los primeros han tomado la afirmación como un acto de arrogancia por parte de la Iglesia católica al manifestar algo que Jesús no dijo de forma explícita al fundar su Iglesia. Por su parte, los segundos piensan que avanzarán aún más en el camino de la salvación con su dios a través de sus creencias, por lo que optan por ignorar lo que cualquier otra religión pueda decir sobre la salvación.

---

[199] Obispo de Cartago entre los años 249 y 258 d. C.

Algunos piensan que la afirmación es excluyente, intolerante y totalitaria, que raya en el fanatismo. Otros rechazan que una estructura organizada de hombres pueda atribuirse el derecho de dictar las leyes que gobiernan la entrada al cielo: eso solo le corresponde a Dios. Hay quienes no aceptan esta doctrina porque parten de que Cristo murió por el perdón de todos los hombres, así que no nos corresponde hacer nada más, sino creer en Él y, en el mejor de los casos, «portarse bien».

Veamos la siguiente analogía. Una persona que comienza a experimentar grandes dolencias acude a un médico. Este le ordena una serie de exámenes para encontrar la causa de los síntomas. Los análisis muestran que sufre una grave enfermedad que requiere atención inmediata. El médico le sugiere un tratamiento, el cual, aunque sea seguido al pie de la letra, no garantizará su recuperación; pero vale la pena intentarlo. El paciente acude a un segundo galeno, quien le plantea un tratamiento distinto, que tampoco asegura su recuperación. Acude a un tercero que en esencia le dice lo mismo. Al final, encuentra a un cuarto médico que le ofrece un tratamiento que, si lo sigue con juicio, lo curará por completo.

¿En manos de qué doctor se pondría este enfermo? ¿En las manos del que le pide su mayor esfuerzo, pero no le asegura la recuperación o en las del que sí se la garantiza? De seguro, la persona se entregará al tratamiento de este último. Entonces, ¿por qué no nos llena de alegría saber que existe una Iglesia que nos garantiza la salvación? ¿Por qué la ignoramos? Sin duda, debe haber un malentendido.

Por fortuna, Jesús y sus apóstoles nos dejaron una serie de enseñanzas en el Nuevo Testamento que nos pueden ayudar a entender por qué san Cipriano hizo esta afirmación.

Las Sagradas Escrituras nos dicen que en el cielo no hay solo católicos. El «buen ladrón» (Dimas), que estaba a un lado de Jesús en su crucifixión, no era católico, en el sentido en que lo entendemos hoy. Sin embargo, hoy está gozando de la vida eterna en el reino de Dios. Es más, san Dimas es considerado el único santo canonizado por Jesús. Así que la afirmación de que solo a través de la Iglesia hay salvación no quiere decir que en el cielo solo haya católicos, como muchos piensan.

En un artículo anterior cité «... que por nosotros, los hombres, y por nuestra salvación bajó del cielo...». Jesús ha muerto por todos los hombres para redimirlos, pero eso no implica que todos sean redimidos por Él. Para salvarse hay que cumplir otra condición, además de recibir la gracia de Dios; a saber, que en ejercicio de nuestro libre albedrío aceptemos esa gracia. Jesús no forzó a nadie a creer en Él; tampoco le impuso las manos a un incrédulo para que así lo hiciera. En Dios, nada es mecánico ni automático.

San Agustín dijo: «Dios, que te hizo sin ti, no te justifica sin ti». Siguiendo con su planteamiento, lo que la muerte de Cristo nos garantiza es que a todos los hombres (ver Romanos 3,21-30), incluyendo al musulmán, al judío, al mahometano, al ateo y al indígena del Amazonas, entre otros, en algún momento de su vida (que va desde la concepción hasta una fracción de segundo antes de la muerte) les será ofrecida su gracia.

Jesús le dijo a Nicodemo: «El que cree en el Hijo de Dios no está condenado; pero el que no cree ya ha sido condenado por no creer en el Hijo único de Dios» (Juan 3,18). Así pues, ningún ser humano está salvado ni condenado antes de su muerte. Como afirmó el papa Pío IX: «Nadie es condenado más que por su propia voluntad y contra la voluntad de Dios», pues de acuerdo con la Biblia «... Él quiere que todos se salven y lleguen a conocer la verdad» (1 Timoteo 2,4).

En la última cena, Jesús dijo: «Esto es mi sangre, con la que se confirma la alianza, sangre que es derramada en favor de *muchos*» (Marcos 14,24); «beban todos ustedes de esta copa, porque esto es mi sangre, con la que se confirma la alianza, sangre que es derramada en favor de *muchos* para perdón de sus pecados» (Mateo 26,27-28). Este «muchos» ya había sido profetizado por Simeón en la entrada del templo, cuando le dijo a María, la madre de Jesús: «Mira, este niño está destinado a hacer que *muchos* en Israel caigan o se levanten» (Lucas 2,33) —el énfasis en todo el párrafo es mío—. Jesús no murió por todos, sino por los «muchos» que aceptaron, aceptan y aceptarán su gracia salvadora.

No basta con ser un buen budista, un buen mahometano o un buen indígena del Amazonas para lograr la salvación. Si eso bastara, la orden de Jesús —«vayan por todo el mundo y prediquen a todos el Evangelio. El que crea y sea bautizado, obtendrá la salvación; pero el que no crea, será condenado» (Marcos 16,15-16)— sería superflua y, peor aún, irrelevante. Nuestra prédica sería: «Con lo que haces y sabes, estás salvado. Pero, por si te interesa, te puedo contar otra forma en la que también te puedes salvar». ¿Fue esto lo que nos enseñó Jesús?: ¿que cada uno se quedara con sus creencias y su religión?

Jesús vino a Galilea predicando el Evangelio de Dios. «El tiempo se ha cumplido», decía, «y el reino de Dios se ha acercado; arrepiéntanse y crean en el Evangelio» (Marcos 1,14-15). ¿En qué quedaría este mensaje? ¿A quién estaría dirigido si cada cual estuviera bien con sus propias creencias? ¿El «arrepiéntanse y crean en el Evangelio» que pregonaba Jesús no quiere decir «dejen de hacer lo que están haciendo y hagan lo que Yo les digo»?

Sí Jesús fuera cualquier «camino», si la «verdad» fuera cualquier creencia y la «vida» fuera cualquier forma honesta y pacífica de vivir, su enseñanza habría sido el indiferentismo. Nunca se hubiera molestado por hacerles ver sus errores a los escribas y fariseos, como tantas veces lo hizo.

Los fariseos no eran lo que hoy llamaríamos unas personas «malas»; todo lo contrario, eran personas «buenas» que cumplían las leyes de su religión al pie de la letra.

Jesús quiso que hubiera una Iglesia que sirviera de puente entre el hombre pecador y Él, y por eso la fundó: «Yo te digo que tú eres Pedro, y sobre esta piedra edificaré mi iglesia» (Mateo 16,18). Él está a la cabeza y actúa como salvador: «Porque el marido es cabeza de la mujer, así como Cristo es cabeza de la Iglesia, siendo Él mismo el Salvador del cuerpo» (Efesios 5,23). Este es un cuerpo que todos constituimos: «Ahora bien, ustedes son el cuerpo de Cristo, y cada uno individualmente un miembro de él» (1 Corintios 12,27). ¿Por qué molestarse entonces en constituir una Iglesia si cualquier camino lleva a la salvación?

Cuando Jesús envió a sus apóstoles, junto a otros setenta y dos discípulos, a predicar su Evangelio, dijo: «El que los escucha a ustedes, me escucha a mí; y el que los rechaza a ustedes, me rechaza a mí; y el que me rechaza a mí, rechaza al que me envió» (Lucas 10,16). La Iglesia es la fuente y el camino ordinario para la salvación que Dios quiere. Él entregó a la Iglesia la autoridad para la administración de los sacramentos que Jesús instituyó y las condiciones para acceder a la eternidad bienaventurada.

Sé que para algunos esto es difícil de aceptar y hasta de confesar. Hay quienes se preguntan cómo es posible esto si en la Iglesia hay corrupción y pecado; otros creen que delegar esa autoridad es injusto, y hay quienes no creen que Dios lo haya hecho. Pero, aparte de las muchas o pocas manchas negras que pueda tener la Iglesia y de la mucha o poca santidad que pueda haber en su interior, como lo expliqué en el artículo correspondiente a la Iglesia, fue Jesús quien así lo quiso. En consecuencia, si Él es quien nos salva, nos tenemos que salvar a su manera y no a la nuestra, así no nos parezca.

Hablar de un camino ordinario implica también la existencia de un camino extraordinario, un camino para aquellos a quienes todavía no les ha llegado el Evangelio que Jesús les ordenó predicar a sus discípulos. Al respecto, el *Catecismo de la Iglesia católica* nos dice:

> Los que sin culpa suya no conocen el Evangelio de Cristo y su Iglesia, pero buscan a Dios con sincero corazón e intentan en su vida, con la ayuda de la gracia, hacer la voluntad de Dios, conocida a través de lo que les dice su conciencia, pueden conseguir la salvación eterna (Numeral 847).

También afirma:

> Los que padecen la muerte a causa de la fe, los catecúmenos y todos los hombres que, bajo el impulso de la gracia, sin conocer

la Iglesia, buscan sinceramente a Dios y se esfuerzan por cumplir su voluntad, pueden salvarse, aunque no hayan recibido el bautismo (Numeral 1281).

La existencia de ese camino extraordinario, fruto de la inmensa misericordia de Dios, conocida solo por Él, no implica que cualquier religión o creencia sea el camino a la salvación. Tampoco significa que la salvación del hombre quede reducida a la participación en los sacramentos de la Iglesia o a la simple vinculación a ella, ya que el mismo Jesús afirma: «No todo el que me dice "Señor, Señor" entrará en el reino de los cielos, sino el que hace la voluntad de mi Padre del cielo» (Mateo 7,21-23).

Solo la Iglesia católica tiene los siete sacramentos. Repito, sacramentos establecidos por Jesús, no por el hombre ni por la institución católica. Él condicionó la participación en su reino al recibimiento de estos sacramentos; este es el camino que estableció Jesús y es el que la Iglesia enseña. La claridad con la que se describen en los Evangelios nos puede ayudar a entender por qué son condicionantes para la salvación. Me detendré en tres de ellos, de los cuales dos trataré a continuación: el bautismo y la eucaristía, y el tercero: el perdón de los pecados (o la reconciliación), lo presentaré en el siguiente artículo.

Bautismo: un hombre llamado Nicodemo se presentó una noche ante Jesús. Pertenecía al sanedrín y admitió que Jesús venía de parte de Dios para enseñar, «porque nadie podría hacer los milagros que tú haces si Dios no estuviera con él» (Juan 3,2). Jesús le reveló el bautismo, condición necesaria para la salvación: «Te aseguro que el que no nace de agua y del Espíritu no puede entrar en el reino de Dios» (Juan 3,5). Por eso les ordenó a sus discípulos predicar el Evangelio a todas las naciones y bautizarlos a todos: «Vayan por todo el mundo y anuncien a todos la buena noticia. El que crea y sea bautizado, obtendrá la salvación; pero el que no crea, será condenado» (Marcos 16,15-16).

Ciertamente, la Iglesia católica no es la única que ofrece el bautismo. La mayoría de las iglesias cristianas lo hacen, y así lo reconoce nuestra

Iglesia, siempre y cuando se realice como Jesús lo enseñó: «Bautícenlas en el nombre del Padre, del Hijo y del Espíritu Santo» (Mateo 28,19). Para aquellos que han recibido el Evangelio y han tenido la oportunidad de pedir el sacramento, el bautismo es necesario para acceder a la salvación. El encuentro del apóstol Felipe con el etíope, narrado por el evangelista Lucas en el libro de los Hechos de los Apóstoles, resume la doctrina:

> «El Espíritu le dijo a Felipe: "Ve y acércate a ese carro". Cuando Felipe se acercó, oyó que el etíope leía el libro de Isaías; entonces le preguntó: "¿Entiende usted lo que está leyendo?". El etíope le contestó: "¿Cómo lo voy a entender si no hay quien me lo explique?" (...). Entonces Felipe, tomando como punto de partida el lugar de la escritura que el etíope leía, le anunció la buena noticia acerca de Jesús [se hizo el anuncio del Evangelio]. Más tarde, al pasar por un sitio donde había agua, el funcionario dijo: "Aquí hay agua; ¿hay algún inconveniente para que yo sea bautizado?" [se pidió el sacramento].
> Entonces mandó parar el carro y los dos bajaron al agua, y Felipe lo bautizó» (Hechos 8,26-40).

La eucaristía: cuando Dios instituyó la Pascua, narrada en el libro del Éxodo, reveló la forma en que el pueblo de Israel se libraría de la muerte:

> «... cada uno de ustedes tomará un cordero (...) Tomarán luego la sangre del animal y la untarán por todo el marco de la puerta de la casa donde coman el animal. *Esa noche comerán la carne* (...) Y la sangre os será por señal en las casas donde vosotros estéis, y *veré la sangre y pasaré de vosotros*, y no habrá en vosotros plaga de mortandad cuando hiera la tierra de Egipto» (Éxodo 12,2-13) —el énfasis es mío—.

Todas las religiones cristianas reconocen en la sangre y en la carne una prefigura de Jesucristo que, inmolado en la cruz, derramó su sangre y entregó su cuerpo para la salvación del mundo. De ahí que el Nuevo Testamento se refiera a Él como el Cordero de Dios (Juan 1,29; Pedro 1,19; 1 Corintios 5,7; Apocalipsis 15,3 y Apocalipsis 2,1, entre otros). Así como el Señor pidió que se comiera la carne del cordero, Jesús puso como condición para entrar en su reino que comiéramos de su cuerpo y bebiéramos de su sangre:

> Yo soy el pan vivo que descendió del cielo; si alguno comiere de este pan, vivirá para siempre; *y el pan que yo daré es mi carne*, la cual yo daré por la vida del mundo. Entonces los judíos contendían entre sí, diciendo: «¿Cómo puede este darnos a comer su carne?». Jesús les dijo: «*De cierto, de cierto os digo: si no coméis la carne del Hijo del hombre, y bebéis su sangre, no tenéis vida en vosotros. El que come mi carne y bebe mi sangre tiene vida eterna; y yo le resucitaré en el día postrero. Porque mi carne es verdadera comida, y mi sangre es verdadera bebida. El que come mi carne y bebe mi sangre en mí permanece, y yo en él*. Como me envió el Padre viviente, y yo vivo por el Padre, asimismo *el que me come, él también vivirá por mí*. Este es el pan que descendió del cielo; no como vuestros padres comieron el maná, y murieron; *el que come de este pan vivirá eternamente*» (Juan 6,51-58) —el énfasis es mío—.

De todas las religiones cristianas, solo la católica puede ofrecer a sus fieles la carne y la sangre de nuestro Señor Jesucristo. Ella es la única Iglesia que cuenta con sacerdotes debidamente ordenados para llevar a cabo la transubstanciación del pan y del vino en la carne y sangre de Jesucristo, las cuales Él nos mandó a comer y beber.

Los argumentos expuestos aquí han sido extraídos de las palabras de Jesús. Por eso se puede decir que este es el único camino ordinario conocido hacia la salvación. Lo podemos decir con certeza, ya que dicho camino expresa los deseos de quien entregó su vida por nuestra salvación.

De seguro, usted se estará preguntando: «Entonces, ¿el que nació en la china budista, por poner un ejemplo, nació condenado, ya que él no va a ser bautizado dentro de la Iglesia católica ni se va a confesar con un sacerdote católico ni va a ir jamás a una iglesia católica a recibir la comunión? ¿Puede ser este el plan de un Dios justo y amoroso como el que nos describió Jesús? Estas preguntas, que son del todo válidas, nos ponen ante tres escenarios posibles:

- La persona conoce esta verdad e intenta mantenerse fiel a ella con todas sus fuerzas.
- La persona conoce esta verdad y, por múltiples razones, decide ignorarla.
- La persona no conoce esta verdad.

El camino ordinario de salvación revelado por Jesús concierne a los dos primeros tipos de personas. Por su parte, el camino extraordinario está abierto para la tercera, tal como lo aclara el apóstol san Pablo:

> De hecho, cuando los gentiles, que no tienen la Ley, cumplen por naturaleza lo que la Ley exige, ellos son ley para sí mismos, aunque no tengan la Ley. Estos muestran que llevan escrito en el corazón lo que la Ley exige, como lo atestigua su conciencia, pues sus propios pensamientos algunas veces los acusan y otras veces los excusan. Así sucederá el día en que, por medio de Jesucristo, Dios juzgará los secretos de toda persona, como lo declara mi Evangelio (Romanos 2,14-16).

El Concilio Vaticano II, mediante la declaración *Nostra Aetate*, expresó su posición sobre las relaciones de la Iglesia con religiones no cristianas:

> Ya desde la Antigüedad y hasta nuestros días se encuentra en los diversos pueblos una cierta percepción de aquella fuerza misteriosa que se halla presente en la marcha de las cosas y en los acontecimientos de la vida humana, y a veces también el reconocimiento de la suma divinidad e incluso del Padre. Esta percepción y conocimiento penetran toda su vida con íntimo sentido religioso. Las religiones, al tomar contacto con el progreso de la cultura, se esfuerzan por responder a dichos problemas con nociones más precisas y con un lenguaje más elaborado (...) Así también las demás religiones que se encuentran en el mundo se esfuerzan por responder de varias maneras a la inquietud del corazón humano, proponiendo caminos; es decir, doctrinas, normas de vida y ritos sagrados.
>
> La Iglesia católica no rechaza nada de lo que en estas religiones hay de santo y verdadero. Considera con sincero respeto los modos de obrar y de vivir, los preceptos y doctrinas que, por

> más que discrepen en mucho de lo que ella profesa y enseña, no pocas veces reflejan un destello de aquella Verdad que ilumina a todos los hombres.
>
> Anuncia y tiene la obligación de anunciar constantemente a Cristo, que es «el Camino, la Verdad y la Vida» (Juan 14,6), en quien los hombres encuentran la plenitud de la vida religiosa y en quien Dios reconcilió consigo todas las cosas.
>
> Por consiguiente, exhorta a sus hijos a que, con prudencia y caridad, mediante el diálogo y la colaboración con los adeptos de otras religiones, dando testimonio de fe y vida cristiana, reconozcan, guarden y promuevan aquellos bienes espirituales y morales, así como los valores socioculturales que en ellos existen (Numeral 2).

Una cosa es el respeto hacia las otras religiones, el diálogo interreligioso, el reconocimiento de «lo santo y verdadero» que está presente en ellas y el respeto de la conciencia ajena. Otra cosa, muy diferente es aceptar que cualquier religión salva a los hombres, pues solo en Jesús hay salvación: «Y en ningún otro hay salvación; porque no hay otro nombre bajo el cielo, dado a los hombres, en que podamos ser salvos» (Hechos 4,12).

Para el perdón de los pecados

Y sopló sobre ellos, y les dijo: —Reciban el Espíritu Santo. A quienes ustedes perdonen los pecados, les quedarán perdonados; y a quienes no se los perdonen, les quedarán sin perdonar.

Juan 20,22-23

En el artículo «y por nuestra salvación» proporcioné doce nombres bíblicos que describen el pecado. Decía que el más común de ellos es *Kjatá*, que significa «errar en el blanco». El pecado es la razón de existir del cristianismo y de cualquier otra religión, ya que, si este no existiera, todos estaríamos viviendo en perfecta comunión con nuestro creador como lo hicieron en su momento Adán y Eva, y como lo hacen actualmente todos los santos, que gozan de su compañía. Dice nuestro *Catecismo* en el numeral 397:

> El hombre, tentado por el diablo, dejó morir en su corazón la confianza hacia su creador (ver Genesis 3,1-11) y, abusando de su libertad, desobedeció al mandamiento de Dios. En esto consistió el primer pecado del hombre (ver Romanos 5,19). En adelante, todo pecado será una desobediencia a Dios y una falta de confianza en su bondad.

La quinta petición del Padre nuestro presupone un mundo en el que existen ofensas (pecados) entre los hombres y, por consiguiente, a Dios

«En verdad les digo que en cuanto lo hicieron a uno de estos hermanos Míos, aun a los más pequeños, a Mí lo hicieron» (Mateo 25,40).

Supongamos que un muchacho que asiste al colegio golpea en la nariz a un compañero de clase. Por supuesto, el joven va a tener un problema y recibirá un castigo por su falta. Ahora supongamos que ese mismo joven le da un golpe con la misma fuerza y en la misma parte, no a su compañero, sino a su profesor. El problema y el castigo serán mucho mayores. Ahora supongamos que le da un golpe con la misma fuerza y en la misma parte, no a su profesor, sino al rector. El problema y el castigo serán todavía peores. ¿Qué pasaría si le diera el golpe en la nariz al alcalde? ¿O al presidente? Es claro entonces que el problema y el castigo son proporcionales, no a la acción en sí misma, sino a la jerarquía del ofendido. Cuando la jerarquía es mayor, mayor es la ofensa.

Por difícil que nos parezca creerlo, la ofensa al prójimo es una ofensa a Dios. Esta idea ha estado en la conciencia del hombre desde tiempos muy lejanos, mucho antes de que Dios se le manifestara a Abraham. El hombre antiguo creía que las sequías, las inundaciones y otros desastres naturales eran una manifestación de disgusto de los dioses por los agravios recibidos. Con sacrificios, construcciones, rituales y demás, los hombres buscaban congraciarse de nuevo con su dios ofendido. La reparación de la ofensa ha sido la razón de ser de la religión, cualquiera que ella sea.

En el Antiguo Testamento encontramos las prácticas que Dios estableció para el perdón de los pecados (Levítico 4 y 5). Los procedimientos variaban según la condición del pecador. Este era uno de esos casos:

> Si una persona de clase humilde peca involuntariamente, resultando culpable de haber hecho algo que está en contra de los mandamientos del Señor, en cuanto se dé cuenta del pecado que cometió, deberá llevar una cabra sin ningún defecto como ofrenda por el pecado cometido. Pondrá la mano sobre la cabeza del animal que ofrece por el pecado y luego lo degollará en el lugar de los holocaustos. Entonces el sacerdote tomará con el dedo un poco de sangre y la untará en los cuernos del

> altar de los holocaustos, y toda la sangre restante la derramará al pie del altar. También deberá quitarle toda la grasa, tal como se le quita al animal que se ofrece como sacrificio de reconciliación, y quemarla en el altar como aroma agradable al Señor. Así el sacerdote obtendrá el perdón por el pecado de esa persona, y el pecado se le perdonará (Levítico 4,27-31).

La persona confesaba su falta al sacerdote y reconocía que merecía morir por su transgresión. ¡Había ofendido a Dios! Había agraviado a la mayor dignidad existente. ¿Cuál debería ser la sanción por haber atentado contra la mayor dignidad posible? La muerte, que es el máximo castigo. Pero en vez de que el agresor muriera, moría la cabra. De allí viene la expresión «chivo expiatorio». El chivo expiaba los pecados de la persona que lo ofrecía. La expiación es la remoción del pecado a través de un tercero que, en este caso, es el chivo o la cabra. Por esto Juan el Bautista llamó a Jesús «el Cordero de Dios», ya que su sacrificio nos trajo la salvación porque expió todos nuestros pecados. Nosotros, que cometimos la falta, no fuimos los que morimos: Él lo hizo por nosotros. En palabras de san Pablo:

> Es verdad que la sangre de los toros y chivos, y las cenizas de la becerra que se quema en el altar, las cuales son rociadas sobre los que están impuros, tienen poder para consagrarlos y purificarlos por fuera. Pero si esto es así, ¡cuánto más poder tendrá la sangre de Cristo! Pues por medio del Espíritu eterno, Cristo se ofreció a sí mismo a Dios como sacrificio sin mancha, y su sangre limpia nuestra conciencia de las obras que llevan a la muerte, para que podamos servir al Dios viviente (Carta a los Hebreos 9,13-14).

En el Nuevo Testamento encontramos dos citas en las que Jesús les anticipó a sus apóstoles que ellos ejercerían el perdón de los pecados para los que desearan restablecer la relación que la falta destruye. La primera se la dirigió a Pedro en particular, y la segunda a sus apóstoles en general.

> Te daré las llaves del reino de los cielos; lo que tú ates aquí en la tierra, también quedará atado en el cielo, y lo que tú desates

> aquí en la tierra, también quedará desatado en el cielo (Mateo 16,19).
> Les aseguro que lo que ustedes aten aquí en la tierra, también quedará atado en el cielo, y lo que ustedes desaten aquí en la tierra, también quedará desatado en el cielo (Mateo 19,19).

Y en el primer día de su resurrección, les encomendó lo que les había anticipado:

> Luego Jesús les dijo otra vez: «¡Paz a ustedes! Como el Padre me envió a mí, así yo los envío a ustedes». Y sopló sobre ellos, y les dijo: «Reciban el Espíritu Santo. A quienes ustedes perdonen los pecados, les quedarán perdonados; y a quienes no se los perdonen, les quedarán sin perdonar» (Juan 20,21-23).

No debemos confundir la administración con la potestad. Solo Dios tiene la potestad de perdonar los pecados (ver Marcos 2,7; Lucas 5,2). Jesús posee esa autoridad en la tierra: «Pues voy a demostrarles que el Hijo del Hombre tiene autoridad en la tierra para perdonar pecados...» (Lucas 5,24). Pero en su ausencia temporal encargó la administración de ese perdón a sus apóstoles, que representan esa Iglesia que Jesús edificó sobre Pedro (ver Mateo 16,18). Estos lo delegaron a su vez a los presbíteros, con quienes nos confesamos en la actualidad. Ellos no perdonan los pecados; Dios se sirve de ellos para hacerlo.

¿Qué podemos decir respecto a la acción de confesar los pecados? Ya en el pueblo judío existía la práctica de confesarse con otro hombre. Ellos no declaraban sus faltas con la almohada. Los textos bíblicos dicen que, cuando las personas acudían a Juan el Bautista, lo hacían para ser bautizadas y «... confesaban sus pecados» (Mateo 3,6). Igualmente, cuando la gente se convertía al cristianismo, confesaba sus pecados: «También muchos de los que creyeron llegaban confesando públicamente todo lo malo que antes habían hecho» (Hechos 19,18). Incluso era conocida la práctica de confesar los pecados, no a una sola persona, sino a su comunidad: «Por eso, confiésense unos a otros sus pecados, y oren unos por otros para ser sanados...» (Santiago 5,16). Esa práctica de bautizar en el agua tenía su origen en los baños de purificación mencionados en el libro Levítico 13-15, donde apreciamos cómo el agua era utilizada para purificar a quienes habían sido declarados impuros. Sin embargo, el bautizo establecido por el Hijo de Dios se elevó a un grado mayor, ya que no solo nos restablece la pureza, sino que además recibimos el Espíritu Santo. «Pedro les contestó: —Vuélvanse a Dios y bautícese cada uno en el nombre de Jesucristo, para que Dios les perdone sus pecados, y así Él les dará el Espíritu Santo» (Hechos de los Apóstoles 2,38).

Cuando nos vinculamos a la Iglesia a través del bautismo todos nuestros pecados quedan perdonados, incluido el pecado original, y esto lo sabemos por la gran comisión de Jesús a sus apóstoles: «Vayan por todo el mundo y anuncien a todos la buena noticia. El que crea y sea bautizado, obtendrá la salvación; pero el que no crea, será condenado» (Marcos 16,15-16). Ahora, el hecho de recibir este primer sacramento de iniciación, que borra todas nuestras faltas, no quita la disposición a hacer el mal que no deseamos pero que hacemos. En palabras de san Pablo: «No hago lo bueno que quiero hacer, sino lo malo que no quiero hacer» (Carta a los Romanos 7,19); esto es lo que conocemos como *concupiscencia*[200], esa tendencia que tenemos a cometer faltas.

Uno de los grandes aportes sociales del judaísmo fue la introducción del concepto de la responsabilidad individual. El hombre antiguo creía que era manipulado por los dioses, que lo obligaban a hacer cosas que él, supuestamente, no quería; sentía que sus acciones eran «usurpadas» por los dioses. El judaísmo nos reveló a un Dios único y verdadero, que nos dio libre albedrío y nos hizo responsables de nuestros actos y de los otros: «A cada hombre le pediré cuentas de la vida de su prójimo» (Génesis 9,5). El hombre pasó a ser responsable de sus actos y, como tal, debía asumir las consecuencias de sus acciones, incluido el pecado. Y como nos creó para vivir en comunidad, nos hizo solidarios los unos de los otros, de ahí es que podemos decir que hemos pecado de obra y omisión.

---

[200] Según el *Diccionario de la lengua de la Real Academia Española*, en la moral católica, deseo de bienes terrenos y, en especial, apetito desordenado de placeres deshonestos.

El judaísmo enseñaba que solo Dios podía perdonar los pecados: «Entonces los maestros de la Ley y los fariseos comenzaron a pensar: "¿Quién es este que se atreve a decir palabras ofensivas contra Dios? Solo Dios puede perdonar pecados"» (Lucas 5,21). Así que Jesús, que era Dios, como Él mismo lo afirmó —«Yo y el Padre somos una sola cosa» (Juan 10,30)—, podía también perdonar los pecados. Jesús así lo hizo durante todo su apostolado público; por ejemplo, cuando estaba en la casa de Pedro y descolgaron a un paralítico por el techo. Jesús dijo a los escribas que estaban allí: «El Hijo del hombre tiene poder en la tierra para perdonar los pecados en la tierra» (Marcos 2,10).

Dado que todos somos pecadores, todos estamos en deuda con Dios. Por esa razón, Jesús incluye lo siguiente en la oración dirigida al Padre: «Perdónanos nuestras ofensas» (Mateo 6,12). En la versión de Lucas, se lee: «Perdónanos nuestros pecados» (Lucas 11,1). Una vez más, las Escrituras resaltan la enseñanza de que solo Dios puede perdonar los pecados (Marcos 2,7), tal como nos lo mostró Jesús durante su paso por la tierra. Él no se llevó ese poder consigo al morir y ascender al cielo, sino que se lo entregó a los apóstoles para que estos, a su vez, lo transmitieran a sus sucesores en la Iglesia.

Esa sucesión se ha conservado de forma ininterrumpida hasta hoy solo en la Iglesia católica. Con la Reforma protestante del siglo XVI, liderada por el alemán Martín Lutero, surgió una nueva Iglesia que rompió con esa cadena de sucesión. De ese modo cerró para ellos las puertas al perdón que Jesús había delegado a sus apóstoles. El artículo 1470 del *Catecismo de la Iglesia católica*, que corresponde al capítulo del sacramento de la reconciliación, dice:

> En este sacramento, el pecador, confiándose al juicio misericordioso de Dios, anticipa en cierta manera el juicio al que será sometido al fin de esta vida terrena. Porque es ahora, en esta vida, cuando nos es ofrecida la elección entre la vida y la muerte, y solo por el camino de la conversión podemos entrar en el reino del que el pecado grave nos aparta (ver 1 Corintios 5,11; Gálatas 5,19-21 y Apocalipsis 22,15). Convirtiéndose a Cristo por la penitencia y la fe, el pecador pasa de la muerte a la vida «y no incurre en juicio» (Juan 5,24).

Como ya lo comenté, este perdón, expresión del amor de Dios para con su Iglesia, únicamente ha llegado hasta nuestros días en la forma en que Jesús lo dispuso: a través de la Iglesia católica.

ESPERO LA RESURRECCIÓN DE LOS MUERTOS

Y cuando estaba para morir, dijo: «Acepto morir a manos de los hombres, esperando las promesas hechas por Dios de que Él nos resucitará»

2 Macabeos 7,14

La palabra «esperar» tiene varios significados, pero me detendré en dos. Veamos las siguientes frases: «Espero que me haya ido bien en la presentación, para que me den el contrato» y «espero su señal para empezar a tocar el piano». En la primera frase se está expresando una esperanza con un grado de incertidumbre, mientras que en la otra no hay inseguridad sino una demora. En la primera hay duda de que sucederá lo que se espera, mientras que en la otra hay certeza de que llegara lo esperado; solo es cuestión de esperar a que pase el tiempo correspondiente. El *espero* de este artículo es como la segunda frase: hay certeza de que llegue, pero hay que aguardar el momento indicado.

Esperamos la resurrección de los muertos[201] porque tenemos la certeza que nuestros cuerpos mortales y corruptibles —como

---

[201] El Credo de los Apóstoles dice: «Creo en la resurrección de la carne». Dice el *Catecismo romano* en su capítulo doce, articulo 11 numeral 2: «Primeramente, será necesario observar que la resurrección de los hombres se llama en este artículo resurrección de la carne. Lo cual ciertamente no hicieron los apóstoles sin causa. Porque en esto quisieron enseñar que el alma es inmortal, lo que necesariamente debemos reconocer; y así para que nadie pensase que el alma muere juntamente con el cuerpo, y

consecuencia del pecado— van a resucitar incorruptibles, íntegros y perfectos y nuestras almas inmortales se volverán a unir, revindicando ese acto violento que los separó: la muerte. Por esto recibiremos el premio o castigo que nos corresponda[202] en unidad de cuerpo y alma.

¿De dónde proviene esta certeza? De una promesa que hizo Jesús: «No se admiren de esto, porque va a llegar la hora en que todos los muertos oirán su voz y saldrán de las tumbas. Los que hicieron el bien, resucitarán para tener vida; pero los que hicieron el mal, resucitarán para ser condenados» (Juan 5,28-29). Además de la promesa, el Hijo de Dios nos está revelando un hecho que nos resulta extremadamente difícil de procesar: «Saldrán de las tumbas». El hombre de aquel entonces como el moderno ha sido testigo ocular de que después de muertos nos volvemos polvo, y que con las vicisitudes del transcurrir del tiempo tiende a mezclarse con la tierra y «desaparecemos». De los restos de cualquier muerto de hace algo poco menos de medio siglo para atrás solo conservamos el de las momias y uno que otro resto fosilizado.

O, como vemos hoy en día, algunos familiares esparcen las cenizas de su ser querido al mar o al viento, entonces muchos se preguntan: ¿cómo va a ser posible la resurrección si sus cenizas ya han sido dispersadas por todos lados? ¿Cómo se van a reunir de nuevo todas las partículas de nuestro cuerpo para poder reconstruirnos? Obvio, no creo que esto sea problema alguno para el que fue capaz de crear todo lo que existe a partir de la nada. Pablo se anticipó a regañar a los habitantes

---

que ambos resucitarán, después, siendo así que consta claramente por muchos lugares de las santas Escrituras que el alma es inmortal, por este motivo en el artículo de la resurrección hicieron mención de sola la carne. Y aunque también significa muchas veces la carne en las santas Escrituras el hombre entero, como cuando se dice por Isaías: "Toda carne es heno", y por san Juan: "El Verbo se hizo carne"; más aquí la voz carne solo denota el cuerpo, para que entendamos que de las dos partes, esto es alma y cuerpo, de que el hombre se compone, solamente la una que es el cuerpo se corrompe y se convierte en polvo de la tierra de que fue formado, pero que el alma permanece siempre incorrupta e inmortal. Y como nadie puede resucitar sin que primero haya muerto, por eso no se puede decir con propiedad que el alma resucite.

[202] En su herejía, Himeneo y Fileto afirmaban, ya en tiempos de san Pablo, que la resurrección debía entenderse, no de la corporal, sino de la espiritual y que ya había ocurrido (ver 2 de Timoteo 2,17-18).

de Corintio que así lo cuestionaban: «Tal vez alguno preguntará: "¿Cómo resucitarán los muertos? ¿Qué clase de cuerpo tendrán?" ¡Vaya pregunta tonta! Cuando se siembra, la semilla tiene que morir para que tome vida la planta. Lo que se siembra no es la planta que ha de brotar, sino el simple grano, sea de trigo o de otra cosa. Después Dios le da la forma que él quiere, y a cada semilla le da el cuerpo que le corresponde» (1 Carta a los Corintios 15,35-38). ¡Otro de esos misterios de Dios!

Así que podemos preguntarnos ¿en qué se parece una pepa de mango a un árbol de mango? Acá en la tierra somos «pepas de mango» y después de nuestra resurrección gloriosa seremos «árboles de mango». Todos somos únicos y cuando regresemos de la muerte seguiremos conservando eso que nos hace lo que somos, solo que seremos transformados y reconciliados con todo. Conservaremos todas las características de nuestra identidad única, pero infinitamente más resplandecientes que cuando las desarrollamos acá en la tierra. Seremos la imagen particular y corpórea de Dios que Él dispuso para cada uno de nosotros desde que fuimos engendrados, pero sin defecto alguno.

No permitamos que ese detalle tan misterioso desvíe nuestra atención a lo que hay detrás de esta promesa: si hemos hecho el bien, gozaremos en cuerpo y alma de una eternidad bienaventurada en nuestro hogar celestial. En el artículo «Bajó del cielo» traté de dar una explicación de lo que podemos esperar del hogar celestial, por ahora solo me quiero referir a las palabras de Pablo citando al profeta Isaías: «Dios ha preparado para los que lo aman cosas que nadie ha visto ni oído, y ni siquiera pensado» (1 Corintios 2,9).

Todo lo dicho en el presente Credo es para conducirnos a este punto, a nuestra mayor esperanza: compartir la misma experiencia de Jesús de resucitar de entre los muertos, en cuerpo y alma, para gozar eternamente de su compañía, viviendo una vida sin pecado (no olvidemos lo que ello conlleva). Nosotros resucitaremos como Él, con Él y por Él. Recordemos cómo Jesús increpó a los saduceos que no creían en la resurrección cuando abordaron este tema: «Y en cuanto a que los muertos resucitan, ¿no han leído ustedes en el libro de Moisés el pasaje de la zarza que ardía? Dios le dijo a Moisés: "Yo soy el Dios de Abraham, de Isaac y de Jacob". ¡Y Él no es Dios de muertos, sino de vivos! Ustedes están muy equivocados» (Marcos 12,26-27).

¿Qué es resucitar? Dice nuestro *Catecismo* en el numeral 997:

> En la muerte, separación del alma y el cuerpo, el cuerpo del hombre cae en la corrupción, mientras que su alma va al encuentro con Dios, en espera de reunirse con su cuerpo glorificado. Dios en su omnipotencia dará definitivamente a nuestros cuerpos la vida incorruptible uniéndolos a nuestras almas, por la virtud de la Resurrección de Jesús.

Y en el numeral 1.000:

> Este "cómo ocurrirá la resurrección" sobrepasa nuestra imaginación y nuestro entendimiento; no es accesible más que en la fe. Pero nuestra participación en la Eucaristía nos da ya un anticipo de la transfiguración de nuestro cuerpo por Cristo:
>
> «Así como el pan que viene de la tierra, después de haber recibido la invocación de Dios, ya no es pan ordinario, sino Eucaristía, constituida por dos cosas, una terrena y otra celestial, así nuestros cuerpos que participan en la eucaristía ya no son corruptibles, ya que tienen la esperanza de la resurrección» (san Ireneo de Lyon, *Adversus haereses*, 4,18,4-5).

He tenido la oportunidad de visitar los funerales de conocidos de familias ateas y otros de familias creyentes, y aunque en ambos casos el dolor y la tristeza son indescriptibles, el consuelo que se le puede brindar a una familia que crea en esta promesa es igualmente indescriptible. La esperanza de volver a la vida en un estado glorificado ayuda a pasar ese trago amargo, ya que nos cobija la certeza de la resurrección de la carne que llegará cuando vuelva de nuevo el Hijo de Dios para juzgar a vivos y muertos.

Y LA VIDA DEL MUNDO FUTURO

Jesús le contestó: —Te aseguro que hoy estarás conmigo en el paraíso.

Lucas 23,43

Cuando desarrollé el artículo «Para juzgar a vivos y muertos», decía que ese juicio que tendrá lugar en la segunda venida de Cristo, conocido como el «juicio final» o «juicio divino», nos afectará en cuerpo y alma, y determinará nuestra morada final y eterna.

¿Pero qué pasa con los que ya han fallecido? La parábola del pobre Lázaro nos revela muchas cosas y una de ellas es que cuando sucedió la muerte del mendigo y del hombre rico, ambos recibieron una gratificación y castigo «inmediatos» (ver Lucas 16,19-31). Igual ocurrió con el buen ladrón a quien Jesús le otorga su premio sin demora alguna: «Hoy mismo estarás...», así que podemos decir que existe una retribución inmediata después de la muerte de cada uno como resultado de nuestro obrar —como en el caso del hombre adinerado— y de nuestra fe —como en el caso del buen ladrón—. Este «juicio» se conoce como «juicio particular» y solo el alma lo goza o lo sufre, y puede darse el caso de ser transitorio, mientras que el «juicio final» es definitivo y se vive en cuerpo y alma, para bien o para mal, como ya lo expliqué.

Dice nuestro *Catecismo* en el numeral 1022: «Cada hombre, después de morir, recibe en su alma inmortal su retribución eterna en un juicio particular que refiere su vida a Cristo, bien a través de una purificación, bien para entrar inmediatamente en la bienaventuranza del cielo, bien para condenarse inmediatamente para siempre».

Viene bien citar acá el equivalente de este artículo en el Credo de los Apóstoles que dice: «Y [creo en] la vida eterna» [203]. Nuestra experiencia física nos enseña que todo tiene una fecha de caducidad: aun esos enormes objetos celestiales que llamamos estrellas son perecederos, ellas mueren después de una muy larga vida: son pasajeras. La vida eterna hace referencia a una vida donde no existe la muerte, un lugar como el que vio el apóstol Juan: «Vi un cielo nuevo y una tierra nueva; porque el primer cielo y la primera tierra pasaron, y el mar ya no existía más. Y yo, Juan, vi la santa ciudad, la nueva Jerusalén, descender del cielo, de Dios, dispuesta como una esposa ataviada para su marido» (Apocalipsis 21,1-2). Un lugar donde se experimente la felicidad perpetua[204], sin nada que la limite ni arruine, finalmente hemos sido creados para un destino feliz situado más allá de las fronteras de la miseria terrestre y aunque las Sagradas Escrituras le dan otros muchos nombres que intentan explicar esta sublime experiencia, como el de «reino de Dios», «reino de Cristo», «reino de los cielos», «paraíso», «ciudad santa», «nueva Jerusalén» o «casa del Padre», no hay nombre ninguno que pueda expresar perfectamente su esencia con palabras adecuadas. Siempre nos quedaremos cortos.

¿Y qué pasa con los que no conocen a Cristo? Todos los hombres, buenos y malos, han sido creados a imagen y semejanza de Dios. Los bautizados además están marcados de manera imborrable como sus

---

[203] La vida eterna es la que comienza inmediatamente después de la muerte. Esta vida no tendrá fin; será precedida para cada uno por un juicio particular por parte de Cristo, juez de vivos y muertos, y será ratificada en el juicio final. Compendio del *Catecismo de la Iglesia católica*, n.° 207

[204] Como la definieron algunos padres de la Iglesia: el lugar donde desaparecen todos los males y se adquieren todos los bienes.

hijos. ¿Permitirán El Padre, Hijo y Espíritu Santo que sus imágenes vivientes se condenen en masa? El Vaticano II afirmó:

> Si el Espíritu de Aquel que resucitó a Jesús de entre los muertos habita en vosotros, el que resucitó a Cristo Jesús de entre los muertos dará también vida a vuestros cuerpos mortales por virtud de su Espíritu que habita en vosotros (Romanos 8,11). Urgen al cristiano la necesidad y el deber de luchar, con muchas tribulaciones, contra el demonio, e incluso de padecer la muerte. Pero, asociado al misterio pascual, configurado con la muerte de Cristo, llegará, corroborado por la esperanza, a la resurrección.
>
> Esto vale no solamente para los cristianos, sino también para todos los hombres de buena voluntad, en cuyo corazón obra la gracia de modo invisible. Cristo murió por todos, y la vocación suprema del hombre en realidad es una sola; es decir, la divina. En consecuencia, debemos creer que el Espíritu Santo ofrece a todos la posibilidad de que, en la forma de solo Dios conocida, se asocien a este misterio pascual (constitución pastoral *Gaudium et Spes* 22).

Como se ha dicho, no existen palabras para describir lo que nos deparara esa vida en el mundo futuro, pero las Escrituras nos ayudan a atisbar pequeñas piezas de ese enorme rompecabezas de la vida eterna. Cuando el Maestro terminó de cenar en su última pascua terrenal, tuvo una larga conversación con sus apóstoles y les reveló una de las cosas más hermosas que podemos saber con respecto a lo que nos espera después de la muerte: «En la casa de mi Padre hay muchos lugares donde vivir; si no fuera así, yo no les hubiera dicho que voy a prepararles un lugar. Y después de irme y de prepararles un lugar, vendré otra vez para llevarlos conmigo, para que ustedes estén en el mismo lugar en donde yo voy a estar» (Juan 14,2-3).

Para donde vamos no es un lugar cualquiera, desconocido ni improvisado, ¡no! Es un lugar que el mismo Jesús se fue a prepararnos, así que podemos esperar un lugar familiar que nos va a hacer sentir en nuestro verdadero hogar. Como dijera Pedro cuando se sintió tan cómodo en la montaña con el Maestro transfigurado en compañía de

Moisés y Elías, que lo motivó a decir que si quería hacía tres casas para que todos se quedaran a vivir en ese lugar (ver Mateo 17,1-8). Jesús ya estuvo ahí haciendo todo lo necesario para que cuando ocupemos nuestra «alcoba» nos sintamos como nunca y estemos eternamente con Él.

Volviendo a la parábola de Lázaro y el hombre rico, también se nos revela que nuestro ángel de la guarda nos acompañará al umbral de la muerte, y no podría ser de otra manera, ya que este será el viaje más importante de toda nuestra vida. Él nos entregara a las manos bondadosas del Padre, como entrega el padre de la novia a su prometido ante el altar. En algunos funerales podemos escuchar el canto gregoriano *In paradisum deducant te angeli*, que recoge esta revelación diciendo:

> Al paraíso te conduzcan los ángeles;
> a tu llegada te reciban los mártires,
> y te conduzcan a la ciudad santa de Jerusalén.
> El coro de los ángeles te reciba,
> y con Lázaro otrora pobre
> tengas el eterno descanso[205].

Nos reencontraremos con aquellos que hemos amado y aunque nos resulte imposible imaginar cómo será ese encuentro, porque cualquier esfuerzo de hacerlo siempre estará enmarcado en un contexto físico sujeto del tiempo y espacio que solo existe acá, sí podemos decir que esa reunión con Dios y con los demás saciará nuestro más profundo deseo de unidad. Pero el reencuentro con los que hemos interactuado no será una simple continuación de lo que hemos vivido aquí en la tierra. Sera una forma distinta de comunidad, una donde solo se vivirá lo que el más puro amor produce. Dijo Jesús a los saduceos —que no creían en la resurrección—: «En la vida presente, los hombres y las mujeres se casan; pero aquellos que Dios juzgue que merecen gozar de la vida venidera y resucitar, sean hombres o mujeres, ya no se casarán, porque

[205] La letra es en latín y siempre es cantada en este idioma.

ya no pueden morir. Pues serán como los ángeles, y serán hijos de Dios por haber resucitado» (Lucas 20,34-36).

Dice el Señor que seremos como ángeles, pero eso no quiere decir que existiremos incorpóreos —creo que ha quedado claro que resucitaremos en cuerpo y alma—. Los ángeles son los que contemplan siempre a Dios: «Guardaos de menospreciar a uno de estos pequeños; porque yo os digo que sus ángeles, en los cielos, ven continuamente el rostro de mi Padre que está en los cielos» (Mateo 18,10 y ver Apocalipsis 4,6-11). Allá viviremos para nuestro Padre y por Él «todos, en efecto, viven para Él» (Lucas 20,38).

Podemos preguntar a los cinco hijos de una madre que nos describan cómo es ella y, muy seguramente, ninguno de ellos nos dará una misma versión. Tendrán puntos de coincidencia como su amor por ellos, su bondad, su generosidad y su ternura, pero no describirán a la misma persona. Nuestra humanidad limitada nos impide reconocer con claridad y transparencia los frutos del amor de Dios en cada uno de nosotros. Igual nos ocurre con Jesucristo. Tratamos de hacernos una imagen de Él y actuar de acuerdo con su ejemplo y enseñanzas, pero moriremos en el intento. La buena noticia es que, al momento de la muerte, ya despojados del cuerpo que nos limita, lo veremos en su real y verdadera esencia y por fin lograremos entender las palabras del apóstol Juan: «Dios es amor» (1 Juan 4,16).

Todos, absolutamente todos, tendremos la oportunidad de ver cara a cara a la Trinidad, aunque durante nuestro paso por la tierra no hayamos escuchado nunca de ellos: «Vayan, pues, ustedes a las calles principales, e inviten al banquete a todos los que encuentren» (Mateo 22,9). Por un instante todos tendrán la oportunidad de hacerse cristianos y entregarse en plenitud al Padre y decidirse a vivir con Él, por Él y en Él, aunque algunos habrán de atravesar un proceso de purificación. Esto es válido no solo para los ateos, sino también para los discapacitados mentales, los que nunca pudieron ejercer la libertad de conciencia, los infantes que nunca llegaron a una vida adulta y los que no salieron con vida del vientre materno. «La gente de todas las naciones se reunirá delante de Él» (Mateo 25,32).

Lo primero que vemos quienes hemos tenido la oportunidad de visitar la Basílica de San Pedro, en el Vaticano, al entrar por la puerta más a la derecha es la famosa obra de Miguel Ángel: *La Piedad*. Una pieza de mármol de casi dos metros de alto que plasma la imagen de María con el cuerpo recién descolgado de la cruz de su hijo en su regazo. El artista muestra a la madre ajena del dolor que experimentó tan solo unos instantes atrás, su rostro contemplativo, dirigido a la humanidad de su hijo en un tono sereno, nos obliga a preguntarnos ¿por qué no está afligida ante la pérdida de su hijo? Solo la certeza de saber que esa muerte era pasajera podría borrar el dolor que cualquier madre experimentaría en un momento como ese, por eso podemos decir llenos de confianza: «Santa María, Madre de Dios, ruega por nosotros los pecadores ahora y en la hora de nuestra muerte». La muerte es un volver a nacer y ese es nuestro destino: «Les aseguro que si el grano de trigo al caer en tierra no muere, queda él solo; pero si muere, da abundante cosecha» (Juan 12,24). Naceremos nuevamente a vivir una vida que estamos lejos de imaginar ¿en qué se parece la pepa de un mango a un árbol de mango?

En la audiencia general del 27 de noviembre de 2013, el papa Francisco hizo una reflexión sobre este artículo:

> Entre nosotros, por lo general, existe un modo erróneo de mirar la muerte. La muerte nos atañe a todos, y nos interroga de modo profundo, especialmente cuando nos toca de cerca, o cuando golpea a los pequeños, a los indefensos, de una manera que nos resulta «escandalosa». A mí siempre me ha impresionado la pregunta: ¿por qué sufren los niños?, ¿por qué mueren los niños? Si se la entiende como el final de todo, la muerte asusta, aterroriza, se transforma en amenaza que quebranta cada sueño, cada perspectiva, que rompe toda relación e interrumpe todo camino. Esto sucede cuando consideramos nuestra vida como un tiempo cerrado entre dos polos: el nacimiento y la muerte; cuando no creemos en un horizonte que va más allá de la vida presente; cuando se vive como si Dios no existiese. Esta concepción de la muerte es típica del pensamiento ateo, que

interpreta la existencia como un encontrarse casualmente en el mundo y un caminar hacia la nada. Pero existe también un ateísmo práctico, que es un vivir solo para los propios intereses y vivir solo para las cosas terrenas. Si nos dejamos llevar por esta visión errónea de la muerte, no tenemos otra opción que la de ocultar la muerte, negarla o banalizarla, para que no nos cause miedo.

Pero a esta falsa solución se rebela el corazón del hombre, el deseo que todos nosotros tenemos de infinito, la nostalgia que todos nosotros tenemos de lo eterno. Entonces, ¿cuál es el sentido cristiano de la muerte? Si miramos los momentos más dolorosos de nuestra vida, cuando hemos perdido a una persona querida —los padres, un hermano, una hermana, un cónyuge, un hijo, un amigo—, nos damos cuenta de que, incluso en el drama de la pérdida y desgarrados por la separación, sube desde el corazón la convicción de que no puede acabarse todo, que el bien dado y recibido no fue inútil. Hay un instinto poderoso dentro de nosotros que nos dice que nuestra vida no termina con la muerte.

Esta sed de vida encontró su respuesta real y confiable en la resurrección de Jesucristo. La resurrección de Jesús no da solo la certeza de la vida más allá de la muerte, sino que ilumina también el misterio mismo de la muerte de cada uno de nosotros. Si vivimos unidos a Jesús, fieles a Él, seremos capaces de afrontar con esperanza y serenidad incluso el paso de la muerte. La Iglesia, en efecto, reza: «Si nos entristece la certeza de tener que morir, nos consuela la promesa de la inmortalidad futura». Es esta una hermosa oración de la Iglesia. Una persona tiende a morir como ha vivido. Si mi vida fue un camino con el Señor, un camino de confianza en su inmensa misericordia, estaré preparado para aceptar el momento último de mi vida terrena como el definitivo abandono confiado en sus manos acogedoras, a la espera de contemplar cara a cara su rostro. Esto es lo más hermoso que nos puede suceder: contemplar cara a cara el rostro maravilloso del Señor, verlo como Él es, lleno de luz, amor y ternura. Nosotros vayamos hasta este punto: contemplar al Señor.

En este horizonte se comprende la invitación de Jesús a estar siempre preparados, vigilantes, sabiendo que la vida en este mundo se nos ha dado también para preparar la otra vida, la vida con el Padre celestial. Y por ello existe una vía segura: prepararse bien a la muerte, estando cerca de Jesús. Ésta es la seguridad: yo me preparo a la muerte estando cerca de Jesús. ¿Cómo se está cerca de Jesús? Con la oración, los sacramentos y también con la práctica de la caridad. Recordemos que Él está presente en los más débiles y necesitados. Él mismo se identificó con ellos, en la famosa parábola del juicio final, cuando dice: «Tuve hambre y me disteis de comer, tuve sed y me disteis de beber, fui forastero y me hospedasteis, estuve desnudo y me vestisteis, enfermo y me visitasteis, en la cárcel y vinisteis a verme... Cada vez que lo hicisteis con uno de estos mis hermanos más pequeños, conmigo lo hicisteis» (Mateo 25,35-36.40). Por lo tanto, una vía segura es recuperar el sentido de la caridad cristiana y de la participación fraterna, hacernos cargo de las llagas corporales y espirituales de nuestro prójimo. La solidaridad al compartir el dolor e infundir esperanza es prólogo y condición para recibir en herencia el reino preparado para nosotros. Quien practica la misericordia no teme la muerte. Pensad bien en esto: ¡quien practica la misericordia no teme la muerte! ¿Estáis de acuerdo? ¿Lo decimos juntos para no olvidarlo? Quien practica la misericordia no teme a la muerte. ¿Por qué no teme a la muerte? Porque la mira a la cara en las heridas de los hermanos y la supera con el amor de Jesucristo.

Si abrimos la puerta de nuestra vida y de nuestro corazón a los hermanos más pequeños, entonces incluso nuestra muerte se convertirá en una puerta que nos introducirá en el cielo, en la patria bienaventurada, hacia la cual nos dirigimos, anhelando morar para siempre con nuestro Padre Dios, con Jesús, con la Virgen y con los santos.

AMÉN

Dios es testigo de que nosotros no les decimos a ustedes «sí» y «no» al mismo tiempo. Porque Jesucristo, el Hijo de Dios, a quien Silvano, Timoteo y yo predicamos entre ustedes, no fue «sí» y «no» al mismo tiempo. Dios ha dado en Cristo para siempre su «sí», pues en él se cumplen todas las promesas de Dios. Por esto, cuando alabamos a Dios, decimos «Amén» por medio de Cristo Jesús.

2 Corintios 1,18-20

«Amén» es una palabra de origen hebreo que suele interpretarse como «que así sea»[206], con un sentido aprobatorio, o «así es»[207], como señal de reafirmación. No es una palabra que se traduce de idioma a idioma, solo cuando hay que hacer cambio de alfabeto, y prácticamente su pronunciación se ha conservado en casi todos los idiomas en los que

[206] Esta es la palabra que vino a Jeremías de parte del Señor: «Oigan las palabras de este pacto, y díganlas a los hombres de Judá y a los habitantes de Jerusalén. Les dirán: "Así dice el Señor, Dios de Israel: 'Maldito el hombre que no obedezca las palabras de este pacto que mandé a sus padres el día que los saqué de la tierra de Egipto, del horno de hierro, y les dije: "Escuchen mi voz, y hagan conforme a todo lo que yo les mando; y ustedes serán mi pueblo, y yo seré su Dios", para confirmar el juramento que juré a sus padres, de darles una tierra que mana leche y miel, como lo es hoy'"». Entonces respondí: «Amén, Señor» (Jeremías 11,1-5).

[207] Bendito sea el Señor, Dios de Israel, Desde la eternidad y hasta la eternidad. Y todo el pueblo diga: «Amén». ¡Aleluya! (Salmo 106,48).

se ha traducido la Biblia, por lo que podemos decir que más que una traducción es una transliteración[208].

Durante la misa decimos esta palabra más de una docena de veces y una de ellas es cuando terminamos de recitar este Credo. La primera palabra que desarrollé en la explicación de esta oración fue «creo» y citaba la definición del *Diccionario de la lengua de la Real Academia Española*: «Tener algo por cierto sin conocerlo de manera directa o sin que esté comprobado o demostrado». Ahora, después de escuchar todo el compendio de creencias y su razón de ser dentro de nuestro plan de salvación, podemos decir «amén» en estas dos definiciones; por una parte, expresamos nuestra certeza de que todo lo que hemos proclamado en esta profesión de fe es cierta y, por otra, que nos adherimos por completo a ella.

Esta oración ha expresado con claridad y sin rodeos, de forma práctica, todo el conjunto de creencias que nos hace católicos. Se ha cumplido el propósito que dio vida a esta oración: ofrecernos de manera inequívoca lo que nos une y mantiene como una comunidad de pueblo elegido de Dios dentro de un plan de salvación con la Trinidad actuando durante toda nuestra historia, por ello tomamos aire para pronunciar un «amén» que sale de lo más profundo de nuestro ser al sabernos amados y acompañados por nuestro Padre, a pesar de nuestra terca insistencia de alejarnos de Él desde el principio mismo de nuestra historia.

La Biblia, el Credo, el Padre nuestro, el Ave María, el Gloria y la inmensa cantidad de oraciones litúrgicas terminan con un «amén», a manera de rúbrica de nuestra adherencia a lo que en ellas se dice y al consecuente compromiso que se desprende de llevar una vida acorde a lo que proclamamos que creemos. También estamos reconociendo que creemos que Dios está escuchando nuestra oración y que a su debido tiempo nos responderá.

---

[208] Una transliteración es cuando la palabra se pronuncia de la misma manera que en el idioma original, y solo se le dan letras que tienen sentido en el nuevo idioma.

APÉNDICE

†

Credo del Pueblo de Dios

Solemne Profesión de fe que Pablo VI pronunció el 30 de junio de 1968, al concluir el Año de la fe proclamado con motivo del XIX centenario del martirio de los apóstoles Pedro y Pablo en Roma.

Venerables hermanos y queridos hijos:

1. Clausuramos con esta liturgia solemne tanto la conmemoración del XIX centenario del martirio de los santos apóstoles Pedro y Pablo como el año que hemos llamado de la fe. Pues hemos dedicado este año a conmemorar a los santos apóstoles, no sólo con la intención de testimoniar nuestra inquebrantable voluntad de conservar íntegramente el depósito de la fe (ver 1 Timoteo 6,20), que ellos nos transmitieron, sino también con la de robustecer nuestro propósito de llevar la misma fe en este tiempo en que la Iglesia tiene que peregrinar en medio de este mundo.

2. Pensamos que es ahora nuestro deber manifestar públicamente nuestra gratitud a aquellos fieles cristianos que, respondiendo a nuestras invitaciones, hicieron que el año llamado de la fe obtuviera suma abundancia de frutos, sea dando una adhesión más profunda a la palabra de Dios, sea renovando en muchas comunidades la profesión de fe, sea confirmando la fe misma con claros testimonios de vida cristiana. Por

ello, a la vez que expresamos nuestro reconocimiento, sobre todo a nuestros hermanos en el episcopado y a todos los hijos de la Iglesia católica, les otorgamos nuestra bendición apostólica.

3. Juzgamos además que debemos cumplir el mandato confiado por Cristo a Pedro, de quien, aunque muy inferior en méritos, somos sucesor; a saber: que confirmemos en la fe a los hermanos (ver Lucas 22,32). Por lo cual, aunque somos conscientes de nuestra pequeñez, con aquella inmensa fuerza de ánimo que tomamos del mandato que nos ha sido entregado, vamos a hacer una profesión de fe y a pronunciar una fórmula que comienza con la palabra «creo», la cual, aunque no haya que llamarla verdadera y propiamente definición dogmática, sin embargo, repite substancialmente, con algunas explicaciones postuladas por las condiciones espirituales de esta nuestra época, la fórmula nicena: es decir, la fórmula de la tradición inmortal de la santa Iglesia de Dios.

4. Bien sabemos, al hacer esto, por qué perturbaciones están hoy agitados, en lo tocante a la fe, algunos grupos de hombres. Los cuales no escaparon al influjo de un mundo que se está transformando enteramente, en el que tantas verdades son o completamente negadas o puestas en discusión. Más aún: vemos incluso a algunos católicos como cautivos de cierto deseo de cambiar o de innovar. La Iglesia juzga que es obligación suya no interrumpir los esfuerzos para penetrar más y más en los misterios profundos de Dios, de los que tantos frutos de salvación manan para todos, y, a la vez, proponerlos a los hombres de las épocas sucesivas cada día de un modo más apto. Pero, al mismo tiempo, hay que tener sumo cuidado para que, mientras se realiza este necesario deber de investigación, no se derriben verdades de la doctrina cristiana. Si esto sucediera —y vemos dolorosamente que hoy sucede en realidad—, ello llevaría la perturbación y la duda a los fieles ánimos de muchos.

5. A este propósito, es de suma importancia advertir que, además de lo que es observable y de lo descubierto por medio de las ciencias, la inteligencia, que nos ha sido dada por Dios, puede llegar a *lo que es*,

no sólo a significaciones subjetivas de lo que llaman estructuras, o de la evolución de la conciencia humana. Por lo demás, hay que recordar que pertenece a la interpretación o hermenéutica el que, atendiendo a la palabra que ha sido pronunciada, nos esforcemos por entender y discernir el sentido contenido en tal texto, pero no innovar, en cierto modo, este sentido, según la arbitrariedad de una conjetura.

6. Sin embargo, ante todo, confiarnos firmísimamente en el Espíritu Santo, que es el alma de la Iglesia, y en la fe teologal, en la que se apoya la vida del Cuerpo místico. No ignorando, ciertamente, que los hombres esperan las palabras del Vicario de Cristo, satisfacemos por ello esa su expectación con discursos y homilías, que nos agrada tener muy frecuentemente. Pero hoy se nos ofrece la oportunidad de proferir una palabra más solemne.

7. Así, pues, este día, elegido para clausurar el año llamado de la fe, y en esta celebración de los santos apóstoles Pedro y Pablo, queremos prestar a Dios, sumo y vivo, el obsequio de la profesión de fe. Y como en otro tiempo, en Cesarea de Filipo, Simón Pedro, fuera de las opiniones de los hombres, confesó verdaderamente, en nombre de los doce apóstoles, a Cristo, Hijo del Dios vivo, así hoy su humilde Sucesor y Pastor de la Iglesia universal, en nombre de todo el pueblo de Dios, alza su voz para dar un testimonio firmísimo a la Verdad divina, que ha sido confiada a la Iglesia para que la anuncie a todas las gentes.

Queremos que esta nuestra profesión de fe sea lo bastante completa y explícita para satisfacer, de modo apto, a la necesidad de luz que oprime a tantos fieles y a todos aquellos que en el mundo —sea cual fuere el grupo espiritual a que pertenezcan— buscan la Verdad.

Por tanto, para gloria de Dios omnipotente y de nuestro Señor Jesucristo, poniendo la confianza en el auxilio de la Santísima Virgen María y de los bienaventurados apóstoles Pedro y Pablo, para utilidad espiritual y progreso de la Iglesia, en nombre de todos los sagrados pastores y fieles cristianos, y en plena comunión con vosotros, hermanos e hijos queridísimos, pronunciamos ahora esta profesión de fe.

Unidad y Trinidad de Dios

8. Creemos en un solo Dios, Padre, Hijo y Espíritu Santo, Creador de las cosas visibles —como es este mundo en que pasamos nuestra breve vida— y de las cosas invisibles —como son los espíritus puros, que llamamos también ángeles — y también Creador, en cada hombre, del alma espiritual e inmortal.

9. Creemos que este Dios único es tan absolutamente uno en su santísima esencia como en todas sus demás perfecciones: en su omnipotencia, en su ciencia infinita, en su providencia, en su voluntad y caridad. Él es el que es, como Él mismo reveló a Moisés (ver Éxodo 3,14), él es *Amor*, como nos enseñó el apóstol Juan (ver 1 Juan 4,8) de tal manera que estos dos nombres, Ser y Amor, expresan inefablemente la misma divina esencia de aquel que quiso manifestarse a sí mismo a nosotros y que, habitando la luz inaccesible (ver 1 Timoteo 6,16), está en sí mismo sobre todo nombre y sobre todas las cosas e inteligencias creadas. Sólo Dios puede otorgarnos un conocimiento recto y pleno de sí mismo, revelándose a sí mismo como Padre, Hijo y Espíritu Santo, de cuya vida eterna estamos llamados por la gracia a participar, aquí, en la tierra, en la oscuridad de la fe, y después de la muerte, en la luz sempiterna. Los vínculos mutuos que constituyen a las tres personas desde toda la eternidad, cada una de las cuales es el único y mismo Ser divino, son la vida íntima y dichosa del Dios santísimo, la cual supera infinitamente todo aquello que nosotros podemos entender de modo humano.

Sin embargo, damos gracias a la divina bondad de que tantísimos creyentes puedan testificar con nosotros ante los hombres la unidad de Dios, aunque no conozcan el misterio de la Santísima Trinidad.

10. Creemos, pues, en Dios, que en toda la eternidad engendra al Hijo; creemos en el Hijo, Verbo de Dios, que es engendrado desde la eternidad; creemos en el Espíritu Santo, persona increada, que procede del Padre y del Hijo como Amor sempiterno de ellos. Así, en las tres personas divinas, que son eternas entre sí e iguales entre sí, la vida y la felicidad de Dios enteramente uno abunda sobremanera y se consuman

con excelencia suma y gloria propia de la esencia increada; y siempre hay que venerar la unidad en la trinidad y la trinidad en la unidad.

Cristología

11. Creemos en nuestro Señor Jesucristo, el Hijo de Dios. Él es el Verbo eterno, nacido del Padre antes de todos los siglos y consubstancial al Padre, (*homoousios to Patri*), por quien han sido hechas todas las cosas. Y se encarnó por obra del Espíritu Santo, de María la Virgen, y se hizo hombre: igual, por tanto, al Padre según la divinidad, menor que el Padre según la humanidad, completamente uno, no por confusión (que no puede hacerse) de la substancia, sino por unidad de la persona.

12. Él mismo habitó entre nosotros lleno de gracia y de verdad. Anunció y fundó el reino de Dios, manifestándonos en sí mismo al Padre. Nos dio su mandamiento nuevo de que nos amáramos los unos a los otros como Él nos amó. Nos enseñó el camino de las bienaventuranzas evangélicas, a saber: ser pobres en espíritu y mansos, tolerar los dolores con paciencia, tener sed de justicia, ser misericordiosos, limpios de corazón, pacíficos y padecer persecución por la justicia. Padeció bajo Poncio Pilato; Cordero de Dios, que lleva los pecados del mundo, murió por nosotros clavado a la cruz, trayéndonos la salvación con la sangre de la redención. Fue sepultado y resucitó por su propio poder al tercer día, elevándonos por su resurrección a la participación de la vida divina, que es la gracia. Subió al cielo, de donde ha de venir de nuevo, entonces con gloria, para juzgar a los vivos y a los muertos, a cada uno según los propios méritos: los que hayan respondido al amor y a la piedad de Dios irán a la vida eterna, pero los que los hayan rechazado hasta el final serán destinados al fuego que nunca cesará.

Y su reino no tendrá fin.

El Espíritu Santo

13. Creemos en el Espíritu Santo, Señor y vivificador que, con el Padre y el Hijo, es juntamente adorado y glorificado. Que habló por los profetas; nos fue enviado por Cristo después de su resurrección y ascensión al Padre; ilumina, vivifica, protege y rige la Iglesia, cuyos miembros purifica con tal que no desechen la gracia. Su acción, que penetra lo íntimo del alma, hace apto al hombre de responder a aquel precepto de Cristo: «Sed perfectos como también es perfecto vuestro Padre celeste» (ver Mateo 5,48).

Mariología

14. Creemos que la bienaventurada María, que permaneció siempre Virgen, fue la Madre del Verbo encarnado, Dios y Salvador nuestro, Jesucristo y que ella, por su singular elección, en atención a los méritos de su Hijo redimida de modo más sublime, fue preservada inmune de toda mancha de culpa original y que supera ampliamente en don de gracia eximia a todas las demás criaturas.

15. Ligada por un vínculo estrecho e indisoluble al misterio de la encarnación y de la redención, la Beatísima Virgen María, Inmaculada, terminado el curso de la vida terrestre, fue asunta en cuerpo y alma a la gloria celeste, y hecha semejante a su Hijo, que resucitó de los muertos, recibió anticipadamente la suerte de todos los justos; creemos que la Santísima Madre de Dios, nueva Eva, Madre de la Iglesia, continúa en el cielo ejercitando su oficio materno con respecto a los miembros de Cristo, por el que contribuye para engendrar y aumentar la vida divina en cada una de las almas de los hombres redimidos.

Pecado original

16. Creemos que todos pecaron en Adán; lo que significa que la culpa original cometida por él hizo que la naturaleza, común a todos los hombres, cayera en un estado tal en el que padeciese las consecuencias

de aquella culpa. Este estado ya no es aquel en el que la naturaleza humana se encontraba al principio en nuestros primeros padres, ya que estaban constituidos en santidad y justicia, y en el que el hombre estaba exento del mal y de la muerte. Así, pues, esta naturaleza humana, caída de esta manera, destituida del don de la gracia del que antes estaba adornada, herida en sus mismas fuerzas naturales y sometida al imperio de la muerte, es dada a todos los hombres; por tanto, en este sentido, todo hombre nace en pecado. Mantenemos, pues, siguiendo el Concilio de Trento, que el pecado original se transmite, juntamente con la naturaleza humana, por propagación, no por imitación, y que se halla como propio en cada uno.

17. Creemos que nuestro Señor Jesucristo nos redimió, por el sacrificio de la cruz, del pecado original y de todos los pecados personales cometidos por cada uno de nosotros, de modo que se mantenga verdadera la afirmación del Apóstol: «Donde abundó el pecado sobreabundó la gracia» (ver Romanos 5,20).

18. Confesamos creyendo un solo bautismo instituido por nuestro Señor Jesucristo para el perdón de los pecados. Que el bautismo hay que conferirlo también a los niños, que todavía no han podido cometer por sí mismos ningún pecado, de modo que, privados de la gracia sobrenatural en el nacimiento nazcan de nuevo, del agua y del Espíritu Santo, a la vida divina en Cristo Jesús.

La Iglesia

19. Creemos en la Iglesia una, santa, católica y apostólica, edificada por Jesucristo sobre la piedra, que es Pedro. Ella es el Cuerpo místico de Cristo, sociedad visible, equipada de órganos jerárquicos y, a la vez, comunidad espiritual; Iglesia terrestre, Pueblo de Dios peregrinante aquí en la tierra e Iglesia enriquecida por bienes celestes, germen y comienzo del reino de Dios, por el que la obra y los sufrimientos de la redención se continúan a través de la historia humana, y que con todas las fuerzas anhela la consumación perfecta, que ha de ser conseguida después del fin de los tiempos en la gloria celeste. Durante el transcurso de los

tiempos, el Señor Jesús forma a su Iglesia por medio de los sacramentos, que manan de su plenitud. Porque la Iglesia hace por ellos que sus miembros participen del misterio de la muerte y la resurrección de Jesucristo, por la gracia del Espíritu Santo, que la vivifica y la mueve. Es, pues, santa, aunque abarque en su seno pecadores, porque ella no goza de otra vida que de la vida de la gracia; sus miembros, ciertamente, si se alimentan de esta vida, se santifican; si se apartan de ella, contraen pecados y manchas del alma que impiden que la santidad de ella se difunda radiante. Por lo que se aflige y hace penitencia por aquellos pecados, teniendo poder de librar de ellos a sus hijos por la sangre de Cristo y el don del Espíritu Santo.

20. Heredera de las divinas promesas e hija de Abrahán según el Espíritu, por medio de aquel Israel, cuyos libros sagrados conserva con amor y cuyos patriarcas y profetas venera con piedad; edificada sobre el fundamento de los apóstoles, cuya palabra siempre viva y cuyos propios poderes de pastores transmite fielmente a través de los siglos en el Sucesor de Pedro y en los obispos que guardan comunión con él; gozando finalmente de la perpetua asistencia del Espíritu Santo, compete a la Iglesia la misión de conservar, enseñar, explicar y difundir aquella verdad que, bosquejada hasta cierto punto por los profetas, Dios reveló a los hombres plenamente por el Señor Jesús. Nosotros creemos todas aquellas cosas que se contienen en la palabra de Dios escrita o transmitida y son propuestas por la Iglesia, o con juicio solemne, o con magisterio ordinario y universal, para ser creídas como divinamente reveladas. Nosotros creemos en aquella infalibilidad de que goza el Sucesor de Pedro cuando habla *ex cathedra* y que reside también en el Cuerpo de los obispos cuando ejercen con el mismo el supremo magisterio.

21. Nosotros creemos que la Iglesia, que Cristo fundó y por la que rogó, es sin cesar una por la fe, y el culto, y el vínculo de la comunión jerárquica. La abundantísima variedad de ritos litúrgicos en el seno de esta Iglesia o la diferencia legítima de patrimonio teológico y espiritual y de disciplina peculiares no sólo no dañan a la unidad de la misma, sino que más bien la manifiestan.

22. Nosotros también, reconociendo por una parte que fuera de la estructura de la Iglesia de Cristo se encuentran muchos elementos de santificación y verdad, que como dones propios de la misma Iglesia empujan a la unidad católica, y creyendo, por otra parte, en la acción del Espíritu Santo, que suscita en todos los discípulos de Cristo el deseo de esta unidad, esperamos que los cristianos que no gozan todavía de la plena comunión de la única Iglesia se unan finalmente en un solo rebaño con un solo Pastor.

23. Nosotros creemos que la Iglesia es necesaria para la salvación. Porque sólo Cristo es el Mediador y el camino de la salvación que, en su Cuerpo, que es la Iglesia, se nos hace presente. Pero el propósito divino de salvación abarca a todos los hombres: y aquellos que, ignorando sin culpa el Evangelio de Cristo y su Iglesia, buscan, sin embargo, a Dios con corazón sincero y se esfuerzan, bajo el influjo de la gracia, por cumplir con obras su voluntad, conocida por el dictamen de la conciencia, ellos también, en un número ciertamente que sólo Dios conoce, pueden conseguir la salvación eterna.

Eucaristía

24. Nosotros creemos que la misa que es celebrada por el sacerdote representando la persona de Cristo, en virtud de la potestad recibida por el sacramento del orden, y que es ofrecida por él en nombre de Cristo y de los miembros de su Cuerpo místico, es realmente el sacrificio del Calvario, que se hace sacramentalmente presente en nuestros altares. Nosotros creemos que, como el pan y el vino consagrados por el Señor en la última Cena se convirtieron en su cuerpo y su sangre, que en seguida iban a ser ofrecidos por nosotros en la cruz, así también el pan y el vino consagrados por el sacerdote se convierten en el cuerpo y la sangre de Cristo, sentado gloriosamente en los cielos; y creemos que la presencia misteriosa del Señor bajo la apariencia de aquellas cosas, que continúan apareciendo a nuestros sentidos de la misma manera que antes, es verdadera, real y substancial.

25. En este sacramento, Cristo no puede hacerse presente de otra manera que, por la conversión de toda la substancia del pan en su cuerpo y la conversión de toda la substancia del vino en su sangre, permaneciendo solamente íntegras las propiedades del pan y del vino, que percibimos con nuestros sentidos. La cual conversión misteriosa es llamada por la Santa Iglesia conveniente y propiamente *transubstanciación*. Cualquier interpretación de teólogos que busca alguna inteligencia de este misterio, para que concuerde con la fe católica, debe poner a salvo que, en la misma naturaleza de las cosas, independientemente de nuestro espíritu, el pan y el vino, realizada la consagración, han dejado de existir, de modo que, el adorable cuerpo y sangre de Cristo, después de ella, están verdaderamente presentes delante de nosotros bajo las especies sacramentales del pan y del vino, como el mismo Señor quiso, para dársenos en alimento y unirnos en la unidad de su Cuerpo místico.

26. La única e indivisible existencia de Cristo, el Señor glorioso en los cielos, no se multiplica, pero por el sacramento se hace presente en los varios lugares del orbe de la tierra, donde se realiza el sacrificio eucarístico. La misma existencia, después de celebrado el sacrificio, permanece presente en el Santísimo Sacramento, el cual, en el tabernáculo del altar, es como el corazón vivo de nuestros templos. Por lo cual estamos obligados, por obligación ciertamente suavísima, a honrar y adorar en la Hostia Santa que nuestros ojos ven, al mismo Verbo encarnado que ellos no pueden ver, y que, sin embargo, se ha hecho presente delante de nosotros sin haber dejado los cielos.

Escatología

27. Confesamos igualmente que el reino de Dios, que ha tenido en la Iglesia de Cristo sus comienzos aquí en la tierra, no es de este mundo (ver Juan 18,36), cuya figura pasa (ver 1 Corintios 7,31), y también que sus crecimientos propios no pueden juzgarse idénticos al progreso de la cultura de la humanidad o de las ciencias o de las artes técnicas, sino que consiste en que se conozcan cada vez más profundamente las

riquezas insondables de Cristo, en que se ponga cada vez con mayor constancia la esperanza en los bienes eternos, en que cada vez más ardientemente se responda al amor de Dios; finalmente, en que la gracia y la santidad se difundan cada vez más abundantemente entre los hombres. Pero con el mismo amor es impulsada la Iglesia para interesarse continuamente también por el verdadero bien temporal de los hombres. Porque, mientras no cesa de amonestar a todos sus hijos que no tienen aquí en la tierra ciudad permanente (ver Hebreos 13,14), los estimula también, a cada uno según su condición de vida y sus recursos, a que fomenten el desarrollo de la propia ciudad humana, promuevan la justicia, la paz y la concordia fraterna entre los hombres y presten ayuda a sus hermanos, sobre todo a los más pobres y a los más infelices. Por lo cual, la gran solicitud con que la Iglesia, Esposa de Cristo, sigue de cerca las necesidades de los hombres, es decir, sus alegrías y esperanzas, dolores y trabajos, no es otra cosa sino el deseo que la impele vehementemente a estar presente a ellos, ciertamente con la voluntad de iluminar a los hombres con la luz de Cristo, y de congregar y unir a todos en aquel que es su único Salvador. Pero jamás debe interpretarse esta solicitud como si la Iglesia se acomodase a las cosas de este mundo o se resfriase el ardor con que ella espera a su Señor y el reino eterno.

28. Creemos en la vida eterna. Creemos que las almas de todos aquellos que mueren en la gracia de Cristo —tanto las que todavía deben ser purificadas con el fuego del purgatorio como las que son recibidas por Jesús en el paraíso en seguida que se separan del cuerpo, como el buen ladrón— constituyen el Pueblo de Dios después de la muerte, la cual será destruida totalmente el día de la resurrección, en el que estas almas se unirán con sus cuerpos.

29. Creemos que la multitud de aquellas almas que con Jesús y María se congregan en el paraíso, forma la Iglesia celeste, donde ellas, gozando de la bienaventuranza eterna, ven a Dios, como Él es y participan también, ciertamente en grado y modo diverso, juntamente con los santos ángeles, en el gobierno divino de las cosas, que ejerce

Cristo glorificado, como quiera que interceden por nosotros y con su fraterna solicitud ayudan grandemente nuestra flaqueza.

30. Creemos en la comunión de todos los fieles cristianos, es decir, de los que peregrinan en la tierra, de los que se purifican después de muertos y de los que gozan de la bienaventuranza celeste, y que todos se unen en una sola Iglesia; y creemos igualmente que en esa comunión está a nuestra disposición el amor misericordioso de Dios y de sus santos, que siempre ofrecen oídos atentos a nuestras oraciones, como nos aseguró Jesús: «Pedid y recibiréis» (ver Lucas 10,9-10; Juan 16,24). Profesando esta fe y apoyados en esta esperanza, esperamos la resurrección de los muertos y la vida del siglo venidero.

Bendito sea Dios, santo, santo, santo. Amén.